主编简介

邓纯东 男，中国社会科学院"马骨干"博士生导师。现任十三届全国政协社会和法制委员会委员，中国社会科学院马克思主义研究院党委书记、院长。主持国家重点课题多项。在《人民日报》《求是》等报刊发表理论文章多篇。主编《中国特色社会主义理论研究》《中国梦与中国特色社会主义研究》《马克思主义中国化最新成果研究报告》等图书多部。

中国社会科学院
马克思主义理论学科建设与
理论研究工程项目

治国理政思想专题研究文库

生态文明建设思想研究

邓纯东　主编

ShengTai
WenMing JianShe
SiXiang YanJiu

人民日报出版社

图书在版编目（CIP）数据

生态文明建设思想研究 / 邓纯东主编 . —北京：
人民日报出版社，2018.1
ISBN 978 - 7 - 5115 - 5262 - 4

Ⅰ.①生… Ⅱ.①邓… Ⅲ.①生态环境建设—中国—
文集 Ⅳ.①X321.2 - 53

中国版本图书馆 CIP 数据核字（2018）第 011201 号

书　　名：**生态文明建设思想研究**
主　　编：邓纯东

出 版 人：董　伟
责任编辑：周海燕　孙　祺
装帧设计：中联学林

出版发行：人民日报出版社
社　　址：北京金台西路 2 号
邮政编码：100733
发行热线：（010）65369509　65369846　65363528　65369512
邮购热线：（010）65369530　65363527
编辑热线：（010）65369518
网　　址：www.peopledailypress.com
经　　销：新华书店
印　　刷：三河市华东印刷有限公司

开　　本：710mm×1000mm　1/16
字　　数：287 千字
印　　张：16
印　　次：2018 年 8 月第 1 版　　2018 年 8 月第 1 次印刷

书　　号：ISBN 978 - 7 - 5115 - 5262 - 4
定　　价：68.00 元

编者说明

中国共产党是高度重视理论指导、不断推进马克思主义中国化、善于进行理论创新的党。同时，我们党重视对马克思主义理论的学习和研究工作，重视用马克思主义中国化最新理论成果武装全党和教育人民，推进马克思主义大众化。

党的十八大以来，以习近平同志为核心的党中央坚持以马克思列宁主义、毛泽东思想、邓小平理论、“三个代表”重要思想、科学发展观为指导，坚持解放思想、实事求是、与时俱进、求真务实，坚持辩证唯物主义和历史唯物主义，紧密结合新时代条件和实践要求，以巨大的政治勇气和强烈的责任担当，对经济、政治、法治、科技、文化、教育、民生、民族、宗教、社会、生态文明、国家安全、国防和军队、“一国两制”和祖国统一、统一战线、外交、党的建设等各方面都做出了理论上的回答，以全新的视野深化对共产党执政规律、社会主义建设规律、人类社会发展规律的认识，进行艰辛理论探索，取得重大理论创新成果，提出一系列治国理政新理念新思想新战略。

围绕习近平总书记关于系列治国理政新理念新思想新战略的相关论述，学术界理论界发表了非常多的高质量的阐释性、研究性文章。为了更好地配合学习、研究和宣传习近平系列重要讲话精神，为了更好地推进和加强对习近平关于治国理政思想的研究，中国社会科学院马克思主义理论学科建设与理论研究工程决定编辑出版这套《治国理政思想专题研究文库》。文库从丰富的治国理政思想中撷取二十个方面的重要思想，分二十专题编辑出版。包括：《中国梦思想研究》《全面建成小康社会思想研究》《全面深化改革思想研究》《全面依法治国思想研究》《全面从严治党思想研究》《创新发展思想研究》《协调发展思想研究》《绿色发展思想研究》《开放发展思想研究》《共享发展思想研究》《意识形态工作思想研究》《民主政治建设思想研究》《经济建设思想研究》《社会建设思想研究》《文化建设思想研究》《生态文明建设思想研究》《民族工作思想研究》《国防军队外交思想研究》《"一带一路"思想研究》《人类命运共同体思想研究》。文库采集的论文来自党的十八大至党的十九大期间，在重要报刊上发表的部分理论和学术文章。

　　限于篇幅，不能把所有的高质量文章收入；基于编者水平，可能会遗漏一些高质量文章，另外，本书在选编工作中难免出现错误与不妥之处，敬请作者与读者一一谅解与指正。

2017 年 10 月

目　录
CONTENTS

生态文明制度建设理念:逻辑蕴含、内在特质与实践向度*

　　制度建设是全面深化改革的根本,也是中国特色社会主义生态文明建设的重中之重。党的十八大以来,在习近平总书记的领导下,生态文明建设被纳入"五位一体"中国特色社会主义事业总体布局,生态文明制度建设由此得到不断重视与强化。十八届三中全会将"加快生态文明制度建设"作为全面深化改革的重要方面,十八届四中全会提出"用严格的法律制度保护生态环境"。为加快建立系统完整的生态文明制度体系,中共中央、国务院又相继出台《生态文明体制改革总体方案》(2015 年)、《关于省以下环保机构监测监察执法垂直管理制度改革试点工作的指导意见》(2016 年)、《关于划定并严守生态保护红线的若干意见》(2017 年)等重要文件。以上关于执政党在生态文明建设上的新决策与新要求,反映了以习近平同志为核心的党中央对生态文明制度建设的新思考与新认识。党的十八大以来,习近平总书记就生态文明建设发表了一系列重要讲话,尤其在推进生态文明制度建设方面做出了重要指示,形成了系统的理论体系,对于加快推进生态文明建设具有重大的理论创新和实践指导意义。

一、习近平生态文明制度建设思想的逻辑蕴涵

　　要深刻理解习近平生态文明制度建设思想,必须首先弄清习近平生态文明思想的发展逻辑,将制度建设思想置于习近平生态文明思想的整体架构中进行探讨。这就涉及两个核心问题:一是习近平生态文明制度建设是一种怎样的制度建设;二是为什么在习近平生态文明思想中特别强调制度建设。要回答上述问题,我们必须进一步追问:习近平生态文明思想的逻辑起点是什么,即怎样的理论与

　　* 本文作者:唐鸣、杨美勤,华中师范大学政治与国际关系学院。

　　本文系 2015 年度国家社会科学基金重大项目"习近平总书记系列重要讲话精神对中国特色社会主义理论创新和实践创新研究"(项目编号:15ZDA001)的阶段性成果。

现实关切促使习近平提出生态文明思想? 习近平生态文明制度建设思想的逻辑条件是什么,即习近平在怎样的背景下提出要将制度建设作为生态文明建设的主要内容? 习近平生态文明制度建设思想的逻辑结构是怎样的,即制度建设在习近平生态文明思想中处于怎样的层次?

(一)逻辑起点

习近平生态文明制度建设思想是其生态文明思想的核心构成,因而二者具有共同的逻辑起点。生态文明建设虽然在党的十八大以后才逐步提上党和政府的重要议事日程,但关于生态环境保护的实践却是伴随中国改革开放和经济社会的飞速发展而不断深化的。经济社会飞速发展一方面带来了物质生活的极大丰富,但另一方面也造成了日益严重的生态环境问题。改革开放进程的不断加快,使得各种生态理念和生态思想传入中国,人们的生态保护意识与要求日益提高。同时,国内外生态保护实践中涌现的各种生态治理理论,也不断为学界和政界所吸收,促使人们不断对生态保护实践进行反思与改进。这些因素共同构成了习近平生态思想尤其是生态文明制度建设思想的逻辑起点。

中国经济社会发展进程中产生的严峻生态问题是习近平生态文明思想的直接出发点。在个别时段和部分地区,在惟经济建设发展观念的主导下,地方发展和官员考核均以经济 GDP 为中心,形成了“先污染、后治理”的发展模式,导致中国出现严重的大气污染、水污染、土壤污染和垃圾污染等生态环境问题。生态环境问题不仅引发大量新的社会矛盾和社会问题,而且对经济社会发展形成阻滞效应。在“先污染、后治理”的发展模式下,生态环境修复所需的投入将远超经济增长所带来的效益。面对日益严重的生态环境问题,2001 年,时任福建省省长的习近平亲自担任省生态建设领导小组组长,启动了福建有史以来最大规模的生态保护工程,前瞻性地提出建设“生态省”的战略构想,同时也开启了推进生态文明制度建设的实践。主政浙江后,习近平又多次强调要加强生态保护和建设的政绩考核和其他相关制度建设。事实上,早在 2004 年,习近平就曾指出:“如果走传统的经济发展道路,环境的承载将不堪重负,经济的发展和人民群众生活质量的提高会适得其反”,“我们既要 GDP,又要绿色 GDP”。① 随着改革的推进,传统经济发展方式带来的环境积弊越来越深,习近平又指出:“我们在生态环境方面欠账太多了,如果不从现在起就把这项工作紧抓起来,将来会付出更大的代价。”②严峻的生态环境问题,促使习近平对原有发展方式进行反思,开始探索与生态环境相适

① 习近平:《之江新语》,浙江人民出版社 2007 年版,第 37 页。
② 《习近平总书记系列重要讲话读本》,学习出版社、人民出版社 2016 年版,第 234–235 页。

应的新发展模式。

人民群众生态环境意识与生态环境要求的提高是习近平生态文明思想的思考原点。随着各种生态环境危机的日益暴露,人们对于改善生态环境的呼声逐渐高涨。习近平指出:"人民群众对清新空气、清澈水质、清洁环境等生态产品的需求越来越迫切,生态环境越来越珍贵。"①同时,国内外相继兴起的各种生态环保新理念和新意识,也使得人民群众的生态环境意识和生态环境要求有了较大提升。习近平指出:"人们对环境保护和生态建设的认识,也有一个由表及里、由浅入深、由自然自发到自觉自为的过程。"②2004 年,习近平在推进浙江"生态省建设"问题上就曾深刻指出:"推进生态省建设,既是经济增长方式的转变,更是思想观念的一场深刻变革。"③保护首先就是要唤醒人民群众的生态意识,在生态环境危机面前,人民群众的生态环境意识和要求都在发生转变。习近平抓住这一转变,通过在福建和浙江的"生态省建设",主动回应人民群众的生态环境需求,引导人民群众生态环境意识的发展。

国内外生态治理理论与实践探索是习近平生态文明思想尤其是生态制度建设思想的理论与实践源头。习近平十分重视生态文明建设中理论与现实的紧密联系,不仅结合国内外发展理论与实践经验对传统经济发展方式进行反思,而且先后在福建和浙江两省推进"生态省建设"。对传统经济发展方式和国内外生态治理理论的反思,使习近平认识到"环境保护要靠自觉自为",要从"只要金山银山,不管绿水青山"的不自知的生态认识第一阶段和"只考虑自己的小环境、小家园而不顾他人,以邻为壑"的狭隘的第二阶段向"地球是我们的共同家园"的自觉自为的第三阶段转变。通过对闽浙两省"生态省建设"实践和国内外生态治理经验的探索与反思,习近平深刻认识到制度建设是当前生态文明建设的首要任务。他在 2005 年谈到浙江省循环经济发展时就曾提出,要"探索建立鼓励发展循环经济的政绩考核体系和相应的激励导向及约束机制"和"逐步将发展循环经济纳入法制化轨道"。④

(二)逻辑条件

思想理论的形成与发展是与特定的理论境遇和现实条件紧密相关的。在当前中国特殊国情下,习近平生态文明制度建设思想的孕育、实践与发展,离不开中

---

① 《为了中华民族永续发展——习近平总书记关心生态文明建设纪实》,《人民日报》2015 年 3 月 10 日。
② 习近平:《之江新语》,浙江人民出版社 2007 年版,第 13 页。
③ 习近平:《之江新语》,浙江人民出版社 2007 年版,第 48 页。
④ 习近平:《之江新语》,浙江人民出版社 2007 年版,第 140 页。

国特色社会主义事业的整体性、长期性、制度性、自主性和开放性五个方面的条件。

中国特色社会主义事业的整体性是习近平生态文明制度建设思想实践与展开的第一个逻辑条件。党的十八大明确提出了将生态文明建设同经济建设、政治建设、文化建设、社会建设一起作为中国特色社会主义事业的"五位一体"总布局。对此,习近平于2016年底对生态文明建设做出重要指示,强调"生态文明建设是'五位一体'总体布局和'四个全面'战略布局的重要内容"①。政治、经济、文化、社会和生态之间有着日益紧密的内在联系,这种联系影响到社会主义事业的方方面面,乃至中国梦的实现。习近平指出:"走向生态文明新时代,建设美丽中国,是实现中华民族伟大复兴的中国梦的重要内容。"②中国梦的实现离不开生态文明建设,生态文明建设也要符合中国梦的新要求。

中国特色社会主义事业的长期性是习近平生态文明制度建设思想实践与展开的第二个逻辑条件。党的十八大提出了"两个一百年"奋斗目标的中国梦,"中国梦是历史的、现实的,也是未来的"③,是中国各族人民的共同愿景。生态文明建设作为中国梦的重要组成部分,也需要长期、不间断地奋斗与实践。习近平对于生态文明建设的长期性和艰巨性有着深刻的认识。早在浙江主政时期,习近平就曾指出:"生态省建设是一项长期战略任务","它需要多管齐下,综合治理,长期努力,精心调养"。④ 习近平积极倡导"人类命运共同体意识",强调"生态环境保护是功在当代,利在千秋的事业","建设生态文明,关系人民福祉,关乎民族未来"⑤,"生态环境保护是一个长期任务,要久久为功"⑥。这充分表明,他已深刻认识到生态文明建设是一项长期性的历史使命,并以此为依据来展开关于生态文明制度建设的一系列探索。

中国特色社会主义事业的制度性是习近平生态文明制度建设思想实践与展开的第三个逻辑条件。全面深化改革是当前推动中国特色社会主义事业建设的

---

① 《树立"绿水青山就是金山银山"的强烈意识 努力走向社会主义生态文明新时代》,《人民日报》2016年12月3日。
② 《习近平关于实现中华民族伟大复兴的中国梦论述摘编》,中央文献出版社2013年版,第8页。
③ 《习近平关于实现中华民族伟大复兴的中国梦论述摘编》,中央文献出版社2013年版,第6页。
④ 习近平:《之江新语》,浙江人民出版社2007年版,第49页。
⑤ 《习近平谈治国理政》,外文出版社2014年版,第208页。
⑥ 《"平语"近人——"护蓝""增绿"习近平殷之切切》,新华网 http://news. xinhuanet. com/2015-12/19/c_1117512995. htm。

重要举措，完善和发展中国特色社会主义制度则是全面深化改革的总目标。生态文明建设作为中国特色社会主义事业重要组成部分，也以完善和发展中国特色社会主义制度为目标。从习近平在闽、浙的生态实践来看，他早就认识到了制度建设对于生态文明建设的重要性，并且十分注重制度的执行。在他看来，制度理论只有扎根于实践才能更加丰满、实现其真正的价值。对此，习近平曾严肃指出"莫把制度当'稻草人'摆设"，强调制度"应落实到实际行动中，体现在具体工作中"。①

中国特色社会主义事业的自主性是习近平生态文明制度建设思想实践与展开的第四个逻辑条件。立足中国国情，以满足人民群众根本利益为出发点，是中国特色社会主义事业建设一贯坚持的立场，也是中国梦自主性的集中体现。习近平强调"实现中国梦必须走中国道路"②，必须把现代化与中国化紧密结合，坚持道路自信。相应地，生态文明建设不应盲目模仿、照办西方经验，而应立足于中国国情，坚持生态文明发展道路的自主性。制度建设作为生态文明建设的重中之重，也必须与中国具体实际相符，树立坚定的制度自信。

中国特色社会主义事业的开放性是习近平生态文明制度建设思想实践与展开的第五个逻辑条件。中国的发展离不开世界，世界的发展也离不开中国。中国特色社会主义事业建设必须以开放、包容的心态积极面对和吸纳一切优秀文明成果，既要不断从世界其他国家尤其是发达国家的现代化建设中汲取经验和教训，也要积极向世界展现中国社会主义事业建设的伟大成就，发出中国好声音。习近平指出："我们愿意借鉴人类一切文明成果，但不会照抄照搬任何国家的发展模式。"②生态文明建设也要积极借鉴其他国家经验，探索适合中国的生态治理模式，真正实现国际、国内两种资源的双向互动与结合统一。

（三）逻辑结构

习近平生态文明制度建设思想是其生态文明思想的重要组成部分。它既是习近平生态文明思想的核心和外在体现，同时又有着自身清晰的结构层次。

从习近平生态文明制度建设思想与其生态文明思想的关系来看，生态文明制度建设思想无疑处于核心地位。习近平生态文明思想深刻阐释了生态文明建设对于中国梦的重大时代意义，指出了生态文明建设对于人类文明发展的重要性，但更重要的是从中国实际出发，强调生态文明建设中中国共产党的执政理念和政

---

① 习近平：《之江新语》，浙江人民出版社 2007 年版，第 37 页。

② 《习近平关于实现中华民族伟大复兴的中国梦论述摘编》，中央文献出版社 2013 年版，第 27 页。

府的主体责任,着力点在于如何促进社会主义生态文明理念的落地生根。生态文明制度建设也可以看作是当前中国特色社会主义制度建设在生态文明发展中的具体展开,是习近平生态文明思想的核心聚点与外在集中体现。

从习近平生态文明制度建设思想的内在结构来看,其生态文明制度建设思想贯穿生态环境治理理论的各个环节。"只有实行最严格的制度、最严密的法治,才能为生态文明建设提供可靠保障。"①因此,习近平不仅强调建立完整的生态文明制度是建设生态文明的核心任务,而且提出要完善经济社会发展考核评价体系、建立生态环境损害责任终身追究制、实行资源有偿使用制度和生态补偿制度、健全环境保护管理体制。通过强调生态文明制度创新和法制建设相结合,有效地推动生态文明制度建设的发展。在习近平生态文明制度建设思想的诸多方面中,完善经济社会发展考核评价体系处于关键地位。习近平在浙江主政时曾多次强调绿色 GDP 和循环经济发展观的重要性,尤其主张在政绩考核中强化生态考评指标,指出"生态保护和建设也是政绩"②。只有通过让主政官员树立正确的发展观,才能确保生态文明制度真正落到实处。生态环境治理问题的根本在于政治体制。习近平指出:"要深化生态文明体制改革,尽快把生态文明制度的'四梁八柱'建立起来,把生态文明建设纳入制度化、法治化轨道。"③中国现有环境保护管理体制存在尤为凸显的条块问题,导致行政效率低下、监管力量分散等缺陷突出。针对这一问题,习近平主持召开的中央全面深化改革领导小组第二十六次会议提出了"实行省以下环保机构监测监察执法垂直管理制度"④,进一步加大了生态治理体制机制改革创新力度。此外,为进一步健全生态文明制度体系,按照习近平"山水林田湖是一个生命共同体"的思想要求,中共中央、国务院于 2017 年 2 月正式出台了《关于划定并严守生态保护红线的若干意见》,提出要"牢固树立底线意识"⑤,确保"实行最严格的制度"来推进生态文明建设。习近平生态文明制度建设思想,以经济社会发展考核评价体系为引导,以环境保护管理体制为基础,以相关生态文明制度法规和政策为保障,构建成了一个严密的逻辑体系。

---

① 《习近平谈治国理政》,外文出版社 2014 年版,第 210 页。
② 习近平:《之江新语》,浙江人民出版社 2007 年版,第 30 页。
③ 习近平:《之江新语》,浙江人民出版社 2007 年版,第 30 页。
④ 《习近平总书记系列重要讲话读本》,学习出版社、人民出版社 2016 年版,第 241 页。
⑤ 《中办国办印发〈关于划定并严守生态保护红线的若干意见〉》,《人民日报》2017 年 2 月 8 日。

二、习近平生态文明制度建设思想的内在特质

"加快生态文明制度建设"作为生态文明建设的核心工作,是习近平多次论述和予以强调的重要观点,也是我们思考和理解习近平生态文明建设思想的重要出发点。因此,要理解习近平生态文明制度建设思想的内在实质,就必须置于其生态文明思想的整体架构中进行思考。从理念层面上看,习近平的生态文明思想尤其是生态文明制度建设思想就是对传统的生态文明观念进行价值重构。这种价值重构主要通过习近平生态文明制度建设思想的时代契合性、价值导向性和实践推动性三个方面体现出来。这三个方面深刻地反映了习近平生态文明制度建设思想的内在特质。

(一)时代契合性

习近平生态文明制度建设思想之所以能够成为推动当前生态文明建设的重要指导思想,首先在于它具有很强的时代契合性。这种契合性,主要体现在其产生背景、价值诉求、总体主张与时代之间的三重契合。

任何思想都是时代的产物,都是针对特定时代的特定现象而产生的。习近平生态文明制度建设思想就是为解决中国当前日益严重的生态环境问题而产生的。习近平立足于这个大背景,对当代中国的发展问题进行了深入思考,指出生态文明建设的重要性和紧迫性。从问题导向、理论来源到实践发展,习近平生态文明制度建设思想始终与时代背景紧密结合,务求贴近实际、解决问题,具有很强的时代性特征。

生态文明建设的时代契合性也体现在其特定的价值诉求上。习近平强调生态文明制度建设,就是为了通过制度规范生态环境治理行为,实现生态治理上的公平正义。尤其是通过追责机制的确立与执行,实现生态主体权利与责任的共担,最终实现环境正义。习近平明确反对"以邻为壑"的狭隘生态主义,强调共治共担的人类命运共同体意识。生态问题的跨区域性和连带性也证明了以"邻避运动"为代表的狭隘的生态主张不过是将危机转嫁到另一时空区域,并未实现危机的真正化解。对转入地居民来说,这是对其生态权力的剥夺,是一种强加的环境伤害。习近平针对这一问题,不仅强调国内跨区域、跨部门加强生态治理合作,而且积极倡导全球生态治理合作,尤其强调履行大国环保责任。无论国内生态治理还是全球环境合作,习近平都强调在制度框架下追求环境的公平正义。

习近平生态文明制度建设思想最显著的时代特征就是它的总体性主张。习近平从总体性高度,将生态文明建设置于整个中国特色社会主义事业中予以强调,是符合时代发展主题和生态文明要求的。习近平指出:"要深刻理解把生态文明建设纳入中国特色社会主义事业总体布局的重大意义,深入领会生态文明建设的指导原则和主要着力点,自觉把生态文明建设融入经济建设、政治建设、文化建设、社会建设各方面和全过程。"①习近平敏锐地认识到生态问题的复杂性,因而主张从政治角度进行顶层设计,促进生态文明的发展。"我们不能把加强生态文明建设、加强生态环境保护、提倡绿色低碳生活方式等仅仅作为经济问题。这里面有很大的政治。"②可以说,这种政治性顶层设计的总体主张,也是与全面深化改革的时代背景紧密契合的。

(二)价值导向性

价值导向是思想境界与理论品格的重要映射。习近平生态文明制度建设思想通过科学与人文双重价值的建构,突破技术革新和狭隘生态观念的局限性,为中国生态现代化发展道路提供关键指南,具有极强的价值导向性。习近平生态文明制度建设思想所蕴含的价值导向性主要从价值目标、价值尺度以及价值取向的重构上体现出来。

就价值目标而言,习近平生态文明制度建设思想的目标与国家治理现代化的目标是内在一致的,即通过科学的制度重塑来建立一种公平与效率之间的和谐关系,从而实现生态环境上的公平正义。由于生态环境问题历史欠账不断累积,在当前这个环境问题高度频发阶段,生态环境问题日益成为一个影响各地区、各领域的全局性问题。因此,如果不从整体的、制度性的顶层设计入手,很难改变这种"有增长无发展"的现状。习近平生态文明制度建设思想正是着眼于扭转这种片面的发展观,提出"宁要绿水青山,不要金山银山,而且绿水青山就是金山银山"③以及"经济要上台阶,生态文明也要上台阶"等论断,并通过顶层设计引导,以科学方式逐步推进循环经济模式发展。

在价值尺度方面,习近平生态文明制度建设思想旨在树立一种"以人为本"生态现代化发展的衡量标准。马克思认为,人与自然是不可分割的整体,"人靠自然界生活","自然界是人为了不致死亡而必须与之处于持续不断的交互作用过程的、人的身体"。④ 习近平在继承马克思人与自然关系理论的基础上,以辩证发展的眼光对其进行重新审视,指出"以人为本,其中很重要的一条,就是不能在发展

---

① 《认真学习党章　严格遵守党章》,《人民日报》2012 年 11 月 20 日。
② 《习近平关于全面深化改革论述摘编》,中央文献出版社 2014 年版,第 103 页。
③ 《习近平总书记系列重要讲话读本》,学习出版社、人民出版社 2016 年版,第 230 页。
④ 《马克思恩格斯选集》第 3 版第 1 卷,第 55 页。

过程中摧残人自身生存的环境"①,"环境就是民生"②,发展就是要满足人民群众的生态环境需求,不能以牺牲人自身的生存环境为代价。对此,习近平强调,生态发展要以"老百姓满意不满意、答应不答应"为出发点,以是否"改善民生"为着力点,始终将"人"作为生态现代化发展的根本考量。2017年5月26日,习近平在主持十八届中央政治局第四十一次集体学习时再次强调,要"推动形成绿色发展方式和生活方式,为人民群众创造良好生产生活环境"③由此,习近平提出并推行绿色发展的价值基准,最终也是以人民的名义来服务于人民。习近平紧紧围绕全面建成小康社会目标,提出生态文明制度建设,就是为了打破以往以经济增长为唯一衡量标准的局限,将发展的价值尺度重新回归到"人"本身上来。

在价值取向层面,改善民生与可持续发展是习近平生态文明制度建设思想的重要旨趣。以人民群众基本需求为本的改善民生,既是习近平生态文明制度建设思想的价值尺度,也是其基本的价值取向。习近平多次强调生态文明建设对于改善民生的重要性,并指出"良好的生态环境是最公平的公共产品,是最普惠的民生福祉"④。生态环境的改善应当以增进民生福祉为本,这是习近平生态文明制度建设思想的基本价值取向。同时,社会发展的内在要求和中国特色社会主义事业的长期性,也决定了习近平生态文明制度建设思想必须注重可持续性问题。只有解决了发展的可持续性问题,这一思想才能具有长久生命力。应该说,习近平生态文明制度建设思想对可持续性的关注,也是与其注重改善民生的基本价值取向分不开的。改善民生的价值取向决定了习近平生态文明制度建设思想必须以人民群众基本生态需求为出发点和落脚点。人民群众基本生态需求的持续发展和不断提高则要求这一思想必须具备很强的整体性和调适性,能够随着人民群众生态需求发展变化而不断充实提升,因而也就必须关注在这一思想指导下的生态发展的可持续性。

(三)实践推动性

制度是连接理论与实践的中间环节,本质上是一种实践精神,习近平生态文明制度建设思想最显著的特质就是由制度紧密黏结的生态理论与实践的有机统一性。习近平多次强调制度建设在生态文明建设实践中的重要指导地位,并在具

---

① 《干在实处走在前列——推进浙江新发展的思考与实践》,中共中央党校出版社2006年版,第190页。

② 《习近平总书记系列重要讲话读本》,学习出版社、人民出版社2016年版,第233页。

③ 《推动形成绿色发展方式和生活方式为人民群众创造良好生产生活环境》,《人民日报》2017年5月28日。

④ 《习近平关于全面深化改革论述摘编》,中央文献出版社2014年版,第103页。

体的实践过程中通过不断演绎、检验、修正与补充，逐步发展和完善其生态文明制度建设思想理论。习近平生态文明制度建设思想不仅来源于具体的生态实践，而且在中国特色社会主义生态文明建设中发挥重要的实践推动作用。

习近平生态文明制度建设思想注重对实践主体精神动力结构的改造。对生态文明建设而言，实践主体能力结构主要包括生态环保技能和生态环保意识两个方面。其中，生态环保技能主要受现行技术水平、个人智力因素与教育因素影响，生态环保意识则受到现有社会认识程度、外在引导力量和个人认知能力的影响。在二者关系中，生态环保意识的塑造对于个人生态环保技能的培养与提升具有极大的促进作用。习近平很早就认识到生态环保意识的塑造作为精神动力因素，对社会整体生态治理能力具有很强的反作用。因此，习近平十分重视生态环境教育的作用，强调要"努力把建设美丽中国化为人民自觉行动"①。

习近平生态文明制度建设思想重在通过制度手段创新推动生态实践开展。马克思、恩格斯认为，社会实践不仅是连接人与自然关系的纽带，同时也受"人和自然之间的物质变换"规律的制约，因此"我们决不像征服者统治异族人那样支配自然界，决不像站在自然界之外的人似的去支配自然界"②，而是要遵循相应的制度逻辑与规则。实践需要一定的中介联系主体与客体，这个中介既包括各种工具、手段，也包括操作和控制这些工作的程序与方法，即制度。习近平重视通过科学技术创新推动生态治理技术手段发展，但更注重通过制度创新的方法探索生态治理的新机制。他提出："要正确处理发展和生态环境保护的关系，在生态文明建设体制机制改革方面先行先试，把提出的行动计划扎扎实实落实到行动上，实现发展和生态环境保护协同推进。"③

习近平生态文明制度建设思想强调精准识别生态治理对象在推动生态实践中的重要性。随着社会复杂程度的不断加剧，实践不但要从整体性入手，更要注重对实践对象的精准识别。生态治理是一个复杂的技术问题，更是一个重要的政治问题。习近平站在政治家的高度，对生态治理各个领域、环节中的问题与现象进行精准识别，强化落实主体责任，采取属地管理和协调合作等多种方式推进生态治理实践。习近平生态文明制度建设思想指导下的精准识别，既考虑到实践客体的技术特征，同时也考虑到作用于实践客体之上的不同管理体系与治理特征，

---

① 《坚持全国动员全民动手植树造林　把建设美丽中国化为人民自觉行动》，《人民日报》2015年4月4日。
② 《马克思恩格斯选集》第3版第3卷，第998页。
③ 《看清形势适应趋势发挥优势　善于运用辩证思维谋划发展》，《人民日报》2015年6月19日。

因此能够根据不同治理对象采取适宜的治理方法,极大地提高了生态治理成效。

习近平生态文明制度建设思想旨在通过制度化手段推动生态实践过程的系统化。实践过程一般包括实践目的的确立、实践主体的对象化活动和实践结果的评价与反馈等三个方面。习近平主张通过制度化手段推动生态治理过程的系统化。在由其主导的闽浙两省"生态省建设"实践中,习近平通过省级层面的制度设计,明确了生态省的建设目的,规定了生态省建设的领域和方式,并利用各种考评机制实现生态省建设成果的良性反馈。党的十八大以后,习近平秉持"环境治理是一个系统工程"①的基本理念,一方面强调生态法制建设,另一方面加强顶层制度设计,积极推动生态治理现代化建设。前者提升了生态法规制度的系统化水平,后者推动了生态环保管理体制和生态治理结构的系统化建设,形成了整个生态文明建设体系化的新局面。

三、习近平生态文明制度建设思想的实践向度

习近平生态文明思想是以习近平为核心的新一届中央领导集体对生态文明建设实践进行探索的最新成果,也是习近平治国理政实践在生态文明建设领域的集中体现。习近平生态文明制度建设思想是其生态文明思想的核心与重点,具有很强的实践指向性。习近平生态文明制度建设思想在实践层面包含三重维度,即生态文化维度、生态责任维度和生态制度维度。生态文化维度在实践维度中处于最原初地位,主要由政府生态发展观念和人民群众的生态环保意识构成。生态责任维度由生态文化维度所决定,特定的生态文化决定了不同生态主体之间的责任分担。生态制度维度是生态文化和生态责任的外在显现,也是改变生态现状的直接作用手段。

（一）生态文化重塑

生态文明制度建设不仅作用于生态实践客体的物质对象,同时也会对生态实践主体之间的权力关系和意识观念产生影响。由生态实践酝酿生成的个体意识观念,构成了主体在生态文明建设活动中再生产与再实践的精神动力因素。这种精神动力因素经过进一步外化与固化,就会整合形成一个社会特定的生态文化。而生态文化又将反作用于社会整体的生态文明建设实践,或推动或阻碍,关键取决于如何对生态文化进行重塑。

生态文化的建立,首先要让政府树立正确生态发展观念。早在闽浙两省主政期间,习近平就十分重视政府循环经济发展观念的转变,通过建立生态 GDP 考核

①　《习近平总书记系列重要讲话读本》,学习出版社、人民出版社 2016 年版,第 236 页。

体系和推进"生态省建设",逐步引导政府官员从传统经济 GDP 发展观念向生态发展观念转变。政府生态发展观念的树立,是推动经济社会可持续发展的重要前提。但这一过程并非一蹴而就,必须借助于制度约束与引导才能逐步实现。习近平站在整体和全局的高度,提出政府要转变发展观念,"既要金山银山,又要绿水青山","既看经济指标,又看社会人文环境指标",为转变经济发展方式指明了道路。习近平多次强调"发展观决定发展道路",只有坚持生态发展观,才能推动经济社会的可持续发展。

生态文化的建立,更要注重人民群众生态意识的培育和提升。习近平主政浙江时即认识到,人民群众生态意识培育对于生态环境保护的巨大作用。他指出:"建设生态省,打造绿色浙江,必须建立在广大群众普遍认同和自觉自为的基础之上。"①让生态建设成为自觉行动,也是习近平提出的生态认识发展三阶段中的最高级阶段。只有通过政府本身的行为示范和大力宣传引导,才能促进人民群众生态意识从自发向自为转变。2017 年 3 月 29 日,习近平在首都义务植树活动中又提出通过切实的生态实践帮助公民生态意识的培育提升,强调"要组织全社会特别是广大青少年通过参加植树活动,亲近自然、了解自然、保护自然,培养热爱自然、珍爱生命的生态意识,学习体验绿色发展理念"②。

(二)生态责任分配

生态责任是社会经济生产过程中产生的生态治理需求在不同主体之间的分配,这种分配既有制度化的,也有非制度化的。主体的生态认知和生态观念决定了其承担生态责任的意愿。由于生态危机分布与生态收益分配的非对称性,在缺乏制度硬性约束的情况下,主体的生态责任承担量往往由其承担生态责任的意愿所决定。因此,通过制度性规定对不同主体进行生态责任的分配是解决当前生态治理难题的重要途径。

生态责任分配,首先要解决政府、企业、社会之间的责任划分。尽管中国法律明确规定,环境保护的基本原则是"谁污染、谁治理",但由于污染责任主体的难以确定和执行难度较大,生态环境保护的主要责任仍然在政府。当前,生态环境的破坏主要来源于各种高污染工业企业,但因地方经济发展需要,政府环境监管责任在地方保护主义的压力下很难落实到位,使这些企业得以逃避相应的生态环境责任。政府监管乏力,企业责任难以落实,民众生态意识也将很难提高。而面对

---

① 习近平:《之江新语》,浙江人民出版社 2007 年版,第 13 页。

② 《培养热爱自然珍爱生命的生态意识把造林绿化事业一代接着一代干下去》,《人民日报》2017 年 3 月 30 日。

日益严重的生态环境问题，民众往往将矛头指向政府，因造成不同主体间责任难以划分清晰、责任落实不到位的窘境。习近平强调，通过生态文明制度建设明确不同主体责任，推动责任落实履行，是当前生态治理中的一个必要步骤。

生态责任分配，必须充分考虑不同政府层级、不同区域之间的差异。在政府作为生态环境第一责任主体的情况下，要充分考虑政府不同层级和不同区域之间的发展差异，有针对性地采取相应的责任分配机制。习近平在浙江"生态省建设"过程中，就十分注重省内不同区域之间的差异，尤其强调欠发达地区要利用"绿水青山"尚在的优势，破解经济发展和环境保护的"两难"悖论。生态环境保护能力往往与区域经济发展水平相适应，不同区域之间，由于经济发展水平的差异，在生态责任上也应当在守住底线的基础上有所不同。在不同政府层级之间，从中央、省市到县乡，由于辖区范围的不同，因而也存在着不同的生态责任。习近平强调生态责任的属地管理原则，就是对这种层级责任和区域责任的差异化考量。

生态责任分配，还须审视全球生态责任分配问题。生态问题因跨地域、跨时空存在而具有很强的连带效应，因此，在面对诸如全球气候变暖、核危机等问题上必须加强全球合作。习近平多次强调要加强生态问题的全球合作，强调中国作为负责任的大国，愿意承担更多生态责任，尤其在核军控裁减、减少污染排放等方面都积极履行自身责任。在致力于解决中国国内生态环境问题的同时，积极加强国际生态环境合作，履行大国责任义务，既是习近平"人类命运共同体"意识的重要体现，也是推进中国生态环境长期发展的必要举措。

（三）生态制度建设

制度建设，与优化国土空间开发格局、全面促进资源节约、加大自然生态系统和环境保护力度一同作为大力推进生态文明建设的四大工作部署，在习近平生态文明思想中处于中坚地位。按照习近平生态文明制度建设的战略部署，生态制度建设主要包括经济社会发展中考核评价体系、生态环境法律体系、环境保护管理体制、环境保护政策体系四个方面。

建立健全经济社会发展考核评价体系是习近平最为重视的环节。习近平强调，要将"体现生态文明建设状况的指标纳入经济社会发展评价体系，建立体现生态文明要求的目标体系、考核办法、奖惩机制，使之成为推进生态文明建设的重要导向和约束"①。坚持生态优先的政绩发展观，需要通过正确的政绩考核进行引导。只有借助于顶层设计制度手段，加大政绩考核中的生态效益比

---

① 《习近平关于全面深化改革论述摘编》，中央文献出版社 2014 年版，第 104 页。

重,才能引导政府官员更加注重民生福祉。同时,习近平也十分注重通过指标考核的方式,加大环境执法监管力度。通过生态发展考核评价体系的确立,在执法监管和政绩考核两个方面加大约束和引导力度,有助于规范政府行为,建立生态型政府。

完善生态环境法律体系是习近平生态文明制度建设思想的关键。在十八届中央政治局第六次集体学习时,习近平明确指出:"保护生态环境必须依靠制度、依靠法治。只有实行最严格的制度、最严密的法治,才能为生态文明建设提供可靠保障。"①在习近平总书记的指导要求下,相关部门着力构建强有力的法律制度网络,并于 2015 年 1 月 1 日出台并实施了史上最严格的新《环境保护法》。调查显示,新《环境保护法》所规定的各项制度和措施执行的力度、遵守的程度、产生的影响,超过了环境保护法史上的任何一个时期,生态治理效果较为显著。由此,只有进一步完善相关生态环境立法,才能为生态文明建设提供坚实的制度保障。

理顺环境保护管理体制是习近平生态文明制度建设战略部署中不可或缺的要素。环境保护管理体制包括环境保护部门体制和环境资源产权体制两个不同层面。当前生态环境治理中存在的行政效率低下、执法监管乏力等现象,很大程度上都是由于环境保护部门管理体制不顺畅、权利归属不一致造成的。同时,习近平也深刻指出当前中国环境资源产权体制中的不足。他认为,"我国生态环境保护中存在的一些问题,一定程度上与体制不健全有关,原因之一是全民所有自然资源资产的所有权人不到位,所有权人权益不落实。"②这就要通过制度手段对这一权益体制进一步规范,以确保相应主体权责一致。

构建环境保护政策体系是习近平生态文明制度建设思想实践中的重要工具。生态环境治理作为一项高度复杂的工作,具有很大的时空流变性,而法律制度的滞后性往往很难应对治理过程中的新问题。因此,通过灵活的政策调整和政策工具选择,可以有效规避法律规范的滞后性难题,提高生态环境问题的解决效率。习近平为此多次强调要通过跨部门跨区域合作机制、生态责任追究制度、资源有偿使用制度和生态补偿制度等政策工具的选择,推动生态治理的开展。在习近平重要讲话精神指导下,中共中央、国务院联合发布《关于加快推进生态文明建设的意见》,就是通过政策工具的形式,从顶层设计层面推进生态文明建设整体部署,推动各省、市、县出台相应生态文明建设实施意见和方案,从而达到逐级落实的目

①　《习近平谈治国理政》,外文出版社 2014 年版,第 208 页。
②　《习近平关于全面深化改革论述摘编》,中央文献出版社 2014 年版,第 108 页。

的。环境保护政策体系是对生态环境法律体系的有益补充，在条件成熟的情况下，立法部门也将积极推进相关政策规章向法律法规的转变，以切实保障党中央关于生态文明建设的决策部署落到实处。

（原载于《当代世界与社会主义》2017 年第 4 期）

十八大以来"美丽中国"基本问题研究述评*

党的十八大第一次把生态文明建设摆到了国家战略发展全局的高度,首次把"美丽中国"作为未来生态文明建设的宏伟目标。党对改善人民生存境遇的这一庄严承诺迅速成为国内学术界的研究热点,产生了丰硕的研究成果。本文拟对十八大以来"美丽中国"基本问题的相关研究进行梳理和归纳,以期更好地把握"美丽中国"的研究动态,为推动"美丽中国"的深入研究提供参考。

一、"美丽中国"的内涵

党的十八大提出的"美丽中国"伟大战略构想,以诗意的语言向人民描绘了一幅蓝天、白云、绿水、青山的美丽画卷,表达了中国特色社会主义现代化道路的全新视境。十八大以来,学术界纷纷从不同的角度和不同的侧面对"美丽中国"的内涵进行解读,其研究路向主要有:

第一,单一维度解读。一是立足于收入差距角度解读,宋晖撰文指出,实现全体民众普遍"不差钱"才是"真美丽"①。祝小茗认为,建设美丽中国的前提是逐步缩小人与人之间的经济差别②。二是从法治角度解读,侯佳儒认为,"美丽中国"美在弘扬法治文明③。三是从生态文化角度解读,李发亮认为,"美丽中国"具有注重人本情怀,强调和谐发展,追寻民族复兴的生态文化价值内涵④。四是从文

* 本文作者:刘於清,男,吉首大学哲学研究所2013级硕士研究生,研究方向为马克思主义哲学、环境伦理;刘艳芳,女,吉首大学师范学院副教授,研究方向为旅游文化、环境伦理。
　基金项目:湖南省研究生科研创新项目"中国古代游记中的环境伦理思想研究"(CX2014B435)的阶段性成果。

① 宋晖:《"美丽中国"的美丽内涵》,《中国青年报》2012年12月3日。
② 祝小茗:《刍论建设美丽中国的五重维度》,《中央社会主义学院学报》2013年第4期,第93-97页。
③ 侯佳儒:《"美丽中国"的法治内涵》,《环境经济》2013年第4期,第19-22页。
④ 李发亮:《试论"美丽中国"的生态文化价值内涵》,《湖北科技学院学报》2014年第4期,第3-5页。

明的角度进行阐释,李建华等认为,美丽中国是融入生态文明理念后的物质文明的科学发展之美、精神文明的人文化成之美、政治文明的民主法制之美①。五是从哲学角度解读,鄢雪梅认为,"美丽"是个价值判断,以"中国"这个客体的属性对"人民"这个主体需要的满足作为考察对象,以此反映中国各阶层、各集团、中国个体民众乃至 13 亿中国人,对祖国的悦纳程度②。

第二,二维度解读。刘於清认为,美丽中国除了外部自然美、生态美、政治文明和文化繁荣之美之外,从内在要求看,应包括和谐之美,实现人与自然之间的生态型和谐,实现人与人、人与社会之间的人际关系型和谐。③。方大春认为,"美丽中国"外在表现为中国山清水秀、环境优美的环境美,内在表现为在国内人与人之间、地区与地区之间、人与社会之间形成和谐美④。还有学者概括为,美丽中国包含了自然生态和人文关怀两个层面。也有学者认为蕴含了国家自然环境之美和国家精神及其社会发展之美。另外有学者从国内和国际两个层次对"美丽中国"进行解读,认为"美丽中国"不仅是一种全方位的美,还必须要得到其他国家的普遍承认,才是一种真实的"美丽"。⑤

第三,三维度解读。向云驹认为,"美丽中国"主要美在:一是"美丽中国"体现着自然美、生态美、环境美,二是"美丽中国"还必然体现着中国人民的生活美,三是"美丽中国"也必然体现着当代中国的艺术美"。陈华洲认为,美丽中国具有三个层次的美,第一个层次的美是指自然环境之美、人工之美和格局之美,第二个层次的美是指科技与文化之美、制度之美、人的心灵与行为之美,第三个层次的美是指人与自然、环境与经济、人与社会的和谐之美⑥。也有学者认为,对十八大提出的"美丽中国"可以做以下三个方面的理解,生态文明的自然之美;持续发展的和谐之美;诗意栖居的人文之美⑦。

第四,四维度解读。孙丽霞认为,"美丽中国"首先是自然之美,通过大力加强生态建设,实现家园山更绿、水更清、天更蓝、空气更清新;其次是发展之美,山清

---

① 李建华,蔡尚伟:《"美丽中国"的科学内涵及其战略意义》,《四川大学学报》哲学社会科学版 2013 年第 5 期,第 137 - 140 页。

② 鄢雪梅:《"美丽中国"的时代内涵研究》,《今日中国论坛》2013 年第 12 期,第 12 - 13 页。

③ 刘於清:《"美丽中国"的价值维度及实现路径》,《桂海论丛》2014 年第 1 期,第 54 页。

④ 方大春:《美丽中国战略路径:建设生态文明》,《当代经济管理》2014 年第 7 期,第 26 - 31 页。

⑤ 向云驹:《美丽中的美学内涵与意义》,《光明日报》2013 年 2 月 25 日。

⑥ 陈华洲:《美丽中国三个层次的美》,《人民日报》2013 年 5 月 7 日。

⑦ 岳希明:《从"美丽中国"谈经济建设应注重的伦理原则》,《湖北大学学报》哲学社会科学版 2014 年第 2 期,第 129 页。

水秀但贫穷落后不是"美丽中国",强大富裕而环境污染同样不是"美丽中国";再次是和谐之美,"美丽中国"倡导人与自然关系和谐与人与人之间和谐;最后是责任之美,"美丽中国"的提出表明我们党对中国特色社会主义总体布局的认识深化了,也彰显了中华民族对子孙对世界负责的精神①。陈依元把"美丽中国"的内涵概括为自然生态美、社会环境美、人的心灵美、人的行为美四个层次②。

第五,五维度解读。周生贤认为,"美丽中国"是时代之美、社会之美、生活之美、百姓之美、环境之美的总和,优美宜居的生态环境最为重要③。祝小茗认为,建设"美丽中国",具有动力、发展、价值、政治和时代五重维度,是深入和全面理解美丽中国内涵的重要理论视阈。另外有学者从生态之美、发展之美、治理之美、文化之美与和谐之美五个层次解读了"美丽中国"的内涵。也有学者把"美丽中国"概括为生态优良、经济生态化、政治生态化、文化生态化、社会生态化的理想愿景,渗透于生态建设、政治建设、经济建设、文化建设、社会建设五位一体的总体布局之中。

综上所述,虽然学者们对"美丽中国"从不同的方面和角度进行了解读,具体解读涉及美学、生态学、社会学、政治学等多学科概念,但是都有一个共同的特点,那就是"美丽中国"首先美在自然生态,美在生态环境,表明了人们开始期望走出生态困境,改善人与自然关系,强调人与自然和谐相处的价值取向和生态自觉的意识越来越强烈。

二、"美丽中国"研究视角的拓展

党的十八大以来,国内学术界从不同的视角对"美丽中国"进行了拓展研究,其研究深入到了伦理学、旅游学、教育学、经济学、政治学、生态学等学科,综合研究的趋向越来越明显,其研究视角主要包括:

第一,考察"美丽中国"与生态文明建设的关系。有学者指出,要理解"美丽中国",必须理解美丽中国与生态文明之间的关系。首先,建设美丽中国离不开生态文明建设,生态文明建设是其保障和前提。其次,生态文明建设的最终目标是为了实现"美丽中国"④。也有学者认为,美丽中国是生态文明建设的目标指向和检验标准,建设生态文明是实现美丽中国的必由之路。建设美丽中国与建设生态文

① 孙丽霞:《谈"美丽中国"建设的内含和实现途径》,《商业经济》2013 年第 10 期,第 3 页。
② 陈依元:《"美丽中国"并不限于生态美》,《宁波日报》2012 年 11 月 23 日。
③ 周生贤:《建设美丽中国　走向社会主义生态文明新时代》,《中国环境报》2012 年 12 月 3 日。
④ 刘於清:《"美丽中国"的价值维度及实现路径》,《桂海论丛》2014 年第 1 期,第 53 页。

明在方向上一致、进程上同步①。苑秀芹认为,当前我国的生态文明与"美丽中国"建设是相互依存、共同促进的关系,生态文明为"美丽中国"建设提供基础条件,"美的中国"建设的推进有利于促进生态文明建设②。

第二,从"美丽中国"视野研究经济建设的原则与路径。岳希明、邓泽林认为:"美丽中国"的理解可以分为三个层面,自然之美、和谐之美、人文之美,经济建设应当注重三个基本的伦理原则:从人类与自然的空间范畴上考虑的,尊重大自然的内在价值;从当代人与后代人发展的时间范畴上考虑的,尊重人的主体地位并注重人类社会的永续发展;从人类物质生存与精神追求的存在论意义上考虑的,彰显人的审美需求并以创造"审美世界"为建设者的伦理承当③。还有的学者认为,发展循环经济是节约资源、保护环境的基本途径,也是建设美丽中国、实现中华民族永续发展的必然要求,要切实转变经济发展方式,以经济转型"托起"美丽中国。

第三,从"美丽中国"视野研究旅游产业可持续发展。马冲亚等人认为,"美丽中国"是旅游业发展的资源库、新契机和方向标,旅游在推进美丽中国建设中有着自己独特的优势,旅游产业具有建设美丽中国的先天优势,是践行美丽中国战略的前沿阵地,旅游业倡导的"绿色游、低碳游、生态游"积极推进了旅游产业发展转型,成为实现可持续发展的行业取向与选择,也是践行"美丽中国"的真实写照④。聂建波认为,"生态文明"所倡导的"文明"和"美丽中国"所包涵的"美丽元素"成为我国旅游业长足发展的推动力。旅游业是"生态文明、美丽中国"宣传者和践行者⑤。"美丽中国"勾画出未来中国发展的蓝图,为旅游业发展指明了方向。

第四,从"美丽中国"视角研究思想政治教育的新价值取向。李文砚认为,建设"美丽中国"是人们对自然和非人自然物的理解、尊重和敬畏。高校应紧抓第一课堂、第二课堂和第三课堂,加强生态文明教育⑥。陈烈荣认为,美丽中国对思想

---

① 王扬,张春艳:《生态文明与美丽中国:科学发展观的新境界》,《特区实践与理论》2013 年第 6 期,第 30 页。
② 苑秀芹:《生态文明与"美丽中国"建设》,《人民论坛》2014 年第 4 期,第 99－101 页。
③ 岳希明:《从"美丽中国"谈经济建设应注重的伦理原则》,《湖北大学学报》哲学社会科学版 2014 年第 2 期,第 129 页。
④ 马冲亚:《"美丽中国"视角下旅游产业可持续发展的路径选择》,《太原城市职业技术学院学报》2014 年第 2 期,第 37－38 页。
⑤ 聂建波:《论旅游业发展与"生态文明　美丽中国"建设》,《旅游纵览》下半月 2013 年第 2 期,第 17－18 页。
⑥ 李文砚:《"美丽中国"背景下的高校思想政治教育价值取向》,《河池学院学报》2014 年第 1 期,第 140 页。

政治教育提出了新的更高的要求,将生态文明思想贯穿于大学生思想政治教育的全过程,为美丽中国的建设打下坚实基础,是大学生思想政治教育面临的重要课题①。田修胜等人指出,美丽中国是人、自然、社会的完美融合,蕴含着深刻的生态价值内涵。在建设"美丽中国"的新使命下,思想政治教育必须努力实现其生态价值,树立"以人为本、善待自然"的新理念、确立"培养生态人"的新目标、融入"生态文明教育"的新内容②。

　　第五,从"美丽中国"视角研究社会主义道德自觉。有学者指出,美丽中国建设需要努力实现国人的道德之美,国人应该加强个人品德培养,知荣辱、讲正气、尽责任,培育自尊自信、理性平和、积极向上的社会心态,实现社会主义道德自觉。刘婷在其硕士学位论文中做了比较详细的研究,文章指出,美丽中国的建设离不开良好的社会道德体系与价值观念,并分别从经济道德自觉实现美丽中国的经济繁荣、政治自觉实现美丽中国的政治民主、文化道德自觉实现美丽中国的文化软实力、社会道德自觉实现美丽中国的社会和谐、生态道德自觉实现美丽中国的生态文明五个角度展开,系统而全面地研究了"美丽中国"视角下社会主义道德自觉③。

　　第六,从"美丽中国"视角下研究公民正确消费观的培育。"美丽中国"建设与消费有着重要关联,从一定意义上说,生态环境问题即消费问题,人类高消耗的生产方式、高消费的生活方式和对待自然功利化的价值观是环境问题的根源。建设"美丽中国",不仅国家要创新资源能源消费模式,个体也要转变消费模式。翟淑君等人认为,建设"美丽中国"和生态文明要提倡合理消费,合理消费是文明、节约、绿色、低碳的消费。郑利鸿在其硕士学位论文中指出,公民消费正义观培育是培养美丽公民、建设美丽中国的应有之义,明确公民消费正义观培育的目标、完善公民消费正义观培育的内容、建构公民消费正义观培育的网络、创新公民消费正义观培育的方法是培育公民消费正义观的基本路径④。

　　第七,关于"美丽中国"与"中国梦"关系研究。有学者认为,美丽中国梦就是绿色中国梦,是中国梦的重要内容和基础,13亿中国人追逐自己中国梦的过程也

---

① 陈烈荣:《"美丽中国"视域下的大学生思想政治教育》,《思想教育研究》2013年第1期,第36-38页。
② 田修胜:《建设"美丽中国"诉求下的思想政治教育的生态值》,《思想政治教育研究》2014年第2期,第78-81页。
③ 刘婷:《"美丽中国"视域下社会主义道德自觉研究》,安徽大学硕士学位论文2014年,第2页。
④ 郑利鸿:《美丽中国视野下公民消费正义观培育研究》,华中师范大学硕士学位论文2014年,第1-58页。

就是美丽中国的建设过程。曾建平认为,中国梦包含着美丽中国这个向度,美丽中国是中国梦的一个非常重要的内涵。建设美丽中国是实现中华民族伟大复兴的中国梦的重要内容①。谢磊在《"美丽中国":和谐社会与和谐世界理念的新发展》一文中指出:"美丽中国"反映了"和谐社会"和"和谐世界"的基本主张,要在建设"美丽中国"的进程中实现中国梦②。林怀艺认为,"中国梦"包含着美丽中国建设的内容。"中国梦"视野下的美丽中国建设是对传统社会主义及西方发展模式的超越③。

三、"美丽中国"的重要意义

对于"美丽中国"战略意义的研究,国内学术界一般都从其理论意义、现实意义、世界意义等角度展开论述,主要有以下观点。

第一,理论意义。李建华、蔡尚伟认为,"美丽中国"是党的十八大在中国特色社会主义发展到新的历史阶段后提出的战略思想,是对"建设什么样的生态中国,怎样建设生态中国"这个基本问题的初步战略思考和回答,具有重要的理论价值,将进一步丰富和发展中国特色社会主义理论体系,将赋予中国特色社会主义道路新特点,完善中国特色社会主义制度,增加社会主义现代化国家的新内涵④。陈明富认为:"美丽中国"充分体现了中国共产党建设"生态文明"、小康社会、和谐社会的价值目标向度,是马克思主义和谐思想的充分体现,是中国化马克思主义的最新成果科学发展观的价值目标追求⑤。有学者还认为,建设美丽中国是我们党"执政为民"方针的鲜明体现,将丰富和发展中国特色社会主义理论体系,有的学者指出建设"美丽中国"是深入贯彻落实科学发展观的根本要求,丰富和发展了马克思主义生态文明理论。

第二,现实意义。陈丹红认为,生态问题不仅仅是经济问题、政治问题,同时也是民生问题,改善生态问题其中之一就是改善民生问题。改革开放的深入推进,给人们带来了物质财富的极大丰富,但也带来了诸多生态环境问题,建设美丽

---

① 曾建平:《中国梦与美丽中国》,《井冈山大学学报》社会科学版 2014 年第 3 期,第 58 – 63 页。
② 谢磊:《"美丽中国":和谐社会与和谐世界理念的新发展》,《武汉科技大学学报》社会科学版 2014 年第 5 期,第 482 – 487 页。
③ 林怀艺:《"中国梦"视野下的美丽中国建设》,《东南学术》2013 年第 5 期,第 19 – 26 页。
④ 李建华,蔡尚伟:《"美丽中国"的科学内涵及其战略意义》,《四川大学学报》哲学社会科学版 2013 年第 5 期,第 138 – 140 页。
⑤ 陈明富:《"美丽中国":马克思主义中国化最新理论成果科学发展观的美丽愿景》,《贵州师范大学学报》社会科学版 2013 年第 2 期,第 35 – 40 页。

中国,更直接现实的愿景,就是造就一片青山绿水,让民众呼吸新鲜的空气,喝上干净的水,住上舒适安全的民居,吃上健康安全的食品。这些都是创造人民幸福生活的必要因素。建设美丽中国,就是要从为解决人民日常生活中最直接最现实的需求做起。建设美丽中国,对于改善生态民生,构筑幸福民生具有积极的现实意义①。匡列辉认为,建设"美丽中国"是应对当前中国生态危机的重要抓手,建设"美丽中国"是有效处理当前我国主要矛盾的对症良药。要用铁的手腕加大环境整治力度,狠抓生态文明建设,扼制生态环境日趋恶化的严峻现实②。成为国人共同的期待。

第三,世界意义。陈丹红认为,建设美丽中国,对于维护全球生态平衡,实现全球可持续发展具有世界性意义。自然世界才是人类得以生存和绵延的根本居所,全球性的生态危机呼唤着人类亟须维护全球生态平衡,逐步实现全球可持续发展,中国致力于解决本国的生态环境问题,为全球生态环境保护做出突出的贡献③。建设"美丽中国"彰显了中国文化的思想精髓和中华民族对美好生活的追求向往,将对人类文明发展做出新的贡献。"美丽中国"战略思想站在实现人类可持续发展的历史高度,充分体现了在保护生态环境和创造美好生活方面的中国责任、中国担当和中国作为,是中国对世界文明发展做出的新贡献④,也有学者还认为,"美丽中国"是建设生态文明家园,承担自身的国际责任,弘扬了马克思主义生态思想的人本精神,展现了我国政府推动可持续发展、维护全球生态安全的价值理想,具有全球性的意义。

四、"美丽中国"的实现路径

如何实现"美丽中国",这是摆在人们面前的现实问题,否则"美丽中国"就只是一句空话,在实践路径上,国内学术界展开了激烈的讨论,从思想、经济、文化、生态、科技等各个角度分别探讨构建"美丽中国"的路径。

第一,思想路径,即改变旧的思想观念,为"美丽中国"实现奠定思想基础。郑镇认为,致生态道德之善是"美丽中国"实现的重要途径,实现美丽中国树立生态道德极为重要,要使人们认识到,爱护和尊敬自然的行为是善,污染和破坏自然的

---

① 陈丹红:《浅论建设美丽中国的意义》,《前沿》2014 年第 1 期,第 48 - 49 页。
② 匡列辉:《"美丽中国"视阈下的生态文明建设探析》,《延边大学学报》社会科学版 2014 年第 1 期,第 56 - 61 页。
③ 陈丹红:《浅论建设美丽中国的意义》,《前沿》2014 年第 1 期,第 49 页。
④ 孙丽霞:《谈"美丽中国"建设的内含和实现途径》,《商业经济》2013 年第 10 期,第 6 页。

行为是恶;善待自然,促进人与自然和谐是道德的,反之则是不道德的①。柳兰芳认为,美丽中国的构建必须建立在生态价值观的基础之上,要培养主体生态责任价值观、要实现主体生态责任的范式转变②。万俊人指出,对于"美丽中国",首先需要建立清晰、完备、长远、科学的生态文明价值观,引导全社会的生态文明建设③。郭宁月在其硕士学位论文中认为,建设美丽中国的生态伦理路径之一,就是树立文明的生态伦理理念,包括树立尊重自然、顺应自然和保护自然的观念④。李小辉、罗春梅等人则指出,实现美丽中国,首先要注重实现人文关怀之美,指出当代中国亟需加强道德建设,美丽中国建设要始终追寻和倡导世间的真善美⑤。还有学者呼吁,要转变观念,认清实质,环境与经济发展是统一的,环境不该成为经济发展道路上的拦路虎,而应是发展之路上的助推器。政府、企业、个人等社会主体都应该积极行动起来,转变与生态文明不相适应的生产和消费观念,维护和改善生态环境。

第二,制度路径,即为"美丽中国"实现提供制度保障。廖才茂认为,一是需要在国家层面上抓紧顶层设计,填补某些法规空白,克服某些规制偏粗、偏软、操作性不够强、相互衔接配套不够、处罚力度不够等弊端。二是需要填补空白的制度建设,如国土空间开发保护与土壤污染防治制度;生态经济社会发展评价与奖惩制度;环境保护责任追究制度;生态文明教育制度等⑥。有学者认为,需要完善环境保护法规体系,创新生态文明建设的政府管理体制和运行机制,创新环境管理体制,强化环保工作的立法、规划、监管一体化运作,建立覆盖全社会的资源循环利用机制,健全生态环境保护的政府管理责任追究制度。郭宁月认为建设美丽中国需要建立资源有偿使用制度,完善生态补偿制度,加强环境监管制度等。也有学者认为目前存在生态文明制度建设观念滞后、制度体系不系统、不完整、不配套和政策措施不协调等问题,要通过健全生态建设的法律法规,建立和完善生态环

① 郑镇:《"美丽中国"的生成及其价值诉求》,《福建医科大学学报》社会科学版2014年第2期,第1—4页。

② 柳兰芳:《美丽中国建设的生态路径选择》,《中共福建省委党校学报》2014年第6期,第64—68页。

③ 万俊人:《美丽中国的哲学智慧与行动意义》,《中国社会科学》2013年第5期,第5—11页。

④ 郭宁月:《建设美丽中国的生态伦理路径研究》,河北大学硕士学位论文2014年,第1—34页。

⑤ 李小辉、罗春梅:《美丽中国建设中的六个纬度》,《河北联合大学学报》社会科学版2014年第1期,第21—23页。

⑥ 廖才茂:《"美丽中国"愿景与生态文明制度建设》,《中国井冈山干部学院学报》2013年第5期,第115—117页。

境监控体系和社会保障机制,从而增强服务机制的服务意识,强化生态系统的服务功能,实现美丽中国建设制度的可持续性发展。有学者还指出,要积极稳妥地执行以绿色 GDP 为主要内容的新型核算和考评制度,将环境指标纳入地方官员考核体系,健全政府环境问责制,把环境保护和生态建设纳入政绩考核的内容。

第三,经济路径,即改变过去传统经济发展路径。苑秀芹认为,切实改进发展模式,大力发展低碳经济,实现从粗放式发展模式向精细发展模式的转变,通过科技创新来减少能源资源开发导致的温室气体排放,实现经济发展、环境发展和社会发展的"三赢"。鼓励企业和科研机构进行技术创新、技术改造,减少企业生产导致的资源浪费和过度消耗①。李小辉、罗春梅等人认为,要彻底改变过去以单纯追求 GDP 为中心的经济发展模式,转变以牺牲环境和资源为代价的盲目发展,加快形成新的经济发展方式,深化经济体制改革,推进经济结构战略性调整,提高开放型经济水平,走资源节约型、环境友好型的经济可持续发展道路。另外有学者指出,转变经济发展方式,企业是极为重要的一环,现代企业应该明确自己的环境责任,意识到自己不仅要创造短期可见的经济效益,还应创造长期方能显现的社会效益和环境效益。国家应加强引导企业转型,淘汰落后,鼓励创新,形成倒逼机制,以此构建发展环境友好型企业新格局。社会也应该倡导创建绿色企业,同时加强监督,使环境友好企业真正成为一种风潮。有学者指出,发展绿色经济、循环经济和低碳经济,把建设资源节约型社会和环境友好型社会放在工业现代化发展战略的突出位置,加大节能环保投入,有效控制主要污染物的排放,杜绝那种先污染后治理的发展路径。

第四,科技路径,即为美丽中国的实现提供科技支撑。杨卫军认为,建设美丽中国,需要加强生态科技创新,一是用科技创新提升绿色产业发展水平,用先进技术改造传统产业,加快形成资源节约型、环境友好型的生产方式,走新型工业化道路。二是用科技创新支撑能源资源高效利用和可持续利用,用科技创新支撑生态环境安全保障。有学者认为,治理生态环境离不开科学技术的应用,在技术应用上要谋划好合作引进和自主创新的策略安排②。有学者认为,科技创新是节约资源与保护环境不可或缺的手段之一。要大力强化生态文明建设中的技术创新。只有技术创新了,才能带动高新技术产业的发展,减轻资源环境的压力,提高产业的竞争力,增强可持续发展的能力,进一步奠定物质技术基础。也有学者认为,当

---

① 苑秀芹:《生态文明与"美丽中国"建设》,《人民论坛》2014 年第 4 期,第 101 页。
② 赖长奇:《生态文明视域下建设美丽中国之路》,《克拉玛依学刊》2014 年第 1 期,第 3 - 8 页。

前建设美丽中国离不开加强国际生态交流与合作,当前生态环境问题具有跨国、跨地区的特点,要处理好国际合作与技术创新的关系,要积极向生态文明高度发展的国家学习经验,引进技术。还有学者指出,发展绿色科技是建设美丽中国的核心,绿色科技作为新的一轮工业革命。它包括绿色产品、绿色生产工艺的设计、开发,绿色新材料、新能源的开发,消费方式的改进以及环境保护理论、技术和管理的研究等。绿色科技是发展绿色经济、进一步开展环境保护和生态建设的重要技术保证①。

第五,生态路径,即建设美丽中国,重点从生态路径着手。柳兰芳在《美丽中国建设的生态路径选择》一文中认为,"美丽中国"是生态文明建设的现实目标,生态文明建设是美丽中国建设价值维度的必然逻辑基础,从理论维度上要实现生态伦理转向,从实践维度上要实现四大建设的生态渗透,实现经济建设的生态转型,实现政治建设的生态转型,实现文化建设的生态转型,实现社会建设的生态转型。祝小茗、徐天明认为,要将生态美德与生态之善转化为建设"美丽中国"的内生动力,生态伦理界的热切回应是建设好美丽中国的理论维度,坚持可持续发展是构建美丽中国的动力维度,而实现永续发展则是建成美丽中国的价值维度。它们既是建设人类生态文明的伦理基础,更是早日实现"中国梦"的践行路径②。王卓君、唐玉青指出,建设美丽中国需要建设生态政治文化,生态政治文化主要包括生态政治价值观、生态政治心理和生态政治社会化,美丽中国不仅是自然的生态美丽,更是交融了自然与社会、物质与人性、政治、经济与文化多样互耦、协调发展的一种和谐进程。只有形成符合时代需要和中国特色的生态政治文化,并在政治系统和经济建设的社会运行中真正践行生态政治价值观,美丽中国才能成为可能③。另外,郭宁月在其论文《建设美丽中国的生态伦理路径研究》中对生态路径进行了较为全面的研究。

五、结语

"美丽中国"不仅属于当下,也应该属于我们的子孙后代,爱护和建设我们美丽的家园,不仅使我们具有这个时代的美德意义,也包含着我们对于后人的道义

---

① 刘权政:《对"建设美丽中国"的思考》,《西藏民族学院学报》哲学社会科学版 2013 年第 1 期,第 11 – 14 页。

② 祝小茗,徐天明:《建设"美丽中国"的若干生态伦理维度探析》,《昭通学院学报》2014 年第 1 期,第 54 – 58 页。

③ 王卓君,唐玉青:《生态政治文化论——兼论与美丽中国的关系》,《南京社会科学》2013 年第 10 期,第 54 – 60 页。

和责任。自党的十八大以来,学术界对"美丽中国"基本问题研究,取得了诸多成果,研究视角日趋广泛,其中不乏硕博学位论文,涵盖了经济、政治、文化、生态、科技等领域,从参与讨论的人员来看层次较高,其中不乏国内著名学者,但是当前关于"美丽中国"的研究,笔者以为还存在以下不足:一是缺乏深度,目前出现的文章大都是以政策性宣传文章为主,缺少有深度的学术论文,大部分学者局限于解读美丽中国的内涵,缺乏必要的理论提升;二是拓展研究不够,目前的研究成果存在单一层面、单一学科的现象,导致研究缺乏全面性、系统性。然而,美丽中国是一个综合的概念,是一项系统工程,涉及经济学、政治学、社会学、伦理学、生态学等诸多学科,需要纵横交错,全面开展,我们期待研究的深入和完善。

党的十八大以来生态文明理念及其实践的重要发展*

生态文明是当代中国发展新阶段的必然要求。党的十七大首次把生态文明建设写进大会报告,十八大进一步把生态文明建设作为中国特色社会主义建设"五位一体"总布局的重要维度。十八大以来,以习近平同志为核心的党中央站在战略和全局的高度,辩证看待人与自然的关系,协调处理经济增长与环境保护之间的矛盾,既丰富和发展了生态文明思想,又在不断完善制度、推进行动中使转变经济增长方式、实现绿色发展的生态文明建设成为一种新常态。

一、生态文明民生价值和现实意义的新认识

在"资源约束趋紧、环境污染加重、生态系统退化"的严峻形势下,以习近平同志为核心的党中央高度重视生态文明的民生价值和现实意义,并赋予其新的内涵。

第一,积极回应人民群众的生态需求,强调良好生态环境对人类生存的基础价值,并把清洁的生活环境和良好的生态环境作为人民的基本人权。这是关于生态系统环境价值的新认识。清新的空气、干净的水源、宜人的气候、整洁的空间不仅是人们生命存在的必要前提,同时也是促进人们生命安全感和心理健康的重要因素。改革开放以来,经济的快速发展极大地提升了人民的物质生活水平,然而雾霾、水土污染、酸雨、温室效应等生态问题和相关健康问题也日益凸显。物质生活水平的提升和环境恶化一起,使人民群众原来被遮蔽的生态需要逐渐凸显。"雾霾"和"APEC 蓝"的社会流行语、微信圈里此起彼伏的雾霾蓝天对比图片,反

* 本文作者:潘莉、黄志斌,合肥工业大学现代科技发展与马克思主义理论研究中心。
本文系国家社会科学基金重点项目"中国马克思主义绿色发展观的基本理论和方法研究"(项目编号:14ASK013)、中央高校基本科研业务费项目"当前社会道德焦虑状况及其引导策略研究"(项目编号:J2014HGXJ0152)的阶段性成果。

映的正是人民希望驱散雾霾、呼吸新鲜空气、享受宜人气候和健康生活的生态需求。"人民群众过去是'求温饱',现在是'盼环保'"①,为积极回应人民群众对良好生态环境的热切期待和迫切需求,以习近平为总书记的中共中央反复强调良好生态环境对人民幸福的基础价值,指出"良好生态环境是人和社会持续发展的根本基础"②,"头顶着蓝天白云,在清洁的河道里畅快游泳,田地里盛产安全的瓜果蔬菜……是人民群众对生态文明最朴素的理解和对环境保护最起码的诉求"③。在 2013 年 5 月发布的《2012 年中国人权事业的进展》中,中国政府首次把清洁的生活环境和良好的生态环境看做人民的基本人权。

第二,重申保护环境就是发展生产力,指出"绿水青山就是金山银山",同时强调绿水青山的优先地位,提出"宁要绿水青山,不要金山银山"。这是对生态系统生产力价值的新认识。新中国成立以来,在以增加和提高物质生产为主的强国富民背景下,党和政府一直较为重视开发自然的生产力价值。"变水害为水利……使江河为人民服务"④,"发展才是硬道理"⑤,"保护资源环境就是保护生产力,改善资源环境就是发展生产力"⑥,在总体上遵循着发展生产力为主、生态维护为辅的逻辑思路。以习近平为总书记的党中央在重申"保护生态环境就是发展生产力"的同时,突出强调了维护生态环境的重要性和优先性,认为当绿水青山与金山银山发生冲突时,应以绿水青山为先。"良好的生态环境是买不来、借不到的财富。山清水秀但贫穷落后不行,殷实小康但环境退化也不行"⑦,我们"决不以牺牲环境为代价去换取一时的经济增长"。⑧

第三,从民族未来、社会发展、人民期待、中国梦实现等方面系统阐释生态文明建设的实践价值。对于环境保护和生态文明建设的重要性,党的十八大报告明确指出"建设生态文明,是关系人民福祉、关乎民族未来的长远大计",把生态文明和人民幸福、民族未来等紧密结合在一起。以习近平为总书记的中共中央从民族

---

① 《十八大以来重要文献选编》上,中央文献出版社 2014 年版,第 626 页。
② 习近平:《在中共中央政治局第六次集体学习时强调:坚持节约资源和保护环境基本国策,努力走向社会主义生态文明新时代》,《人民日报》2013 年 5 月 25 日。
③ 周生贤:《走向生态文明新时代——学习习近平关于生态文明建设的重要论述》,《求是》2013 年第 17 期。
④ 《建国以来重要文献选编》第 20 册,中央文献出版社 1998 年版,第 576 页。
⑤ 《邓小平文选》第 3 卷,第 377 页。
⑥ 中共中央文献研究室编:《江泽民论中国特色社会主义(专题摘编)》,中央文献出版社 2002 年版,第 282 页。
⑦ 李克强:《建设一个生态文明的现代化中国——在中国环境与发展国际合作委员会 2012 年年会开幕式上的讲话》,《人民日报》2012 年 12 月 13 日。
⑧ 《习近平谈治国理政》,外文出版社 2014 年版,第 209 页。

未来、社会发展、人民期待、中国梦实现和全球气候变化的角度,做出了"必然选择""迫切需要""基本要求""重要内容"和"必由之路"的系统阐释。其中,习近平关于"良好生态环境是最公平的公共产品,是最普惠的民生福祉"①的论述,彰显了生态文明建设的生存意义、经济意义和社会意义。一直以来,我们都认为自然环境是取之不尽、用之不竭的免费资源,而把生态环境视作"公共产品"的提法不仅凸显了良好生态环境的珍贵,赋予其应有的经济意义,更突出了其"公共性"的生存价值和公平品质,有利于在市场经济背景下推进生态文明建设的深入开展。

第四,把生态文明建设与当代中国的生态问题和未来发展紧密联系在一起,提出了"两个清醒认识"的论断。面对经济社会高速发展、生态环境不断退化的严峻形势,习近平鲜明提出"要清醒认识保护生态环境、治理环境污染的紧迫性和艰巨性,清醒认识加强生态文明建设的重要性和必要性"②。两个"清醒认识"一方面从大气污染等生存环境恶化的倒逼角度指出中国生态环境问题的严峻性,揭示了中国保护生态环境、治理环境污染的艰巨性,说明生态文明建设的刻不容缓;另一方面,从人民幸福和民族未来的正面建设维度表明了中国共产党加强生态文明建设的坚定意志和坚强决心,必须以"对子孙后代高度负责"的精神保护生态环境,高度重视和全方位推进生态文明建设,"为子孙后代留下天蓝、地绿、水清的生产生活环境"。③

二、人与自然共生发展的整体把握和新设计

在人类和其他生命以及无机环境所组成的生态系统内,人类既因为强大的主体能力而使自然不断烙上人类的印迹,同时亦通过能量流转和物质循环而与其他动植物、大气、水等组成一个有机体,同存共生。以习近平为总书记的中共中央,辩证看待人与自然生态系统整体,指出"山水林田湖是一个生命共同体",并紧紧围绕建设美丽中国对生态文明建设进行整体谋划和顶层设计。

第一,强调生态文明建设要遵循自然规律,进行整体设计。在人与自然同存共生,人类实践要遵循自然规律方面,邓小平曾指出"在开发利用水资源时,应充分注意对自然生态的影响","要根据当地的自然资源和环境保护要求,合理调整

---

① 中共中央文献研究室编:《习近平关于全面深化改革论述摘编》,中央文献出版社 2014 年版,第 107 页。
② 《习近平谈治国理政》,外文出版社 2014 年版,第 212 页。
③ 《习近平谈治国理政》,外文出版社 2014 年版,第 209 页。

农业结构"。① 习近平以尊重自然的唯物主义精神,从相互联系的角度把人与自然组成的生态系统称作一个"生命共同体",并主张整体对待人与自然组成的有机生态系统,系统设计生态文明建设。他说:"山水林田湖是一个生命共同体,人的命脉在田,田的命脉在水,水的命脉在山,山的命脉在土,土的命脉在树。"因此,"用途管制和生态修复必须遵循自然规律,如果种树的只管种树、治水的只管治水、护田的单纯护田,很容易顾此失彼,最终造成生态的系统性破坏。"②

第二,立足全局与战略的高度,强调在"五位一体"的总布局中推进生态文明建设,全面思考生态文明建设与经济建设、政治建设、文化建设、社会建设的联系,统筹考虑,全盘设计,深度融合,并在实践中促进各个方面、各个环节协调发展。经济建设方面,强调转变经济发展方式,摒弃粗放增长,节约资源、优化结构,将经济发展控制在自然生态系统承载能力之内,不断促进生态系统的自我修复。"经济增长速度再快一点,非不能也,而不为也。"③要"稳定和扩大退耕还林、退牧还草范围,调整严重污染和地下水严重超采区耕地用途,有序实现耕地、河湖休养生息"④,"加快推进产业结构调整,推动传统产业转型升级,积极培育和发展战略性新兴产业,加快信息产业发展,大力发展节能环保和新能源产业,推动新兴服务业和生活性服务业发展"⑤。政治建设方面,通过改革政绩考核体系、建立终身责任追究制度,不断强化各级政府和官员的生态责任,完善法律、税收政策等为生态文明建设提供制度、政策、设施等条件保障,促进环境公平。社会建设方面,提升人口素质,优化"人居"环境,推动人们生活方式的革新等,建设"生态示范区"和"绿色居住区"。"城乡一体化发展,完全可以保留村庄原始风貌,慎砍树、不填湖、少拆房,尽可能在原有村庄形态上改善居民生活条件"⑥,"城市规划建设的每个细节都要考虑对自然的影响,更不要打破自然系统……在提升城市排水系统时要优先考虑把有限的雨水留下来,优先考虑更多利用自然力量排水,建设自然积存、自然渗透、自然净化的'海绵城市'"⑦。文化建设方面,努力通过多种形式的生态教

---

① 中共中央文献研究室编:《新时期环境保护重要文献选编》,中央文献出版社 2001 年版,第 155–156 页。

② 《十八大以来重要文献选编(上)》,中央文献出版社 2014 年版,第 507 页。

③ 习近平:《同出席博鳌亚洲论坛 2013 年年会的中外企业家代表座谈时的讲话》,《人民日报》2013 年 4 月 9 日。

④ 《十八大以来重要文献选编(上)》,中央文献出版社 2014 年版,第 542 页。

⑤ 《中共中央政治局召开会议讨论研究当前经济形势和下半年经济工作》,《人民日报》2013 年 7 月 31 日。

⑥ 《十八大以来重要文献选编(上)》,中央文献出版社 2014 年版,第 602 页。

⑦ 《十八大以来重要文献选编(上)》,中央文献出版社 2014 年版,第 603 页。

育,在全社会开展"光盘行动",针对政府机关出台"八项规定",在日常生活、用车、用房、节电节水节粮、提高物品利用效率等方面极力倡导从"越多越好"的消费主义转为"更好与更少完美结合"的低碳绿色消费,在全社会形成尊重自然、善待自然、珍爱自然的生态文明新风尚。这样,经济层面的基础作用、政治层面的制度保障、文化层面的精神支撑、社会层面的生活显现等相互依存、相互促进,才能整体推进生态文明深入开展。

第三,紧紧围绕建设美丽中国对生态文明建设自身进行全面而有重点的整体规划,就国土空间开发、海洋生态文明建设、资源节约利用、环境治理、城市发展、环境公平等方面进行系统设计,形成了关于生态文明建设的"网络系统结构"。在重申"要按照人口资源环境相均衡、经济社会生态效益相统一的原则,整体谋划国土空间开发,科学布局生产空间、生活空间、生态空间"①的同时,习近平突出强调生态文明建设要陆海统筹,要"把海洋生态文明建设纳入海洋开发总布局之中,坚持开发和保护并重、污染防治和生态修复并举,科学合理开发利用海洋资源,维护海洋自然再生产能力"②;资源节约利用方面,坚持把节约资源作为生态环境根本之策,高度聚焦能耗减排。对此,习近平指出:"坚决控制能源消费总量,有效落实节能优先方针,把节能贯穿于经济社会发展全过程和各领域。"③李克强同志明确表示要"走出一条能耗排放做'减法'、经济发展做'加法'的新路子"④。环境治理方面,坚持以人为本,聚焦解决损害群众健康的突出环境问题,"强化水、大气、土壤等污染防治,着力推进重点流域和区域水污染防治,着力推进重点行业和重点区域大气污染治理"⑤。"坚持标本兼治和专项治理并重、常态治理和应急减排协调、本地治污和区域协调相互促进,多策并举,多地联动,全社会共同行动。"⑥对于城市发展,强调要"把生态文明理念和原则全面融入城镇化全过程,走集约、智能、绿色、低碳的新型城镇化道路"⑦,既注重从整体上设计"两横三纵"的城市

---

① 《习近平谈治国理政》,外文出版社 2014 年版,第 209 页。

② 习近平:《在中共中央政治局第八次集体学习时强调:进一步关心海洋认识海洋经略海洋,推动海洋强国建设不断取得新成就》,《人民日报》2013 年 8 月 1 日。

③ 《积极推动中国能源生产和消费革命加快实施能源领域重点任务重大举措》,《人民日报》2014 年 6 月 14 日。

④ 《李克强在节能减排及应对气候变化工作会议上强调促进节能减排和低碳发展改善环境和保护生态 提高人民生活质量》,《人民日报》2014 年 3 月 24 日。

⑤ 《习近平谈治国理政》,外文出版社 2014 年版,第 210 页。

⑥ 《习近平在北京考察工作时强调立足优势深化改革 勇于开拓在建设首善之区上不断取得新成绩》,《人民日报》2014 年 2 月 27 日。

⑦ 《中央经济工作会议在北京举行》,《人民日报》2012 年 12 月 17 日。

化战略格局,划定城市开发边界、遏制城市"摊大饼"式的发展,又主张城市建设与人文历史和天然自然的有机融合,"依托现有山水脉络等独特风光,让城市融入大自然,让居民望得见山、看得见水、记得住乡愁"。①

三、生态文明实践和具体行动的硬约束和新进展

"像对贫困宣战一样,坚决向污染宣战。"李克强在 2014 年政府工作报告中掷地有声的话语显示了党和政府加强生态文明建设的决心。十八大以来,以习近平为总书记的中共中央在总结先前环境保护经验的基础上,为切实遏制和扭转生态恶化的趋势,在整体设计的同时深入内部具体细节,以切实有效的改革举措和严格细致的法律制度,坚持源头严防、过程严管、后果严惩,以符合生态理性的硬约束,标本兼治地推进生态文明建设落到实处、取得实效。

第一,创新体制机制,明晰责权利。明晰责权是实行硬约束的前提,习近平指出:"中国生态环境保护中存在的一些突出问题,一定程度上与体制不健全有关,原因之一是全民所有自然资源资产的所有权人不到位,所有权人权益不落实。"②为明确责任,中共十八届三中全会首次提出要健全自然资源资产产权制度和用途管制制度,对水流、森林、山岭、草原、荒地、滩涂等自然生态空间进行统一确权登记,明晰其责权利,按照所有权和管理权分开和一件事由一个部门负责的原则,落实全民所有自然资源资产所有权,完善自然资源监管体制,统一行使国土空间用途管制职责。

第二,划定生态红线,守住生态底线。生态红线是继"18 亿亩耕地红线"后,被提到国家层面的一条"生命线",包含生态功能保障基线、环境质量安全底线、自然资源利用上线等生态红线,是生态环境安全的底线,具有明显的刚性特征。习近平在提出要"划定并严守生态红线"的同时,强调"在生态环境保护问题上,就是要不能越雷池一步,否则就应该受到惩罚"③。为促成红线落地,即具有明确的地理坐标,中国现已制定了《生态红线划定技术指南》,并在内蒙古、江苏、江西和新疆等四个省区开展了试点,同时完成了全国生态红线划定的基础工作,下一步将全面划定生态红线,并系统开展生态红线的管理、监测和监察工作。

第三,完善法规制度,强化法律制裁。自 1979 年颁布《环境保护法(试行)》以来,中国先后颁布 30 多项环境保护方面的法律法规,初步形成生态文明建设的法

---

① 《十八大以来重要文献选编(上)》,中央文献出版社 2014 年版,第 603 页。
② 《十八大以来重要文献选编(上)》,中央文献出版社 2014 年版,第 507 页。
③ 《习近平谈治国理政》,外文出版社 2014 年版,第 209 页。

律框架。为进一步强化法治在生态文明建设中的震慑和惩治作用,改变"违法成本低、守法成本高"的现状,习近平反复强调生态文明建设要实行最严格的法治,"只有实行最严格的制度、最严密的法治,才能为生态文明建设提供可靠保障"①,要"用严格的法律制度保护生态环境,加快建立有效约束开发行为和促进绿色发展、循环发展、低碳发展的生态文明法律制度,强化生产者环境保护的法律责任,大幅度提高违法成本"②。2013 年 6 月 19 日施行的《最高人民法院、最高人民检察院关于办理环境污染刑事案件适用法律若干问题的解释》进一步加大了对污染环境罪的量刑力度;2014 年 7 月,最高人民法院成立专门的环境资源审判庭,着力推进环境司法专门化;2015 年 1 月开始实施的《环境保护法》从 47 条增加到 70 条,授予环保部门对违法排污设备的查费扣押权,增设按日计罚、治安拘留等措施,首次规定社会组织可作为环境公益诉讼的主体,增加了对环境违法行为的制裁力度,使生态文明法治措施的针对性、具体性和实效性明显增强。

第四,运用财税杠杆,加大经济约束。重视市场与税收、价格等经济手段的调节作用,是当前生态文明建设的重要方面。国家一方面继续在大气污染治理等环境治理以及退耕还林、生物多样性保护等方面加大财政投入,对绿色产品和生态技术研发等实行优惠政策,完善生态补偿、促进环境公平;另一方面改革环境保护税,加大对高档消费品征税,加快自然资源及其产品价格改革,对高耗能企业实行惩罚性电价、居民实行阶梯水价和阶梯电价,以利益导向促进生产方式和生活方式向有利于生态文明建设的方向流动和转变。十八届三中全会明确指出要"加快资源税改革,推动环境保护费改税","坚持谁受益、谁补偿原则,完善对重点生态功能区的生态补偿机制,推动地区间建立横向生态补偿制度"③。国务院也在随后《关于化解严重过剩产能的意见》中要求"对钢铁、水泥、电解铝、平板玻璃等高耗能行业,能耗、电耗、水耗达不到行业标准的产能,实施差别电价和惩罚性电价、水价"④。

第五,绿化政绩考核,责任终身追究。"金山银山与绿水青山不是对立的,关键在人,关键在思路"⑤。为引导领导干部确立正确政绩观,切实把生态文明建设

---

① 《习近平谈治国理政》,外文出版社 2014 年版,第 210 页。
② 《中共中央关于加强依法治国若干重大问题的决定》,新华网 2014 年 10 月 30 日,http://news. xinhuanet. com/ziliao/2014 – 10/30/c_127159908. htm。
③ 《十八大以来重要文献选编(上)》,中央文献出版社 2014 年版,第 542 页。
④ 《国务院关于化解产能严重过剩矛盾的指导意见》(国发[2013]41 号)2013 年 10 月 18 日发布,载于 http://www. gov. cn/zhengce/content/2013 – 10/18/content_4854. htm。
⑤ 《习近平李克强张德江俞正声刘云山王岐山张高丽分别参加全国人大会议一些代表团审议》,《人民日报》2014 年 3 月 8 日。

纳入总体工作部署,改变以牺牲环境为代价换取经济高速增长现象,十八届三中全会提出,"完善发展成果考核评价体系,纠正单纯以经济增长速度评定政绩的偏向"①,并强调地方政府的环境保护职责和责任追究制度。2013年底,中共中央组织部印发《关于改进地方党政领导班子和领导干部政绩考核工作的通知》,就政绩考核、选人用人、责任追究等方面提出了多项硬要求,明确指出"政绩考核不能仅仅把地区生产总值及增长率作为考核评价政绩的主要指标,不能搞地区生产总值及增长率排名","选人用人不能简单以地区生产总值及增长率论英雄","对造成资源严重浪费的,造成生态严重破坏的……视情节轻重,给予组织处理或党纪政纪处分,已经离任的也要追究责任"②。2014年4月,国务院及相关部委印发《大气污染防治行动计划》相关考核办法和《实施细则》,就2014—2017年间各省市PM2.5(PM10)年均浓度与考核基数相比下降的比例做出明确的量化要求,将治霾成效作为对各地领导班子和领导干部综合考核评价的重要依据。这些考核举措从结果评价,也从源头预防的角度促进领导干部的环保意识和生态发展观。

四、生态文明国际合作的责任担当和新作用

中国一直负责任地通过国际合作的方式,促进环境保护的国际公平,维护人类永续发展。早在1972年,中国就派团参加了在瑞典斯德哥尔摩召开的联合国第一次人类环境会议,参与通过了《联合国人类环境宣言》。十八大以来,习近平"携手共建生态良好的地球美好家园"等强调国际合作的生态文明思想,以及中国在应对气候变化、推动南南合作等方面的责任担当,不仅展现了中国社会开创生态文明新时代的决心和能力,同时也彰显了在生态文明国际合作中的新作用。

第一,以强烈的责任担当意识和开阔的全球视野积极面对和解决中国环境问题。人类共有一个地球,中国环境问题的解决具有世界意义。习近平在北京考察工作时指出:"虽然说按照国际标准控制PM2.5对整个中国来说提得早了,超越了我们的发展阶段,但要看到这个问题引起了广大干部群众高度关注,国际社会也关注,所以我们必须处置。民有所呼,我有所应!"③这种勇于担当的责任意识

---

① 《十八大以来重要文献选编(上)》,中央文献出版社2014年版,第520页。

② 《关于改进地方党政领导班子和领导干部政绩考核工作的通知》,《人民日报》2013年12月10日。

③ 中共中央文献研究室编:《习近平关于全面深化改革论述摘编》,中央文献出版社2014年版,第111页。

突出表达了中国在治理环境问题、维护良好生态环境方面的积极主动和国际情怀。第二,坚持公约框架,遵循公约原则,立足中国实际,积极主动承担国际责任。作为一个负责任的大国,中国一直坚定支持国际社会合作应对气候变化等环境问题的各种公约和协定,先后批准了《京都议定书》等气候变化公约、《巴塞尔公约》等危险物质类环境公约、《防止海洋倾废公约》等海洋环境履约资源类的公约、《生物多样性公约》等生物资源类公约和海岸线类公约等 50 多项国际环境公约。同时,按照共同但有区别的责任原则、公平原则、各自能力原则积极主动推进国际环境公约的履约工作。习近平立足中国实际指出:"应对气候变化是中国可持续发展的内在要求,也是负责任大国应尽的国际义务,这不是别人要我们做,而是我们自己要做。"①为履行针对气候变化公约的自愿承诺——到 2020 年,单位国内生产总值二氧化碳排放比 2005 年下降 40%—45%,非化石能源占一次能源消费的比重达到 15% 左右,中国在发展中国家中最早制定、实施《应对气候变化国家方案》,2014 年发布实施了《国家应对气候变化规划(2014—2020 年)》、《煤电节能减排升级与改造行动计划(2014—2020 年)》、《能源发展战略行动计划(2014—2020 年)》;同时着眼未来行动,宣布了 2020 年后气候变化行动目标,计划 2030 年左右达到二氧化碳排放峰值并争取提前,到 2030 年非化石能源占一次能源消费比重提高到 20% 左右。这些承诺和行动计划及其实践推进展现了中国的"言必信、行必果",也影响和推动着世界生态文明进程。

第三,坚持主动开放的国际合作姿态,积极参与多边国际合作,推动生态文明建设的国际进程。中国一直重视通过国际合作推进环境保护,习近平多次强调中国将"同世界各国深入开展生态文明领域的交流合作,推动成果分享,携手共建生态良好的地球美好家园"②。站在人类共同利益的视角思考,中国既主张发达国家须承担更多生态责任(如率先减排、向发展中国家提供技术资金支持),在世界经济整体低碳转型中发挥主导和示范作用,在生态问题上与发展中国家加强合作;同时也积极设立南南合作基金,通过赠送节能低碳产品、能力建设培训等方式,为发展中国家提供力所能及的帮助和支持,从而构建合作共赢的全球生态文明建设体系,共建生态良好的地球家园,维护人类永续发展。

总之,党的十八大以来,以习近平为总书记的党中央把生态文明建设看作关乎民族兴衰的重要战略,从整体设计、重点领域、国际合作等方面勾勒出一幅生态文明建设新图景。"生态兴则文明兴,生态衰则文明衰",只有深刻理解和领会党

---

① 吴云等:《张高丽出席联合国气候峰会并发表讲话》,《人民日报》2014 年 9 月 25 日。
② 《习近平谈治国理政》,外文出版社 2014 年版,第 212 页。

的十八大以来关于生态文明建设的思想与实践,才能更加自信地不断推进生态文明建设,开创中国特色社会主义生态文明建设新时代。

(原载于《当代世界与社会主义》2015 年第 2 期)

党的十八大以来中国环境政策新发展探析[*]

党的十八大召开至今4年多的时间里,在中央政府层面围绕生态文明建设新出台了哪些环境政策?这些新的政策又呈现出怎样的发展特点?本文尝试对此进行分析总结。

一、中国环境政策的基本内涵

环境政策,顾名思义,就是一个社会中以生态环境保护为目标的一系列制度性安排,是世界各个国家和地区应对环境问题的政策工具。一般认为,我国的环境政策是以马克思主义思想为指导,结合当今社会经济的发展和环境保护的实际情况,为了改善和保护生态环境、防治环境污染而实施的行动与计划、规则与措施和其他各种对策的总称。[①] 环境政策是环保工作的重要依据,也是协调经济发展与资源环境关系的重要手段,体现了政策制定者对环境与经济社会发展关系的认知。中国现代环境政策自1972年联合国人类环境会议起步,至今已40余年,伴随着我国经济发展、社会进步以及公众环境意识的提高,环境政策的指导思想经历了从基本国策、可持续发展战略、科学发展观到生态文明的发展历程,环境政策也随之发生变化,在反思调整中逐步发展成熟。

环境政策的范畴十分宽泛。广义的环境政策包括有关环境与资源保护的法律法规、中国共产党制定的有关环境和资源保护的政策文件、国家机关和中国共产党联合发布的有关环境资源保护的文件、中国国家机关制定的有关环境和资源保护的政策、有关环境和资源保护的国际法律和政策文件以及党和国家领导人在重大会议上的讲话、报告、指示等。[②] 一般所说的环境政策,是指狭义的环境政策,即有关环境与资源保护的法律法规、部门规章和地方性法规等规范性文件。

---

[*] 本文作者:何劭玥,中国人民大学社会与人口学院博士研究生。
① 孙巍,臧冰洁:《我国环境政策发展问题研究》,《北方经贸》2013年第3期。
② 蔡守秋:《论中国的环境政策》,《环境导报》1997年第6期。

从层次上看,环境政策可以区分为宏观、中观和微观 3 个层次。宏观环境政策是一段时期内稳定的指导环境工作的总纲领。中观环境政策是围绕宏观环境政策制定的,用以指导环保工作某一方面的基本政策。微观环境政策是旨在解决特定环境问题的具体政策措施。根据领域分类,环境政策包括环境经济政策、环境技术政策、环境社会政策、环境行政政策、国际环境政策。根据政策的实施手段,环境政策可以分为命令控制型环境政策、经济激励型环境政策和公众参与型环境政策。

二、党的十八大以来中国主要环境政策类型

为了推进生态文明建设,实现"绿色发展、循环发展、低碳发展",我国环境政策的发展步伐也逐步加快,尤其是经过了酝酿论证,在 2014 年后,新环境政策出台频率大大加快,生态文明制度建设进入快速推进阶段。本文所讨论的环境政策,是党的十八大后中央政府层面出台的环境政策。以下是根据中共中央、国务院发布的文件及中华人民共和国环境保护部网站公开的政策文件,按照宏观、中观、微观层次梳理的 2013 年 1 月至 2016 年 3 月间中央政府一级制定颁布的环保法律法规、部门规章和规范性文件等。

表 1　主要环境政策列表(2013 年 1 月 ~ 2016 年 3 月)

发文单位	文件名称
中共中央	党的十八大报告(2012 - 11 - 08)、关于全面深化改革若干重大问题的决定(2013 - 11 - 12)
中共中央　国务院	关于加快推进生态文明建设的意见(2015 - 05 - 05)、生态文明体制改革总体方案(2015 - 09 - 22)、党政领导干部生态环境损害责任追究办法（试行）(2015 - 08 - 18)
国务院	大气污染防治行动计划(2013 - 09 - 12)、大气污染防治行动计划实施情况考核办法(试行)(2014 - 05 - 28)、水污染防治行动计划(2015 - 04 - 16)、关于印发实行最严格水资源管理制度考核办法的通知(2013 - 01 - 07)、生态环境监测网络建设方案(2015 - 08 - 12)、关于推行环境污染第三方治理的意见(2015 - 01 - 14)、关于加强环境监管执法的通知(2014 - 12 - 01)、关于进一步推进排污权有偿使用和交易试点工作的指导意见(2014 - 09 - 02)、关于加快新能源汽车推广应用的指导意见(2014 - 07 - 22)、关于加快发展节能环保产业的意见(2013 - 08 - 12)

续表

发文单位	文件名称
第十二届全国人大常委会	环境保护法(2014 - 4 - 25)、大气污染防治法(2015 - 09 - 06)
环境保护部	环境保护公众参与办法(2015 - 07 - 13)、环境保护主管部门实施按日连续处罚办法(2014 - 12 - 19)、环境保护主管部门实施查封、扣押办法(2014 - 12 - 19)、环境保护主管部门实施限制生产、停产整治办法(2014 - 12 - 19)、企业事业单位环境信息公开办法(2014 - 12 - 19)、建设项目环境影响后评价管理办法(试行)(2015 - 12 - 10)、突发环境事件应急管理办法(2015 - 04 - 16)、突发环境事件调查处理办法(2014 - 12 - 19)
商务部　环保部	对外投资合作环境保护指南(2013 - 02 - 28)
工信部　科技部　环保部	中国逐步降低荧光灯含汞量路线图(2013 - 02 - 28)
工信部　发改委　环保部	关于开展工业产品生态设计的指导意见(2013 - 02 - 28)
环保部　商务部　海关总署	消耗臭氧层物质进出口管理办法(2014 - 01 - 21)
环保部等四部门	企业环境信用评价办法(试行)(2013 - 12 - 18)
发改委　等十部门	粉煤灰综合利用管理办法(2013 - 01 - 18)
发改委环保部	燃煤发电机组环保电价及环保设施运行监管办法(2014 - 03 - 28)
发改委等九部门	关于深化限制生产销售使用塑料购物袋实施工作的通知(2013 - 05 - 10)

(一)环保领域的纲领性政策文件

党的十八大提出,要将生态文明建设纳入中国特色社会主义事业五位一体总体布局,建设美丽中国,实现中华民族的永续发展。党的十八届三中全会要求,围绕建设美丽中国深化生态文明体制改革,加快建立生态文明制度,健全国土空间开发、资源节约利用、生态环境保护的体制机制。

2014 年 4 月 24 日,十二届全国人大常委会第八次会议修订了《中华人民共和国环境护保法》(以下简称《环保法》),并于 2015 年 1 月 1 日起正式施行。这是我国环保领域的基本法自 1979 年试行以来的首次修订。新《环保法》史无前例地加大了对环境违法行为的处罚力度,被媒体评论为"史上最严环保法"。作为环保领域的基础性、综合性法律,它使新时期的环境保护工作更具指导性和可操作性。第十二届全国人民代表大会常务委员会第十六次会议于 2015 年 8 月 29 日修订了

《中华人民共和国大气污染防治法》,这部被称为"史上最严"的大气污染防治法,将排放总量控制和排污许可的范围扩展到全国,明确分配总量指标,对超总量和未完成达标任务的地区实行区域限批,并约谈主要负责人。建立重点区域大气污染联防联控机制。① 同时,贯彻新《环保法》"公众参与"条款,在全社会层面推广低碳生活方式。

2015 年 5 月,中共中央、国务院出台《关于加快推进生态文明建设的意见》,作为指导我国全面开展生态文明建设的顶层设计文件,该《意见》对我国推进生态文明建设做了总体部署。首次提出"绿色化"概念,并与新型工业化、城镇化、信息化、农业现代化并列,赋予了生态文明建设新内涵。同年 9 月,中共中央、国务院印发的《生态文明体制改革总体方案》,作为统领生态文明体制各领域改革的纲领性文件,系统全面地阐述了我国生态文明体制改革总体要求、理念和原则,并通过56 条细则,明确了 8 个方面制度建设具体的改革内容和 2020 年的建设目标,为未来 5 年我国生态文明建设工作指引了明确方向。

(二)环保领域的规范性文件

党的十八大以来,针对环境污染领域日益突出的大气、水和土壤污染问题,一组新的环境政策相继出台。2013 年 9 月,国务院颁布了《大气污染防治行动计划》(以下简称《大气十条》),要求经过 5 年努力,实现全国空气质量"总体改善";2015 年 4 月,国务院颁布的《水污染防治行动计划》(以下简称《水十条》)明确规定了到 2020 年、2030 年和本世纪中叶,全国水环境质量和生态系统的改善目标。与较早展开的空气和水污染治理相比,我国的土壤治污还处于起步阶段。2014 年3 月,环保部审议并通过了《土壤污染防治行动计划》(以下简称《土十条》),提出依法推进土壤环境保护,坚决切断各类土壤污染源,实施农用地分级管理和建设用地分类管控以及土壤修复工程。

2015 年 8 月,中共中央、国务院印发的《党政领导干部生态环境损害责任追究办法(试行)》是一项与生态文明建设专项配套的政策文件,作为我国首例针对党政领导干部开展生态环境损害追责的制度性安排,它标志着我国生态文明建设正式进入实质问责阶段。这些配套文件是环保工作行动层面的任务安排,是推进生态文明建设和加强环境保护的路线图。

(三)环保规章细则

伴随上述法律、方案、规定的颁布,更多配套办法和实施细则也陆续出台。为

---

① 新华社:《新大气法施行:中国步入生态文明体制改革关键之年》,http://news. xinhuanet. com/politics/2016 - 01/01/c_1117645783. htm,2016 年 5 月 28 日。

了将新《环境保护法》赋予环保部门的新监督权力和手段落到实处,环境保护部发布了4个配套办法:《环境保护主管部门实施按日连续处罚办法》主要针对按日连续处罚的新规定,明确了使用此处罚的违法行为类型、处罚程序、责令改正的内容形式、拒不改正的评判标准以及按日连续处罚的计罚方式;《环境保护主管部门实施查封、扣押办法》既为一线执法人员提供了查封扣押的规范依据,又有效降低其乱用、滥用权力的风险;《环境保护主管部门限制生产、停产整治办法》是对《环境保护法》中"超标超总量"排污的违法行为的具体处理方式、手段、流程加以明确;《企业事业单位环境信息公开办法》则对信息公开范围、内容、方式、监督等4个问题进行了可操作性的解读与规定。

除了以上刚性的环保法律规章制度,党的十八大后各部门还密集出台了近200部环境经济政策,涉及环境信用、环境财政、绿色税费、绿色信贷、绿色证券、绿色价格、绿色贸易、绿色采购、生态补偿、排污权交易等多个方面,覆盖了社会经济活动全链条,不同的政策单独或者共同调整着开采、生产、流通或消费环节的社会经济行为,①成为环境政策体系的重要组成部分。

三、党的十八大以来中国环境政策的主要特点

生态文明是继工业文明后一个新的文明发展阶段,其核心是通过人与自然的和谐共处实现人类社会的可持续发展。② 生态文明建设纳入"五位一体"总体布局,充分体现了党和国家对经济发展与环境保护关系的理解逐步深化,对环境保护的重视程度日益提高。党的十八大以来,在明确的生态文明体制建设理念的指导下,新环境政策陆续出台与实施,整体上看呈现出以下特点。

(一)更加注重改善环境质量

党的十八大后环境政策在目标设定上有一个重大转变,即从过去总量控制的减排目标转变为以改善环境质量为核心,实现生态环境质量总体改善,这是对环保工作从量变到质变的要求。环境质量的改善是生态文明建设的根本目标,也是衡量环境保护工作好坏的直接标准。一方面,随着公众环境关心水平的不断增长,现代环保主义已经成为一种新的社会价值,让环境治理成效与公众真切感受更加贴近已经成为新阶段社会建设和环境治理的共同目标。另一方面,近年来,

---

① 董战峰,葛察忠,王金南等:《环境经济政策:十年呈现五大特征》,《环境经济》2014年Z1期。

② 孙文营:《生态文明建设在"五位一体"总布局中的地位和作用》,《山东社会科学》2013年第8期。

伴随挥发性有机物、粉尘、烟尘等没有纳入总量减排控制的污染物排放增多,以雾霾为表征的一些环境问题的激化,加上城市与农村、生产与生活、不同产业之间的污染交叉,共同决定了过去使用单个或主要污染物指标进行监测、控制的方式已经不能满足当前环境治理的要求。因此,明确了以改善环境质量为目标,可以更好地综合运用污染治理、总量减排、达标排放等手段,形成合力来治理环境。

党的十八大后,国务院相继发布实施了《大气十条》和《水十条》,《土十条》正在讨论制定中,目的就是要建立以水、大气和土壤质量改善为目标的环境管理制度和环境标准体系,并以明晰的部门分工、明确的治理目标和切实的行动推进污染治理进程,治理成效也初步显现。截至2015年底,我国城镇污水日处理能力由2010年的1.25亿吨增加到1.82亿吨,城市污水处理率达91%;安装脱硫设施的煤电机组由5.8亿千瓦增加到8.9亿千瓦,安装率由83%增加到99%以上;安装脱硝设施的煤电机组由0.8亿千瓦增加到8.3亿千瓦,安装率由12%增加到92%。① 2016年3月公布的"十三五"规划纲要首次提出了生态环境质量总体改善的目标,并强调绿色发展理念,制定了与公众感受息息相关的空气质量和地表水质量指标,实行最严格的环境保护制度,发展低碳循环经济,构筑生态安全屏障。相关文件也强调要以保障人体健康为核心,以改善环境质量为目标,以防控环境风险为基线,严格监管所有污染物排放,实行企事业单位污染物排放总量控制制度,实施山水林田湖统筹的生态保护和修复工程。② 这些政策引导我们在经济发展的同时建设优美的生态环境,踏上生态环境质量总体改善的新征程。

(二)推进最严格的制度建设

党的十八大和十八届三中全会对加快生态文明制度建设,建立和完善最严格的环境保护制度提出了明确要求。习近平总书记指出,只有实行最严格的制度、最严密的法治,才能为生态文明建设提供可靠保障。推进最严格的制度建设包括以下两个方面。

一是实现环境制度的体系化。推进最严格的制度建设,首先要建立系统完整的生态文明制度体系,这个体系囊括完善的法律法规、与时俱进的标准体系、最严格的源头保护制度、损害赔偿制度、责任追究制度、政绩考核制度、环境治理和生态修复制度等等,就是要把生态环境保护全过程的各方面内容制度化后,充实到

---

① 陈吉宁:《以改善环境质量为核心补齐生态环境突出短板——在"展望十三五"系列报告会上的报告(摘登)》,http://www.zhb.gov.cn/gkml/hbb/qt/201604/t20160421_335390.htm,2016年5月28日。

② 洪大用:《复合型环境治理的中国道路》,《中共中央党校学报》2016年第3期。

生态文明制度体系中来,摒弃过去"头疼医头、脚痛医脚"的生态环境保护模式。党的十八届三中全会从源头、过程、后果这一环境保护全过程,提出 14 项具体制度来健全生态文明制度体系:"源头严防"的制度包括健全自然资源资产产权制度,健全国家自然资源资产管理体制,完善自然资源监管体制,坚定不移地实施主体功能区制度,建立空间规划体系,落实用途管制,建立国家公园体制;"过程严管"的制度包括实行资源有偿使用制度,实行生态补偿制度,建立资源环境承载能力监测预警机制,完善污染物排放许可制,实行企事业单位污染物排放总量控制制度;"后果严惩"的制度包括建立生态环境损害责任终身追究制,实行损害赔偿制度。① 在这 14 项制度中,《国家生态保护红线——生态功能基线划定技术指南(试行)》《党政领导干部生态环境损害责任追究办法》,以及火电、钢铁、水泥、有色、化工等重点行业国家污染物排放控制标准等具体环境政策已经出台,更多的政策也在讨论制定中,我国的生态文明制度体系将逐步健全。

二是实现环境制度的细密化。推进最严格的制度建设,必须要对宏观的环境政策内容进行梳理和细化,保障政策的可执行性和可操作化,环保制度才能成为利器。《大气十条》出台后,国务院审议通过了环保部提交的工作方案,将生态文明制度体系中顶层设计的大气污染防治政策,分部门分区域分阶段地进行细化分解:中央和国家机关的 34 个部门,承担了分解后的 80 项任务;全国 31 个省(区、市)要完成 22 项政策措施,且根据地区环境状况对任务进行了差别化的要求。最终从生产、流通、消费、分配的再生产各个环节梳理出 6 条能源结构调整政策、10 项环境经济政策和 6 个方面的管理政策。新《环境保护法》赋予了环保部门更大的执法权,它细化明确了环保部门可以对环境违法企业设施设备进行查封、扣押,必要时可以采取行政拘留。违法排污、伪造谎报环境数据等都可以被拘留,构成犯罪的,将追究刑事责任。

(三)积极促进环境共治

过去,我国的环保工作主要依赖政府的规制手段自上而下予以推动,市场培育不足,公众参与有限。所以,如何调动各方的主动性、积极性,增强环保力量,形成合力,是制定新环境政策努力的方向。

首先,更好地发挥政府在环境保护工作中的作用。我国的环保工作一直以来都依赖政府推进,在建立多元共治的环保治理体系中,政府要让位于市场,回归自己的本位,更好地发挥政府的决策和监管作用。党的十八大后逐步制定完善的目标体系、考核办法、责任追究、管理体制等政策,都是针对各级政府的决策和责任

---

① 《中共中央关于全面深化改革若干重大问题的决定》,《人民日报》2013 年 11 月 16 日。

制度。新《环保法》赋予了环保监察部门更多更大的权限和处罚力度,国务院《关于加强环境监管执法的通知》等政策,则是在强化环境监管执法中地方政府领导责任。"十三五"规划《建议》提出,实行省以下环保机构监测监察执法垂直管理,使地方环保的监管权力与地方利益隔离开来,既能增强监管的力度,又能打破条块分割的管理方式,实现跨区域、跨流域的统筹治理模式,更好地发挥政府在环保中的作用。

其次,充分发挥市场的决定性作用。《生态文明体制改革总体方案》提出,健全环境治理和生态保护体系的核心应是市场机制,要激发环境保护的市场动力和活力。新时期环境政策主要从以下三个方面发挥市场的作用。

一是完善绿色税费政策,引导生产消费行为。对再生资源增值税的退税、对资源综合利用企业所得税给予优惠、免征新能源汽车车辆购置税等对绿色环保产品的税收减免优惠政策,鼓励企业对资源进行充分的综合利用,生产环保产品。减免绿色环保产品的消费税,降低消费者购买成本,鼓励选购绿色节能环保产品。而《挥发性有机物排污收费试点办法》《污水处理费征收使用管理办法》以及提高成品油消费税等对高污染产品增收税费的政策,则是要提高企业生产、消费者购买重污染产品的成本,引导企业少生产、消费者少购买高污染的产品。

二是发挥价格的杠杆调节作用。在居民生活领域,2015 年中共中央国务院《关于推进价格机制改革的若干意见》提出,要全面实行居民用水用电用气阶梯价格制度,推行供热按用热量计价收费制度。在工业生产领域,对电石、铁合金等高耗能行业实行差别电价,对燃煤电厂超低排放实行上网电价支持政策,并且进一步推进排污权交易制度、生态补偿制度等,通过价格杠杆,引导企业合理使用资源,节约能源。

三是树立领跑者标杆,建立激励机制。2015 年 7 月,财政部等四部委印发的《环保"领跑者"制度实施方案》提出,每年国家给予环境绩效最高的"领跑者"产品适当的政策激励,获奖者不仅可以获得荣誉称号,还可以使用"领跑者"标志提升企业的环保形象,扩大企业的社会影响力,提升品牌价值。相较于刚性手段,表彰先进,政策优惠等正向的激励政策,更能增强企业节能减排的内在能动力,调动企业清洁生产的积极性。

再次,维护公众知情权,加强公众参与,建立社会监督机制。新《环境保护法》在总则中明确规定了"公众参与"原则,并新设立"信息公开和公众参与"一章。《关于加快推进生态文明建设的意见》提出,要"鼓励公众积极参与。完善公众参与制度,及时准确披露各类环境信息,扩大公开范围,保障公众知情权,维护公众环境权益"。① 其他环境政策也都大力推进大气、水、排污单位、环境执法的信息公开,通过环境信息公开,维护公众环境知情权,在此过程中,开展绿色、生态、环保教育,潜移默化地转变公众环境观念,养成生态自觉,将生态文明内化到个人价值观中,从而激发公众参与环境监督。2015 年 9 月,《环境保护公众参与办法》出台,进一步细化了公民获取环境信息、参与和监督环境保护的渠道,规范引导公众依法、有序、理性参与,促进公众参与环境保护更加健康地发展。

只有通过维护公众的环境知情权、参与权,建立自下而上的社会监督机制,与政府自上而下的管理监督机制、市场的引导激励机制三方一起形成合力,建立多元共治的现代环境治理体系,才能调动各方的主动性、积极性,增强环保力量,推动环境政策的运行与落实。

(四)强化环境保护问责机制

环保政策的落实,不仅是环保部门的一家之责,更与党政领导干部对环保工作的态度息息相关。因为环保工作关乎经济社会的可持续发展,必须由地方党委和政府协调、动员各部门力量积极参与、形成合力才能推进。要保证环境政策的落实,环保工作的有序推进,就必须将环保成绩纳入官员绩效考核之中,明确地方官员的环保责任考核、责任追究制,将环保成绩与官员升迁挂钩,才能迫使其从根本上重视环保工作。党的十八大之后的"环保问政",正是倒逼政绩考核机制转变,调整过去简单的"唯 GDP 论"的政绩观。

新《环保法》明确各级人民政府是环保责任主体,必须对区域内的公共健康和环境安全负责,并提出要重视问责,将环境问责制度化、机制化,对各级政府和负有环保责任的部门问责事项进行了细化。《大气十条》相关考核办法和《实施细则》将雾霾治理成效作为领导干部综合考核评价的重要依据。2014 年 5 月《环境保护部约谈暂行办法》出台,一年半时间里,环保部一共约谈了 25 个地方或单位,有 18 位市长被环保部就行政区内的环境问题进行约谈,宣告了我国环保问责时代的来临。

随着环境评价被引入官员政绩考核,环境评价的责任范围不再仅限于市长,考核时间也不囿于任职期间,而越来越趋近于终身追究制。2015 年印发的《生态文明体制改革总体方案》提出,要完善生态文明绩效评价考核和责任追究制度。随后《关于开展领导干部自然资源资产离任审计的试点方案》《党政领导干部生态环境损害责任追究办法》等文件出台,这些文件首次提出"党政同责"、领导干部自

---

① 《中共中央国务院关于加快推进生态文明建设的意见》,http://www.scio.gov.cn/xwfbh/xwbfbh/yg/2/Document/1436286/1436286.htm,2016 年 5 月 28 日。

然资源资产离任审计、损害生态环境终身追责等规定。发生环境污染与破坏的地方,不仅政府领导要承担责任,党委领导也有可能被追究责任。自然资源资产离任审计依法界定了领导干部应当承担的环境责任。对于那些不顾生态环境状况,盲目决策,造成严重后果的官员,即便离任也要终身追究,事后追责不设期限,过去存在的以牺牲环境换取经济发展,带走政绩留下污染的升迁之路难以畅行了。

对党政领导干部的环保工作考核、评价和责任追究制度的出台,意味着我国针对党委和政府的环保问责机制逐步建立,环境治理能力已经成为地方党政执政水平的体现。只有强化环境保护问责机制,把环保的要求纳入政绩考核标准和责任追究办法里,用绿色的政绩考核指标提升领导干部的环境意识,用刚性的评价机制约束其环境决策,才能使其重视并承担起生态环境保护的工作职责,推动环境政策落实并取得成效。

(五)持续加大环境保护投入

资金投入是环境保护工作顺利推进的重要保障,加大环境保护财政投入是生态文明建设的必然要求。随着国家对环境保护工作重视的提高,环保投资逐年上升,特别是在党的十八大以后,呈现明显攀升。2012 年,我国环境污染治理投资总额为 8253.6 亿元,比上年增加 37.0%。[1] 2013 年,我国环境污染治理投资总额为 9037.2 亿元,比上年增加 9.5%。[2] 2014 年全国环境污染治理投资为 9576 亿元,同比增长 6%。[3] 在环保投资中,中央的财政支持是最重要的环节,对于社会资本也有着政策牵引和导向作用:通过政府的财政投入,可以创造有利条件,引导大量社会资金进入环境保护领域。政府财政支持还有利于建立环保工作监管体系,保证各方主体依法履行职责。[4]

为了保证环保资金的持续投入,党的十八大之后的环境政策一方面着力于建立长期、稳定的环保投入机制,提高政府环保投入能力。财政部、环保部印发的《水污染防治专项资金管理办法》《中央财政林业补助资金管理办法》《中央财政农业资源及生态保护补助资金管理办法》《江河湖泊生态环境保护项目资金管理办法》《矿山地质环境恢复治理专项资金管理办法》《矿产资源节约与综合利用专项资金管理办法》等环境财政政策,设立了多个领域生态保护专项资金,并规范环保资金的投入与使用。另一方面,利用政策引导社会资本进入环境保护领域,由

---

① 《2012 年环境统计年报》,http://zls.mep.gov.cn/hjtj/nb/2012tjnb/,2016 年 5 月 28 日。

② 《2013 年环境统计年报》,http://zls.mep.gov.cn/hjtj/nb/2013tjnb/,2016 年 5 月 28 日。

③ 《2014 年环境统计年报》,http://zls.mep.gov.cn/hjtj/nb/2014tjnb/,2016 年 5 月 28 日。

④ 石磊,谭雪:《环保投入需要有力财政制度保障》,《中国环境报》2013 年 8 月 15 日。

此拓宽环境保护融资渠道,建立多方参与环保投入机制,完善环境保护资金来源结构。2015 年以来,我国大力推行政府与社会资本合作模式(PPP),环保领域的配套政策也陆续发布。党的十八届三中全会提出,要建立吸引社会资本投入生态环境保护的市场化机制,推行环境污染第三方治理。2014 年 7 月,国务院《关于创新重点领域投融资机制鼓励社会投资的指导意见》发布,提出要创新生态环保投资运营机制,加强政策引导社会资本投入资源环境、生态保护等领域,推进生态建设主体多元化,推动环境污染治理市场化等理念。随后发改委、环保部、能源局等部门出台的《关于在燃煤电厂推行环境污染第三方治理的指导意见》《关于鼓励和引导社会资本参与重大水利工程建设运营的实施意见》《关于开展政府和社会资本合作的指导意见》《关于推行环境污染第三方治理的意见》《关于推进水污染防治领域政府和社会资本合作的实施意见》等规章制度,进一步为社会资本进入环保领域打通了道路,提供了政策支持和保障。

《大气十条》预计推动未来 5 年 1.7 万亿元的投资用于改善大气污染状况,《水十条》拟带来高达 2 万亿元的环保投资额。正是通过这些制度创新和政策引导,将政府管理与市场机制有机结合起来,中央财政与社会资本联合,多渠道筹集环保投入所需资金,保证环保资金持续有效的投入。

(六)以环境保护推动绿色发展

过去 30 年高污染、高能耗的生产方式导致我国的生态环境已经十分脆弱,成为我国经济社会发展的重大短板。这不仅仅是体制机制、发展方式的问题,更是发展观念、思想认识上的问题。这些问题倒逼我们去重新思考经济发展和环境保护之间的关系。事实证明,粗放型经济发展道路已经走不通了,只有转变发展方式,走循环经济、绿色生产和消费、可再生能源的生态文明的道路,建设资源节约型、环境友好型社会,才能保证中国经济的持续发展。

一方面,加强环境保护能够倒逼经济转型升级。在严格的生态红线、环评准入制度、污染物排放标准以及消费者对绿色产品的追求之下,传统产业的企业要想继续生产,就必须淘汰落后产能和生产工艺,更新装置和技术水平,提高资源的利用率,节约能源,降低能耗。企业只有加大环保投入,研发环保科技,减少污染排放,提高治污水平,才有可能获得生存和发展空间。十二五期间,国家对 151 个不符合环评要求的项目不予立项,涉及交通运输、电力、钢铁有色、煤炭、石化等行业的 7600 多亿元投资,其中不乏石油、电力领域的大型国有企业,这些企业之后不得不进行污染整治或环保质量升级。可以预见,在最严格的环保政策的长期引导和规范下,从单个企业到多个行业,再到全社会将逐步形成绿色发展的氛围,通过环境保护促进产业结构调整和技术产品升级,最终实现经济转型升级。

另一方面,环保也是一块有待开发的巨大市场。生态文明建设在推动传统制造业改造升级的同时,也创造出新的经济增长点。创新节能、节电、节水、治污的技术,清洁生产的技术,提高生产效率的技术,节能环保产品的开发,新能源和可再生资源的利用等等,蕴藏着巨大的商机和广阔的国际、国内市场。环境保护政策的推行能够引导我国这些新兴环保产业、节能产业、资源综合利用产业和新能源产业及其技术的发展,开辟出新的经济增长点,在激烈的绿色产业竞争中占有一席之地。所以,环境保护和经济发展不是对立矛盾的,而是可以和谐统一的,环境保护就是为了实现绿色发展,实现可持续发展。

党的十八大以来,生态文明建设被推向了新的高度,我国环境政策也进入快速发展阶段,目标更加清晰、体系更加健全、内容更加细密。伴随着政策的完善与落实,通过环境保护所推动的绿色发展将引领中国生态文明建设的新实践,实现在经济发展的同时也能留下蓝天常在、青山常在、绿水常在的美丽中国。

（原载于《思想战线》2017 年第 1 期）

构建人与自然和谐发展的现代化建设新格局

——党的十八大以来生态文明建设的理论与实践*

党的十八大以来,以习近平同志为总书记的党中央协调推进"五位一体"总体布局和"四个全面"战略布局,牢固树立和贯彻落实创新、协调、绿色、开放、共享的发展理念,把生态文明建设摆上更加重要的战略位置,认识高度、推进力度、实践深度前所未有,构建人与自然和谐发展的现代化建设新格局取得积极进展,生态文明建设展现出旺盛生机和光明前景。

生态文明建设的理论体系不断丰富完善

生态文明是我们党遵循经济社会发展规律和自然规律,主动破解经济发展与资源环境矛盾,推进人与自然和谐,实现中华民族永续发展的重大成果。近年来,习近平总书记以宽广的全球视野、深远的使命担当,多次对生态文明做出全面、系统、深入的阐述,有关重要讲话、论述、批示多达100余次,提出一系列新理念新思想新战略,体现了我们党高度的历史自觉和生态文明自觉,反映了我们党新的执政观和政绩观,展示了我们党良好的执政能力和形象风貌。

生态文明建设的重大意义。习近平总书记指出,"生态兴则文明兴,生态衰则文明衰。"建设生态文明是关系人民福祉、关乎民族未来的大计,是实现中华民族伟大复兴的中国梦的重要内容。同时,也是加快转变经济发展方式、提高发展质量和效益的内在要求,是全面建成小康社会、建设美丽中国的时代抉择,是积极应对气候变化、维护全球生态安全的重大举措。面对资源约束趋紧、环境污染严重、生态系统退化的严峻形势,必须站在中国特色社会主义全面发展和中华民族永续发展的战略高度,来深化认识和大力推进生态文明建设,努力开创社会主义生态文明新时代。

生态文明建设的根本要求。习近平总书记提出"绿水青山就是金山银山"和

---

* 本文作者:中共环境保护部党组。

绿色发展理念,更新了关于生态与资源的传统认识,打破了简单把发展与保护对立起来的思维束缚,指明了实现发展和保护内在统一、相互促进和协调共生的方法论,带来的是发展理念和方式的深刻转变,也是执政理念和方式的深刻转变,为生态文明建设提供了根本遵循。推进生态文明建设就要坚持"两山论"和绿色发展理念,从根本上处理好经济发展与生态环境保护的关系,努力实现两者协调共赢。

生态文明建设的核心要义。习近平总书记指出:"环境就是民生,青山就是美丽,蓝天也是幸福。"建设生态文明既是民生,也是民意。随着社会发展和人民生活水平不断提高,良好生态环境成为人民生活质量的重要内容,在群众生活幸福指数中的地位不断凸显。建设生态文明的核心就是增加优质生态产品供给,让良好生态环境成为普惠的民生福祉,成为提升人民群众获得感、幸福感的增长点。

生态文明建设的主阵地。习近平总书记指出,"要像保护眼睛一样保护生态环境,像对待生命一样对待生态环境。"推进生态文明建设,关键在于打破资源环境瓶颈制约、改善生态环境质量,生态环境保护必然是主阵地和主力军。我国正处在新型工业化、信息化、城镇化、农业现代化同步发展的进程中,发达国家在一二百年工业化发展过程中逐步显现和解决的环境问题在我国累积叠加,生态环境已经成为全面建成小康社会的突出短板。要加大环境治理和生态保护工作力度、投资力度、政策力度,以改善环境质量为核心,切实解决损害群众健康的突出环境问题。

生态文明建设的系统观。习近平总书记强调,"山水林田湖是一个生命共同体","在生态环境保护上,一定要树立大局观、长远观、整体观,不能因小失大、顾此失彼、寅吃卯粮、急功近利。"这些重要论述从自然生态要素的空间系统性和生态环境保护的时间系统性两个维度,形成了生态文明建设的系统观。推进生态文明建设,必须按照生态系统的整体性、系统性及其内在规律,处理好部分与整体、个体与群体、当前与长远的关系,统筹考虑山上山下、地上地下、陆地海洋以及流域上下游等所包含的自然生态各要素,进行整体保护、系统修复、综合治理。

生态文明建设的国际视野。习近平总书记指出,"国际社会应该携手同行,共谋全球生态文明建设之路。"当今时代,绿色低碳循环发展成为世界潮流,生态文明对其他国家和地区也有借鉴意义。在2013年2月召开的联合国环境规划署第27次理事会上,我国生态文明理念被正式写入决议案文。2016年5月,联合国环境规划署发布《绿水青山就是金山银山:中国生态文明战略与行动》报告。我国在推进国内生态文明建设的同时,推动生态文明和绿色发展理念走出去,为发展中国家提供了可资借鉴的模式和经验,对国际环境与发展事业将产生重要影响。

生态文明建设的实践不断取得明显进展

党中央、国务院对生态文明和环境保护做出一系列重大决策部署,各地区各部门认真贯彻落实,全社会积极响应行动,生态文明建设扎实推进、成效明显。

生态文明建设顶层设计已经形成。党的十八大把生态文明建设纳入中国特色社会主义事业五位一体总体布局。十八届三中全会提出紧紧围绕建设美丽中国深化生态文明体制改革。十八届四中全会要求用严格的法律制度保护生态环境。十八届五中全会审议通过"十三五"规划建议,中共中央、国务院出台《关于加快推进生态文明建设的意见》《生态文明体制改革总体方案》,共同形成今后相当一段时期中央关于生态文明建设的长远部署和制度构架。2016 年全国两会审议批准"十三五"规划纲要,将生态环境质量改善作为全面建成小康社会目标,提出加强生态文明建设的重大任务举措。这些文件的密集出台,描绘了中央关于生态文明建设的顶层设计图,为深入推进工作指明了方向。

生态文明建设制度体系逐步完善。"十三五"规划纲要提出实行最严格的环境保护制度,党中央、国务院出台生态文明体制"1 + 6"改革方案,明确要求建立健全八方面的制度,形成生态文明建设和体制改革"组合拳"。中央环境保护督察巡视在河北开展试点,生态环境监测网络建设和事权上收稳步推进,生态环境损害赔偿制度改革、自然资源资产负债表编制、自然资源资产离任审计等制度试点陆续启动,生态文明建设"党政同责""一岗双责"正在落地。以新修订的《环境保护法》《大气污染防治法》出台为标志,环境法治建设迈上新台阶。2015 年,环境保护部对 33 个市(区)开展综合督查,公开约谈 15 个市级政府主要负责同志。全国实施按日连续处罚、查封扣押、限产停产案件 8000 余件,移送行政拘留、涉嫌环境污染犯罪案件近 3800 件。

环境治理和生态保护进程加快。国务院发布实施《大气污染防治行动计划》《水污染防治行动计划》《土壤污染防治行动计划》,以坚定决心和扎实行动推进环境治理,促使主要污染物排放总量继续下降,环境质量有所改善。2015 年,首批实施新环境空气质量标准的 74 个城市细颗粒物(PM2.5)平均浓度比 2013 年下降 23.6%,地表水国控断面劣 V 类水质比例比 2010 年下降 6.8 个百分点。截至 2015 年底,我国城镇污水日处理能力达 1.82 亿吨,成为全世界污水处理能力最大的国家之一。实施天然林资源保护、退耕还林还草等生态修复工程,森林覆盖率由本世纪初的 16.6% 上升到 21.66%。推进生态文明建设示范区创建,16 个省(区、市)开展生态省建设,1000 多个市(县、区)开展生态市县建设。

开发格局和发展方式不断优化。坚持预防为主、守住底线,推动转方式调结构。预防是环境保护的首要原则,主体功能区、生态红线、战略和规划环评、环境标准,都是重要的手段。积极实施主体功能区战略,从布局和结构上守住生态环保底线。重要生态功能区、生态环境敏感区、脆弱区的生态环境一旦破坏,往往难以恢复,甚至可能永久丧失生态服务功能,必须加快生态保护红线划定,目前6省(市)已基本完成划定工作。战略和规划环评对生产力科学布局具有导向和约束作用,"十二五"期间,国家层面完成了西部大开发、中部地区发展战略环评;开展了360多项规划环评,对150余个项目环评文件不予审批。现行有效国家环境保护标准达1700多项,对重点地区重点行业执行更加严格的污染物特别排放限值,在推动技术创新和企业升级方面发挥了重要作用。

全社会生态文明意识明显增强。加强生态环境保护宣传,及时主动公开环境质量、企业排污、项目环评审批等信息,拓宽群众参与渠道和参与范围。各级党委、政府和广大党员干部做好生态环保工作的责任意识明显增强。公众在衣食住行各个方面尊重自然、爱护环境的行为更加自觉。

继续推进生态文明建设的重点举措

"十三五"时期,我们将以改善环境质量为核心,实行最严格的环境保护制度,不断提高环境管理系统化、科学化、法治化、精细化和信息化水平,确保2020年生态环境质量总体改善。

大力推进绿色发展。处理好经济发展与环境保护的关系,在寻找新动能和处理老问题之间把握好力度,实现改革、发展、稳定和保护之间的平衡协调。健全环境预防体系,划定并严守生态保护红线,完善环境标准和技术政策体系,探索绿色循环低碳发展新模式,把环境保护真正作为推动经济转型升级的动力,把生态环保培育成新的发展优势。

以打好三大战役来增加优质生态产品供给。坚决打好大气、水、土壤污染防治攻坚战和持久战,推动环境质量改善,提供更多优质生态产品。要重点推进产业结构调整,加强散煤和机动车治理,加强区域联防联控,强化重污染天气应对。狠抓饮用水安全保障,解决城市黑臭水体等突出问题。开展土壤污染状况详查,以农用地和建设用地为重点,实行分级分类管控。

深入推进各项改革。改革的核心是建立起一套行之有效的体制机制,明确政府、企业、公众的责任,形成内生动力。开展中央环保督察巡视,对重点地区重点问题开展环保综合督查,严格生态环境损害责任追究。推进省以下环保机构监测监察执法垂直管理。上收环境监测事权,建立全国统一实时在线环境监控系统。运用市场手段推进环境治理与保护,鼓励各类投资进入环保市场。

大力推进全社会共治。动员和支持公众积极践行低碳、环保、绿色的生活方式。全面推动环境监测、执法、审批、企业排污等信息公开,解决信息公开中"企业拖、政府推、干部躲"等问题,让政府和企业的环境责任在公开透明中接受群众的监督。

(原载于《求是》2016 年第 12 期)

十八大以来党中央构建绿色生产体系的理论与实践[*]

绿色生产体系是中国共产党基于生态文明理念探索建立的可持续发展生产体系。构建绿色生产体系,是破解当代中国经济社会发展与资源环境生态矛盾、转变经济发展方式的根本途径,也是加快推进生态文明建设、走向生态文明新时代的必然选择。十八大以来,以习近平同志为核心的党中央深入总结改革开放以来中国发展经验,根据新常态下经济社会特点要求,把生产绿色化作为治国理政重要抓手,大胆探索,开拓进取,取得了关于构建绿色生产体系的重大创新成果。

一、绿色发展理念的重大突破

中国共产党一贯高度重视生态环境保护和生态文明建设,在大力开展经济建设的同时,采取多种措施应对经济发展与生态环境的矛盾,坚决遏制环境恶化、生态功能退化不断加剧趋势。然而,在工业化速度持续加快、程度持续加深的现实条件下,生态环境问题的艰巨性、复杂性充分显现出来。习近平同志主持中央工作后,全面分析和准确把握深入推进经济建设与生态文明建设的紧迫形势和繁重任务,大力倡导绿色价值观,提出了一整套推动生产绿色转型的新的政策理念。

1. 绿水青山就是金山银山

"绿水青山就是金山银山"是中国共产党对生产力内涵的崭新认识。习近平同志围绕促进绿色生产、构建绿色生产体系有过多次重要论述。其中,"生态环境就是生产力"的新论断和"两山论"具有代表性,影响很大。他指出:"要正确处理好经济发展同生态环境保护的关系,牢固树立保护生态环境就是保护生产力、改善生态环境就是发展生产力的理念。"①"我们既要绿水青山,也要金山银山。宁

---

* 本文作者:张晓彤(1966—),女,四川南充人,中共中央文献研究室副编审,研究方向为中国共产党的创新理论与实践。

① 《习近平谈治国理政》,外文出版社 2014 年版,第 209 页。

要绿水青山,不要金山银山,而且绿水青山就是金山银山"①;"要创新发展思路?﹒因地制宜选择好发展产业,让绿水青山充分发挥经济社会效益,切实做到经济效益、社会效益、生态效益同步提升"②。习近平同志的这些重要论述把生态环境纳入到生产力范畴,阐明生态环境与生产力的关系,揭示了生态环境作为生产力的内在属性,是中国共产党正确处理经济发展同生态环境保护关系取得的新的理论成果。这表明,绿色生产力在当代中国社会生产力中占有特殊分量,推进社会生产力发展必须更加注重珍爱生态环境,把生态环境保护好利用好,走绿色生产发展之路。

2. 不以 GDP 增长率论英雄

人是生产发展的主体。促进绿色生产,关键是要调动人的主观能动性。21 世纪以来,在开启建设生态文明的实践中,中国共产党提出要建立有效管用的政策引导体制,以助推资源环境保护和生产绿色转型。领导干部政绩评价标准问题在十八大后不久也被提了出来。习近平同志指出:不坚决把"高耗能、高污染、高排放的产业产量降下来,资源环境就不能承受"③。因此,要"彻底转观念,再不以GDP 增长率论英雄。生态环境指标差,表面成绩再好也不行,不说一票否决,但这一票定要占很大权重。"2013 年 9 月参加河北省委常委班子专题民主生活会时,他明确指示当地干部:"要给你们去掉紧箍咒,生产总值即便滑到第七、八位了,但在绿色发展方面搞上去了,在治理大气污染、解决雾霾方面做出贡献了,那就可以挂红花、当英雄。反过来,如果就是简单为了生产总值,但生态环境问题越演越烈,或者说面貌依旧,即便搞上去了,那也是另一种评价了。"④2013 年 11 月,党中央做出《关于全面深化改革若干重大问题的决定》,提出要完善发展成果考核评价体系,纠正单纯以经济增长速度评定政绩的偏向。2014 年初,党中央印发《党政领导干部选拔任用条例》,规定考察地方党政领导班子应当把有质量、有效益、可持续的经济发展和生态文明建设等作为考核评价的重要内容,加大资源消耗、环境保护等指标的权重,防止单纯以经济增长速度评定工作实绩。继 2015 年 8 月印发《党政领导干部生态环境损害责任追究办法(试行)》之后,中央办公厅、国务院办公厅于 2016 年 12 月又印发《生态文明建设目标评价考核办法》,提出了绿色发展指标体系评价标准,要求扎实推行绿色政绩考核,为促进绿色生产、建设生态文明

---

① 《习近平总书记谈绿色》,《人民日报》2016 年 3 月 3 日。
② 《习近平李克强张德江俞正声刘云山王岐山张高丽分别参加全国人大会议一些代表团审议》,《人民日报》2014 年 9 月 16 日。
③ 《习近平关于全面深化改革论述摘编》,中央文献出版社 2014 年版,第 106 页。
④ 《习近平关于全面深化改革论述摘编》,中央文献出版社 2014 年版,第 107 页。

发挥风向标作用。

3. 把"绿色发展"提升为国家发展理念

十八大以来,党中央全面推进生态文明建设,继十八大把生态文明建设纳入中国特色社会主义事业五位一体总体布局之后,十八届三中全会提出紧紧围绕建设美丽中国深化生态文明体制改革,十八届四中全会要求用严格的法律制度保护生态环境,十八届五中全会提出树立绿色发展理念、推动形成绿色发展方式和生活方式等。这一系列紧锣密鼓出台的方针政策被统称为史无前例的"生态新政"。在生态新政的酝酿、制定和实施过程中,党中央对经济社会发展的思考和决策更加深刻和聚焦:必须把绿色发展作为新常态下实现经济增长的一个鲜明主题。2015年10月,在《中共中央关于制定国民经济和社会发展第十三个五年规划的建议》中,党中央正式提出创新、协调、绿色、开放、共赢五大发展理念,绿色发展被提升到国家发展理念的高度。习近平同志强调:"这是我们党一个新的发展思路、发展方向、发展着力点。"[1]

4. 确立"绿色化"建设战略任务

新型工业化、农业现代化、城镇化、信息化,是中国共产党面向新世纪提出的四大建设任务。2015年4月,党中央、国务院发出《关于加快推进生态文明建设的意见》,首次把绿色化与新型工业化、城镇化、信息化、农业现代化并列,要求"协同推进新型工业化、城镇化、信息化、农业现代化和绿色化"[2],"绿色化"正式列入中国特色社会主义建设事业重大战略任务。"绿色化"任务的提出,并不是简单地对四大建设任务做出补充和完善,而是表明中国共产党把推进生态文明建设和经济社会发展的一个重点放在了做"绿色文章"上。因而"绿色化"一经提出,就为国内外经济和生产领域人士所关注、热议。人们认为,"绿色化"不只限于过去大家所熟悉的国土绿化、保持水土,也不止于开展资源环境保护和生态文明建设工作,而是当代中国整个建设和发展领域的全面绿色转型升级。也就是说,"绿色化"要的是一种先进领潮的生产增长方式和经济发展模式,即完全超越高消耗、高排放、高污染的"棕色化"增长和发展,带动中国经济社会向着生态绿色、强劲可持续、高品质、高水平方向前行。

这期间,习近平同志积极运筹和谋划通过绿色崛起开创中国特色社会主义发

---

[1] 《十八大以来重要文献选编(中)》,中央文献出版社2016年版,第774页。

[2] 《十八大以来重要文献选编(中)》,中央文献出版社2016年版,第486页。

展新实践的重大战略问题,明确提出了构建绿色生产体系重大战略思想①。这一战略思想打开了中国特色社会主义道路的新视野,为推进生态文明建设和经济社会绿色转型发展注入了强大动力。

二、绿色生产体系政策框架的系统设计

绿色生产体系是新型的生态化生产体系。构建这个体系,广泛涉及政治、经济、科技、文化、社会各个领域,主要包括构建绿色产业结构体系、变革资源能源利用与供给方式、推行高效环保生产方式、依靠科技创新驱动绿色转型、健全法规制度体系等方面。

1. 构建绿色产业结构体系

党中央、国务院在《关于加快推进生态文明建设的意见》中指出:必须构建科技含量高、资源消耗低、环境污染少的产业结构。构建绿色产业结构,就是要把技术水平低、资源消耗大、环境污染严重,经济效益低的产业结构转变为技术水平高、资源消耗少、经济效益好且有利于环境保护的产业结构,形成产业新体系,实现产业整体升级。这是构建绿色生产体系的基础。

一是推动制造业绿色化发展。加快工业升级步伐,实施工业污染源全面达标排放计划,推动传统制造业绿色化改造、重组和控制,关停淘汰钢铁、有色、建材、化工等行业过剩产能,发展环保制造业。据国务院统计,2013—2015 年全国共淘汰落后炼钢炼铁产能 9000 多万吨、水泥 2.3 亿吨、平板玻璃 7600 多万重量箱、电解铝 100 多万吨②。

二是加快发展现代服务业。现代服务业是运用现代科技特别是信息网络技术向社会提供高附加值、高层次、知识型的生产服务和生活服务的服务业,主要包括金融业、电子商务、物流业、旅游业、文化产业和健康产业等。与传统制造业相比,现代服务业资源能源消耗低、环境污染少。近年来,随着现代服务业持续快速发展,服务业已经跃升为国民经济第一产业,在国内生产总值中的比重占到一半以上③。

三是大力发展生态友好型农业和林产业。生态友好型农业既不同于传统农业,也不同于工业化农业,是既合理利用自然资源和保护生态环境,又使农业和农

---

① 《习近平在海南考察时强调加快国际旅游岛建设,谱写美丽中国海南篇》,《人民日报》2013 年 4 月 11 日。

② 李克强:《政府工作报告》,《人民日报》2016 年 3 月 18 日。

③ 国家发展和改革委员会:《关于 2015 年国民经济和社会发展执行情况与 2016 年国民经济和社会发展计划草案的报告》,《人民日报》2016 年 3 月 19 日。

村经济得到持续、稳定、协调和全面发展的绿色农业,主要包括有机农业、生态农业和畜牧业等。林产业主要包括特色经济林、林下经济和森林旅游等。

四是发展战略新兴产业。顺应世界新一轮科技革命和产业变革趋势,全面实施"中国制造2025""互联网+"行动计划等,着力推动供给侧结构性改革,大力发展电子信息、新能源汽车、节能环保等战略新兴产业,打造强大实体经济。

2. 变革资源利用、能源供给方式

由于技术发展水平限制,中国工业生产的资源能源利用水平长期低位徘徊。2013年,中国国内生产总值约占世界的12.3%,但消耗了全球22.4%的能源、47.3%的钢铁,水资源产出率仅为世界平均水平的62%①。改变粗放的资源能源开发利用方式,实现各类资源能源科学开发、节约高效利用,是构建绿色生产体系的重要支撑。党中央强调,要全面节约和高效利用资源,推进能源革命、建设现代能源体系②。

一是促进生产空间集约高效。优化国土空间开发,划好发展和生态红线,明确城镇建设区、工业区、农村居民点等开发边界,以及耕地、草原、河流、湖泊、湿地等保护边界,实行建设用地控制行动,协调开发陆海国土空间。

二是发挥市场配置资源的作用。建立健全统一、竞争、开放、有序的资源产权市场,发挥市场规则和机制作用,构建资源有偿使用制度,扩大资源有偿使用范围,提高有偿使用标准,抑制资源不合理占用和消费,建立健全用能权、用水权、排污权、碳排放权交易市场,增强资源节约高效利用的内生动力。

三是推进能源供给革命。探索能源安全高效清洁低碳发展方式,加快发展风能、太阳能、水能、地热能、生物能,安全高效发展核电;压减煤炭产能,控制煤炭消费总量;优化能源消费结构,提高清洁能源消费比例,推动能源消费结构向多元发展转变。国家能源局公布数据显示,近年来中国能源供给和消费出现积极变化:2015年非化石能源在一次能源消费中的比重从2010年的9.4%上升到12%,清洁能源发电率则占到25%;预计到2020年,非化石能源消费占一次能源消费比重将达到15%左右③。

---

① 姜大明:《全面节约和高效利用资源》,《〈中共中央关于制定国民经济和社会发展第十三个五年规划的建议〉辅导读本》,人民出版社2015年版。

② 《中共中央关于制定国民经济和社会发展第十三个五年规划的建议》,人民出版社2015年版。

③ 中国新闻网:《优先布局清洁能源,2020年非化石能源消费将达15%》,http://www.chinanews.com/ny/2016/11-07/8055369.shtml,2016年11月7日。

3. 推行高效环保生产方式

2015年底,习近平同志科学把握中国经济社会发展的大逻辑,明确指出新常态下要更加注重促进形成绿色生产方式,保护生态环境①。绿色生产方式,就是致力于避免使用有害原料,减少生产过程中的材料和能源浪费,减少废弃物和排放量,加强废弃物处理,提高资源利用率,提供少污染甚至无污染的清洁产品和服务的生产方式。与先污染后治理的传统末端治理老办法不同,绿色生产方式将能耗、污染控制和治理落实到生产的全部过程中,各工序各环节都要节能降耗;实行产业循环式组合,发展再制造和再生利用产品。督促工业领域普遍推行"源头减量、过程控制、纵向延伸、横向耦合、末端再生"的生产方式,把从原料—生产过程—产品加废弃物的线性生产方式转变为原料—生产过程—产品加原料的循环生产方式。农业领域应大力促进农业生产方式转变,推动农业生产资源利用节约化、生产过程清洁化、废物处理资源化和无害化、产业链接循环化。服务业领域要构建绿色产业生态链,推进行业服务主体生态化、服务过程清洁化、消费模式绿色化。

4. 依靠科技创新驱动绿色转型

重视科技创新,使之成为绿色生产的强大驱动力,是以习近平同志为核心的党中央做出的新的重大战略决策:实施创新驱动发展战略,开展绿色发展科技创新行动,以技术进步提升效率,以效率的提升减少资源消耗,从而大幅度提高资源要素利用率,实现绿色生产。发展绿色制造技术,对传统制造业全面进行绿色改造,由粗放型制造向集约型制造转变;发展现代生态农业技术,突破人多地少水缺瓶颈约束,走产出高效、产品安全、资源节约、环境友好的现代农业发展道路;发展现代能源技术,资源高效利用技术和生态环保技术、海洋资源开发生产技术、信息网络数字智能技术、现代服务技术等,使产业体系整体步入绿色化轨道。

5. 健全法规制度体系

法规制度具有引导、规范和约束各类生产主体自觉承担和认真履行绿色生产责任的强制效力,是构建绿色生产体系不可或缺的重器。现阶段构建绿色生产法规制度治理体系的重要目标是:以健全法律法规、创新体制机制为核心,加快形成促进和保护绿色生产的法治安排、利益导向。一是构建绿色生产法治体系。制定节能评估审查、节水、土壤环境保护等方面的法律法规;修订完善环保法、土地管理法、节约能源法、矿产资源法、循环经济促进法等;加强企业社会责任立法,施行环境保护税法,大幅度提高违法成本;综合执法、严格执法,维护法律权威。二是完善和提升标准体系。制定修订能耗、水耗、地耗、污染物排放等标准,提高建筑

---

① 《习近平总书记重要讲话文章选编》,中央文献出版社2016年版,第308页。

物、道路、桥梁等建设标准,实施能效和排污强度"领跑者"制度,建立与国际接轨、适应中国国情的能效和环保标识认证制度,鼓励各地区依法制定严格地方标准。三是改革国家自然资源资产管理体制,健全自然资产产权制度和用途管制制度,明确国土空间的自然资源资产所有者、监管者及其责任。四是完善资源循环利用制度,建立耕地、草原、河湖休养生息制度。五是完善和厉行监管制度,实行清洁生产审核制,实行污染物排放许可证制度,禁止无证排污和超标准、超总量排污,实行严重污染环境的工艺、设备和产品淘汰制度。

三、构建绿色生产体系创新实践的重大意义

构建绿色生产体系是中国共产党在全面建成小康社会阶段带领人民在生产和发展领域进行的一场深刻革命性变革。这场变革植根于当代世界和中国深刻调整变革的深厚沃土之中,内涵丰富、特色鲜明、意义重大。

1. 构建绿色生产体系既体现了世界潮流,又反映了中国发展新要求,展示了中国共产党勇立时代潮头引领航向的执政能力和水平

放眼世界,国际金融危机以来,世界经济深度调整。在国际金融危机和全球气候变暖的双重挑战下,世界主要国家毫无例外地把发展新能源、新材料、节能环保等作为产业发展的重点,绿色生产是世界发展的潮流和趋势。在中国经济发展进入新常态,长期积累的矛盾和问题急需化解,尤其是环境风险增高、生态损失加大,生产和发展的"老路"已经走不下去的情况下,以习近平同志为核心的党中央坚定不移实施可持续发展战略,带领人民建设生态文明,促进绿色增长,实现绿色富国强国。置身于世界产业调整的时代大潮中,构建绿色生产体系既是中国立足自身、从根本上解决生产发展与生态环境不相适应、严重制约的重大机遇,也是中国在世界经济深度调整、新旧动能转换的关键时期参与国际合作和竞争、实现跨越式发展的重要契机。

2. 构建绿色生产体系既要生产增长又要生态环保,是一场推动社会生产力高质量高效益发展的崭新道路

发展是当代中国的主题。没有生产的发展,一切都无从谈起。如果说改革开放前30年中国共产党团结带领人民进行的是一场加快发展的速度接力赛,那么到本世纪的第二个十年,中国发展则进入到一个新的阶段——以提高质量和效益为中心的更高一级发展阶段。这个阶段的重要使命就是要在保持经济发展速度的基础上,通过转变经济发展方式,实现生产力水平质的提升。构建绿色生产体系是中国经济社会朝着更高水平前进的必然产物:一则要实现生产的增长,保证发展的规模和速度;二则要实现生产增长的绿色化,保证可持续发展。构建绿色

生产体系的二重目的,生动体现了中国共产党将推动发展与保护资源环境统一起来,是快速发展与良好生态相辅相成、相得益彰的一贯主张。党中央在"十三五"规划建议中提出:发展是硬道理,必须毫不动摇地坚持以经济建设为中心,把握发展新特征,保持经济中高速增长,产业迈向中高端水平①。党中央、国务院《关于加快推进生态文明建设的意见》强调:加快生态文明建设,把绿色发展转化为新的综合国力、综合影响力和国际竞争新优势。十八大以来,在构建绿色生产体系、推动生产绿色化转变的同时,中国经济年增长率保持在7%左右,领跑世界。实践证明,协同生产与生态共进,发展成效卓著。

3. 构建绿色生产体系不仅具有鲜明生态特征,更兼具生产现代化新特征,是中国经济社会发展的一场深刻革命

绿色生产体系是保护生态环境与生产现代化相统一的体系。其生产现代化特征包括生态文明理念、现代产业形态、现代生产方式、现代组织模式、现代科技水平、生产环保法治化,等等。从本质上讲,构建绿色生产体系是中国经济社会发展的一次整体转型,将对现有经济社会发展方式带来深刻影响。基于构建绿色生产体系的这一本质要求,党中央在制定和出台生态文明建设、全面建成小康社会、全面深化改革、全面依法治国重大决定和举措时,均将有关构建绿色生产体系的内容纳入其中,从经济社会整体转型来布局推进构建绿色生产体系。

4. 构建绿色生产体系既显示出强大的生命力,又面临着不容忽视的困难和挑战,将是一个不断推进的长期过程

十八大以来短短数年间,得益于科学的顶层设计、完备的政策机制和大众的广泛参与,目前全社会绿色生产观念普遍树立,绿色产业结构加快形成,绿色科技与生产高效融合,绿色生产方式推广普及,绿色生产规范约束体制机制基本建立,绿色生产法治日臻完备。中国绿色生产体系发展方兴未艾,前景广阔,但同时也还存在不少困难障碍:不同地区和产业绿色转型升级走势分化,企业主体作用意识需进一步增强,协调监管执法机制亟待健全和充分发挥威力,经济下行、投资增长乏力、利益关系调整等深层问题仍有待解决等。面对这些困难和问题,必须坚持绿色发展理念不动摇,充分发挥政府、企业、社会各方力量,改革创新,攻坚克难,加快构建绿色生产体系,为实现两个"一百年"奋斗目标、实现中华民族伟大复兴的中国梦奠定坚实基础。

(原载于《湖北行政学院学报》2017 年第 1 期)

---

① 《中共中央关于制定国民经济和社会发展第十三个五年规划的建议》,人民出版社 2015 年版。

从人类文明发展的宏阔视野审视生态文明

——习近平对马克思主义生态哲学思想的继承与发展论略*

引言

人类的所有追求,究其实质都是企盼达到更加文明的程度。地球——这颗蓝色星球上的文明发展按学界流行的划分,已大致经历了原始文明、农业文明、工业文明。但工业文明以来,人类对自然资源的贪婪开发掠夺、毫无节制的过度消费,商业资本不计后果的逐利本性,都已使我们所处的蓝色星球千疮百孔。正如美国学者霍尔姆斯·罗尔斯顿所言:"我很久以来都以为自然界的存在是理所当然的事,可这曾经非常辽阔的自然界,现在都在人类发展的浪潮中走向消亡。"①

关心生态,保护环境——今天似乎已没有人再敢责难这种呼声,然而仅仅依靠朴素的感情,无法克服生态危机造成的严重影响。人类必须从哲学的高度,从人类文明发展的宏阔视野审视生态,这才能标本兼治。我们欣喜地看到,生态哲学在全球范围内已渐成显学,汉斯·萨克塞的《生态哲学》、罗尔斯顿的《哲学走向荒野》、我国余谋昌的《生态哲学》等著作不断为人所知。作为我国指导思想的马克思主义理论,其中宝贵的生态哲学思想也正日益受到研究者的关注和重视,近年来已先后出版了《马克思主义生态思想研究》(徐民华等著),《马克思主义生态哲学思想历史发展研究》(杜秀娟著)等一批开拓性的研究成果。在研究过程中,我们深切感受到,马克思恩格斯不愧为生态哲学的思想先驱,其生态哲学理论独具创见而自成体系。党的十八大以来,党中央把生态文明建设提到了前所未有的

* 本文作者:周光迅(1956—),浙江浦江人,浙江理工大学生态哲学研究所所长,教授,浙江省生态文明研究中心首席专家,主要研究方向:马克思主义哲学原理、生态哲学;胡倩(1992—),女,浙江嵊州人,浙江理工大学马克思主义学院研究生,主要研究方向:马克思主义生态哲学。

基金项目:中国科学院战略性先导科技专项子课题"生态哲学和中国特色生态文明制度建设研究"(XDA05140105),浙江省2013年度重点社科基金项目"马克思主义生态哲学思想研究"(13MLZX002Z),浙江省高校生物学重中之重学科开放基金。

① 罗尔斯顿:《哲学走向荒野》,吉林人民出版社2000年版,第7页。

战略高度,习近平同志就生态文明建设发表了一系列重要讲话,它与马克思主义生态哲学思想既一脉相承,又与时俱进,它们的共同特点之一都是从人类文明发展的宏阔视野审视把握生态文明。如果说马克思主义经典作家是生态哲学思想先驱,习近平则无愧是中国生态文明建设的现代设计师。本文试就此做一个比较简略的论述。

一、全球性生态危机的警示

第一次工业革命以降,社会生产力日益增长,但人类对自然的敬畏之心也逐渐湮灭,实践活动中的不合理生产行为与社会行为致使自然界背负了超越它自身承载能力的负荷,人类的生存环境日益恶化,环境污染、资源过度消耗、自然灾害频发、动植物栖息地被破坏、温室气体过量排放、人口爆炸等现象已经跨越国境成为全球性的发展难题。冰冻三尺,非一日之寒。这场全球性的生态危机,犹如达摩克利斯之剑高悬在人类头顶,摇摇欲坠,人类的未来,笼罩在这一片阴影之下。

面对全球性的生态危机的冲击,中国也未能幸免。目前我国正处于社会转型期,人口多、底子薄是我们必须面对的社会现实,加之早期发展过程中对生态文明的认识不足,高污染、高能耗的粗放型经济长期存在,人与自然的矛盾已日趋尖锐,空气污染、水体污染、环境恶化等一系列不重视生态建设的恶果让人们苦不堪言。本文作者之一曾在 2008 年发表过《新世纪生态危机的加剧与生态文明建设》一文,其中列举了全球性生态危机加剧的主要表现,从现在看,这种趋势并未得到有效遏制。比如,自然资源消耗、短缺与能源危机问题,据世界观察研究组织报告:在 500 年前,地球的陆地面积有 2/3 为森林覆盖,总面积达 76 亿公顷,但到2007 年减少到不足 40 亿公顷,仅占地球土地面积的 1/3。从 2000 年至 2005 年,世界森林面积以每年 730 万公顷的速度在减少。如果目前的森林递减率在未来30 年得不到控制,到时剩余森林所能支持的物种将减少 5% – 10%。就我国情况来看,能源危机已近在眼前。中国地质科学院 2003 年发表的报告指出,除了煤之外,中国所有的矿产资源目前都处于紧张之中,将在两三年内面临包括石油和天然气在内的各种资源短缺。2007 年中国 GDP 增长 11.4%,但能耗增长高达17.4%。目前,我国每年石油消耗 3 亿多吨,煤炭消耗 20 多亿吨,矿石总消耗量超过 70 多亿吨。据统计,我国主要矿产品消费对外依存度不断上升,其中石油依存度由 2000 年的 32.59% 上升到 2013 年的 61.5%,铁矿石对外依存度由 2000 年的36% 上升到 2013 年的 58.7%。全国 2/3 国有骨干矿山进入中老年期,400 多座矿山因资源枯竭濒临关闭。又如环境污染、生态系统退化问题。我国受污染耕地达上千万公顷,1.9 亿人饮用水有害物质含量超标,特别是近几年来,高温、雾霾等极端天气频发;生态系统退化进一步加剧,全国水土流失面积占 37%,荒漠化土地占 27.4%,生物多样性下降,濒临灭绝野生动植物不断增多。一组组数据向我们敲响了警钟:这样的局面再不下决心扭转,后果不堪设想。30 多年的快速发展,原先粗放型发展方式已不可持续。2012 年,我国经济总量约占全球的 11.5%,却消耗了全球 21.3% 的资源,45% 的钢,43% 的铜,54% 的水,仅原油、铁矿石对外依存度分别达到了 56.4% 和 66.5%,排放的二氧化硫、氮氧化物总量已居世界第一。①这些数据强烈警示我们,必须尽快转变高增长、高消耗、高排放的经济增长模式,更加自觉地推动绿色发展、循环发展、低碳发展。

面对异常严峻的生态环境,以习近平同志为总书记的党中央审时度势,把生态文明建设提到了五位一体的战略高度。近几年习近平同志就生态文明建设问题,发表了一系列重要讲话。对生态文明建设中的一些重大理论和实践问题,提出了新思路、新观点、新论断。党的十八大报告中更是首次单篇论述了"生态文明建设",并将中国特色社会主义的总布局由"四位一体"拓展为"五位一体"。十八大报告指出:"建设生态文明,是关系人民福祉、关乎民族未来的长远大计,面对资源约束紧缩、环境污染严重、生态系统退化的严峻形势,必须树立尊重自然,顺应自然,保护自然的生态文明理念,把生态文明建设放在突出地位,融入经济建设、政治建设、文化建设、社会建设各方面和全过程,努力建设美丽中国,实现中华民族永续发展。"②它表明了党和政府走向社会主义生态文明新时代的坚定意志和坚强决心,更是建设美丽中国的行动宣言。

一百多年前,生态危机尚未完全显现之时,马克思就敏锐地意识到了这一问题,站在哲学自然观的高度,对人与自然的关系进行了深入研究,并指出了这一危机产生的根源。当下我国所面临的生态危机困境,与世界上其他国家所面临的生态危机有其相似性,但又有所不同,它在中国的具体国情下产生。要解决这一危机,我们必须找到其危机根源,寻找其理论依据,并使其与我国的国情相适应。近年来习近平同志对生态文明建设发表的一系列重要讲话,其中都包含了马克思生态哲学思想的核心内涵,就是从人类文明发展的宏阔视野来审视生态文明。2010 年到 2030 年是中国生态文明建设的关键时期,既要推动经济的生态转型,又要减少转型过程中出现的新的生态问题;既要还清环境污染的历史欠账,实现部分环境指标与经济增长的良性耦合,又要实现环境与经济的双赢,关键在于如何把马

---

① 张高丽:《推进生态文明,努力建设美丽中国》,《求是》2013 年第 25 期,第 3 – 11 页。

② 胡锦涛:《坚定不移沿着中国特色社会主义道路前进为全面建成小康社会而奋斗》,2012 年 11 月 8 日。

克思生态哲学思想运用到中国的生态文明建设之中,让马克思生态哲学思想真正转化为"建设美丽中国"的时代精神。

二、马克思主义生态哲学思想:建设中国特色生态文明的理论基础

1866 年,恩斯特·海克尔首次提出"生态"概念,但它仅仅是在"研究生物体与外部环境之间关系"的前提下论述此问题的,因此这"仅仅是自然科学而非哲学意义上"的"生态科学"。20 世纪 50 年代以来,生态问题日趋尖锐。1962 年卡逊发表《寂静的春天》,以此为发端,"人与自然"的关系进入学术视野,"生态科学"开始向"生态哲学"转变。囿于历史的原因,马克思和恩格斯并没有明确提出"生态"命题,经典文本中亦鲜有对生态问题的系统论述,正是因为如此,对马克思主义生态思想的评价也大相径庭。国外学者对此的评价大体可分三类。第一类为生态中心主义者(简称深绿),他们指责《资本论》揭示的是资本主义经济危机理论,把自然看成是"征服"和"改造"的对象,是典型的反生态著作;认为马克思主义是"非生态"甚至是"反生态"的,是"典型的人类中心主义"。第二类为现代人类中心主义者(简称浅绿),他们批判近代人类中心主义的缺陷,试图以生态为改良手段来拯救危机四伏的资本主义制度。第三类为生态马克思主义者(简称红绿),典型人物为奥康纳、福斯特、伯基特等。他们认为马克思的唯物历史观已经洞察到了社会制度和社会组织的变化对于人与自然关系的决定性影响,生态危机产生的根源就是资本主义唯利是图的生产方式,因此资本主义制度在其本性上就是反生态的。国内从马克思主义生态哲学的研究视角,近些年对马克思主义的生态自然观、生态价值观、生态社会观和马克思主义生态哲学思想发展历程等方面都进行了有益探索,认为"人与自然"的关系是马克思主义理论中的重要内容,归纳出了马克思"人与自然的对象性关系"、"自然生产力是社会生产力的基础"、共产主义就是实现"人与自然的和解、人与人之间的和解"等重要命题。

我们认为,国外"深绿"学派对马克思主义的指责苛刻且不符合实际,他们片面强调把"自然价值论"和"自然权利论"作为生态文明的理论基础,只能导致自然的神秘主义,误导人类走向茹毛饮血的原始状态。"浅绿"学派看到了资本主义生产方式唯利是图的本性,但试图以生态为改良手段来挽救资本主义制度。"红绿"学派在批判资本主义制度缺陷的基础上,提出建立"生态社会主义"(其中也有主张民主社会主义者)的理想图景,有一定借鉴价值,但没有从整个人类文明史的宏观视野作深入考察。就国内研究而言,研究重心放在对西方生态学马克思主义的介绍评论上,对马克思主义生态哲学思想本身的学术挖掘不足,对如何在马克思主义指导下从中国国情出发建设中国特色生态文明的研究更需深入。

概言之，马克思主义经典作家不仅重视生态，而且从人类文明发展的宏阔视野加以审视，富有预见且思想深邃，其中包含的"人与自然的辩证统一论""生态危机制度根源论""生态文明的最终价值取向论"，为后世学者留下了关于生态哲学的重要思想财富，也为我国的生态文明建设奠定了哲学理论基础。

1. 人与自然的辩证统一论

就人与自然的关系，马克思曾这样说道，"被抽象的理解的、自为的、被确定为与人分隔开来的自然界，对人来说也是无。"①人是自然发展的产物，自然对于人来说，先于人类而产生，自然存在的时间远远久于人类的存在，具有先在性。自然界是物质世界发展的结果，是物质世界的具体样态，这就明确了自然的客观存在性，以及其优先地位。自然界先于人类社会而存在，在自然界发展的过程中，人类出现，并经过原始社会、农业社会、工业社会，发展到现如今，人类的发展得到了自然界无私的馈赠，从本质上来说，人类从属于自然界。马克思主义生态哲学认为，人是自然界长期发展的产物，自然是天然的，人是自然界长期进化的产物，人必须与其依存的自然环境进行物质与能量的交换，才能得以生存和发展。人是自然界的有机身体，自然界是人的无机身体。自然界孕育出人类，又无私地赠予人类一切生存发展的物质条件，任何人都不能离开它而继续生存下去。马克思强调人是自然发展的产物，但同时又强调人的主观能动性，人是能动的自然存在物与社会存在物。他在"资本的伟大文明作用"的评论中曾这样说："一切以前的社会阶段都只表现为人类的地方性发展和对自然的崇拜。只有在资本主义制度下自然界才真正是人的对象，真正的有用物；它不再被认为是自为的力量；而对自然界的独立规律的理论认识本身不过表现为狡猾。其目的是使自然界（不管是作为消费品，还是作为生产资料）服从于人的需要。"②

马克思对于人与自然关系的种种哲学思考，既没有把自然奉上神坛，也未曾把人作为绝对主体凌驾于自然之上。人在与自然界相处的过程中，决不能把自身与自然界分割开来，站在对立面，而是必须正确地认识和尊重自然。如果人类挥霍无度，毫无节制地向大自然索取，那么必将遭受自然界的惩罚，反过来又威胁到人类的存在。

马克思的自然观是对于黑格尔、费尔巴哈自然观的批判继承。黑格尔作为一个唯心主义者，他对自然的认识，仅仅是作为自我意识的纯粹的创造物，但其承认自然的变化，并承认自然与人的关联性。而费尔巴哈虽然以唯物的角度去看待自

---

① 马克思，恩格斯：《马克思恩格斯文集》第 1 卷，人民出版社 2009 年版，第 220 页。
② 马克思，恩格斯：《马克思恩格斯文集》第 8 卷，人民出版社 2009 年版，第 90 页。

然,但其所指的自然,是一种亘古不变的自然。马克思的自然观是对于二者观点的批判继承,他把实践作为人与自然的中介,使得自在自然不断被纳入人类的活动范围从而不断"人化"。而自在自然与人化自然两者之间并非对立关系,自在自然先于人化自然而存在,并通过人类的实践活动向人化自然逐步转化。人化自然与自在自然之间存在着客观联系,它们之间密不可分,但又有着质的区别,并存在着辩证统一的关系,在一定条件下可以相互转化。在马克思看来,自在自然是人化自然的物质基础,甚至自然对于人类而言,是无机的身体,人必须依靠自然而活,这肯定了自然的客观存在性,但这并没有使马克思陷入传统自然观的谬误之中,他指出了自在自然的历史优先性,但并未将自在自然直接固封于顶端,接受万民敬仰,对自然的自在性的承认,目的是为了人对自然的改造而服务的,是为了更好地指导人与自然的对象化活动。他强调的重点是人与自然必须做到辩证统一。

2. 生态危机制度根源论

工业革命以来,人类对自然的影响力与日俱增。伴随着这种科技的进步,为人类带来大量财富的同时,也为人类带来了巨大的灾难。环境污染、资源过度消耗、温室效应等现象已经成为全人类都需要共同面对的问题,这让我们不得不意识到生态文明的重要性。近百年来人类对于生态环境的破坏,甚至要比过去几千年对自然的影响更大。这些年频发的自然灾害,许多都是人类自身的"杰作"。而人类对于物质的欲望,依然无穷无尽,欲壑难填,生态危机难以缓解。

马克思认为,资本主义生产方式是当前生态危机的社会根源。资本主义生产方式在推动社会生产力不断发展的同时,也带来了劳动的异化、人的异化以及生态环境破坏等副产品。人类征服和改造自然,既是自然人化的过程,又是自然异化的过程。马克思在分析异化劳动的基础上来阐述他的自然异化思想的,"异化劳动,由于一使自然界,二使人本身,他自己的活动机能,他的生命活动同人相异化,也就使类同人相异化;它使人把类生活变成维持个人生活的手段。"①异化劳动使得自然界与人本身产生异化,它使人成为一种异化的存在,扭曲了人类的本质,也扭曲了人与自然界的关系。自然的异化是资本主义生态危机的本质,人类将自然界完全视作对立面,是征服与统治的对象,人与自然显现出对抗状态,自然与人的关系被割裂,自然仅仅作为纯粹的物质条件而存在。

与此同时,资本主义生产目的对生态的破坏也有其必然性。资本主义制度,是一种以私有制为基础的剥削制度。奥康纳认为,为了延续资本主义的寿命,资本主义就必须维持无休止的追逐利润,"资本主义的政治和法律体系、资本的累

①　马克思,恩格斯:《马克思恩格斯选集》第 1 卷,人民出版社 1995 年版,第 45 页。

积、社会生活及文化的商品化逐渐被促成了对一种新的自然,一种特定的资本主义式的'第二自然'的建构。"①资本主义制度在促进资本主义经济发展方面,具有不可磨灭的历史功绩。但在其繁荣的假象背后,是其反人类、反自然的阴暗面。资本具有逐利性,在资本统治一切的时代,生产的目的不再是为了满足人类的需求,而是资本家为了追求利益的最大化而盲目生产。在这一点上,他们从未停下逐利的脚步。尽管当下已经出现许多产能过剩的行业,但是资本依然在不停压榨自然资源的基础上扩大再生产,以期实现更大的利润,追求利润的极限,这从根源上造成了人与自然的对立。

资本主义生产目的使得科学技术的发展也受到其挟持,从而导致与自然的对立日益加重。尽管在当今生态危机急剧恶化的情况下,为了保证资本生产的持续性,已经出现了一些与自然规律较为符合的生产技术,但其一旦背离了资本主义的根本目的,也只能一再退让。甚至于连"环境保护""生态产业"这样的话语本身也只是披着生态保护外衣的新兴资本话语。一个不争的事实是,资本家往往把一些不利于生态环境的高污染、高能耗企业进行所谓的"产业战略性转移",省去治污成本,赚取高额利润。一言以蔽之,在马克思看来,资本主义私有制就是产生生态危机的制度根源。

3."两个和解":生态文明的最终价值取向论

在《1844年经济学哲学手稿》中,马克思提出了"两个和解"的重要命题——"人同自然的和解""人同本身的和解"。马克思与恩格斯认为,人是自然界的一部分,"人同自然的和解"本质上是人与自然界间的互动过程。人类对自然从盲目敬畏到征服支配,整个人类的发展史都伴随着对自然的探索,都是为了使自然界服从于人的需要。人类的生存发展毋庸置疑需要自然界的物质资源来维系。马克思恩格斯的"人同自然的和解"并非否认从自然界获取资源的合理性与必要性,它强调的是在利用自然的同时,对自然界的生态以及生态循环系统加以平衡,使得自然能够遵照其客观规律持续发展。这就要求我们注意保护与改善社会发展的生态环境,优化生态环境与人类社会生存之间的关系。

人同本身的和解,包括人与人之间、人与社会之间的关系。人与人之间的冲突主要表现为利益冲突,在资本主义社会中,由于利益的驱使,往往造成资本无限制的逐利并产生巨大的竞争压力,利益冲突不可避免。在资本主义社会中,这种冲突无法调和,只有建立利益根本一致的社会制度才能从根本上解决这一沉疴。

---

① 詹姆斯·奥康纳:《自然的理由:生态学马克思主义研究》,南京大学出版社2003年版,第69页。

人与社会之间的关系和人与人之间的关系中的症状类似,当个人利益与集体利益相一致时,人与社会之间的冲突就不复存在。在共产主义条件下,社会生产力高度发展,物质财富极大丰富,达到了可以满足整个社会及其成员需要的程度时,人与人之间的利益冲突也随之灭亡。生产资料的占有关系彻底摆脱了私有制的束缚,生产资料和劳动产品归全社会共同所有,实行各尽所能,按需分配的原则,这就使得个人利益和集体利益从根本上来说是一致的,个人与社会的矛盾也就得到了根本的和解。

正如刘思华教授所言,马克思、恩格斯"从人与自然、人与人关系的历史考查出发,最后得出的必然结论是,只有共产主义才能完全合理地解决人与自然、人与人之间的矛盾。在社会主义、共产主义文明全面发展的这个科学预测中,包含着人的全面发展是人与自然、社会的全面协调发展的深刻内涵,这是人与自然和人与人之间和谐协调发展文明观的生态文明理论。"①从这个意义上说,"两个和解"就是生态文明的最终价值取向,换言之,共产主义就是生态文明高度成熟的社会。

三、习近平生态文明理论:马克思主义生态哲学思想的继承与发展

建设美丽中国是实现中国梦的重要内容。党的十八大以来,习近平同志从中国特色社会主义事业全面发展,实现"中国梦"的战略高度,站在人类文明发展演进的宏阔视野,对生态文明建设发表了一系列重要讲话,提出了许多新思想,新观点和新要求。习近平同志关于"两个清醒认识"的深刻论述,关于"生态兴则文明兴,生态衰则文明衰"的科学论断,关于经济发展和生态保护"两座山"的形象比喻,关于"牢固树立保护生态环境就是保护生产力,改善生态环境就是发展生产力"的哲学理论,关于"保护生态环境必须依靠制度、依靠法治"的执政理念等等,都是马克思主义生态思想在当代的重要理论创新。思想深刻,内容丰富,论述精辟,既是推进我国生态文明建设的思想武器,更为"建设美丽中国,实现中华民族永续发展"提供了行动指南。

1. 生态决定文明兴衰:建设美丽中国的理论指南

一般而言,文明相对于野蛮、蒙昧而言,它是人类认识世界、改造世界的物质和精神成果的总和。从历史进程看,人类文明已大致经历了原始文明、农业文明、工业文明几种形态。在原始文明时期,人与自然关系是在生产力水平极其低下状态下的"和谐",人只能消极地适应自然,是自然的奴隶。农业文明时期,人类开始初步认识自然、改造自然,对自然已有所影响但影响有限。工业革命以来,随着科

---

① 刘思华:《生态马克思主义经济学原理》,人民出版社 2006 年版。

学技术日新月异的发展,人类似乎感到无所不能,开始贪婪地攫取各种自然资源,非理性地征服自然,人与自然的关系日趋尖锐对立,由此引发了全球性的生态危机,生态问题日益严峻地凸显在世人面前。

习近平同志从人类文明发展的宏阔视野出发,辩证总结了生态与文明相辅相成的辩证关系,习近平多次强调:生态兴则文明兴,生态衰则文明衰。① 这一论述,深刻揭示了生态与人类文明发展的客观规律,科学回答了生态与人类文明之间的关系,丰富和发展了马克思主义生态思想。回顾人类文明历史长河,四大文明都发源于森林茂密、水草肥美、生态良好的地方,反之,许多古代文明之所以灰飞烟灭,也都因为青山变为秃岭、沃野变成荒漠。这都是生态遭到破坏所致,如古埃及、古巴比伦文明的衰落,楼兰古国的消失都是如此。这一深刻论述,从文明发展的历史视野指明了加强生态文明建设的极端重要性,也揭示了人类文明发展历史的必然趋势。

生态兴则文明兴,生态衰则文明衰,习近平同志揭示的这一人类文明发展的客观规律,无疑将使我们理性自觉地认识人类文明发展的必然趋势,也是中华文明全面复兴的理论指南。

2."两个清醒认识",建设美丽中国的现实警示

伴随现代工业和科学技术的飞速发展,自然对人类开始报复。自然的威力像潘多拉盒子里的恶魔,一旦开启,便把复仇之箭指向人类。人类好像在一夜之间面临着史无前例的大量危机:环境污染、资源过度消耗、温室效应等现象已经成为全人类都需要共同面对的问题,这让我们不得不意识到生态文明的重要性。近百年来人类对于生态环境的破坏,甚至要比过去几千年对自然的影响更大。

习近平同志多次强调指出,建设生态文明,关乎人民福祉,关乎民族兴衰,生态环境保护是功在当代,利在千秋的事业。从这个战略高度出发,提出了"两个清醒认识"的重要论断,即清醒认识保护生态环境、治理环境污染的紧迫性和艰巨性,清醒认识加强生态文明建设的重要性和必要性,②体现了强烈的忧患意识和责任意识,也表现了建设美丽中国的坚定意志和坚强决心。

两个清醒认识是习近平同志结合我国实际,对马克思人与自然关系的生态哲学思想的有力论证。自然界是人的无机身体,人与自然的关系密不可分,当下我国生态危机情况十分严峻,人在与自然界相处的过程中,决不能把自身与自然界

---

① 人民日报理论部:《深入学习习近平同志系列讲话精神》,人民出版社 2013 年版,第 105 页。

② 李军:《走向生态文明新时代的科学指南》,《人民日报》2014 年 4 月 23 日。

分割开来,站在对立面。两个清醒认识是从根本上把握马克思生态哲学思想的精髓,只有深刻认识到人与自然的不可分割性,才能从根本上保护自然,保护环境,建设美丽中国。

3. 既要金山银山,更要绿水青山:建设美丽中国的行动指南

2013 年 5 月 24 日,在中共中央政治局就大力推进生态文明建设集体学习时,习近平同志强调指出,要正确处理经济发展同生态环境保护的关系,牢固树立保护环境就是保护生产力、改善生态环境就是发展生产力的理念。① 就经济发展同生态环境保护的关系,习近平有一个非常形象的生动比喻:金山银山和绿水青山。对"两山"论述的认识,习近平同志曾把它归纳为"三个阶段"。

第一个阶段,是用绿水青山换金山银山。20 世纪八九十年代,不少地方政府片面追求经济增长,对资源环境承载能力漠不关心,或视而不见。就是用牺牲绿水青山换金山银山,有矿必开,有油必采,有林必砍,造成了环境污染严重,生态环境严重退化的恶劣局面。

第二个阶段,是既要金山银山,又要绿水青山。这时候经济发展和资源匮乏、环境恶化之间的新的矛盾开始凸显出来了,人们意识到环境是我们生存发展的根本,要留得青山在,才能有柴烧。

第三个阶段,绿水青山就是金山银山。在实践中人们意识到,经济发展同环境保护的关系处理好了,绿水青山就可以源源不断地带来金山银山,这是一种更高的境界,人与自然形成了一种浑然一体,和谐统一的关系。因此,"两山"理论是新时期"两个和解"理论的形象描述。

我国目前尚处于社会主义初级阶段,在社会主义市场经济的背景下,不可避免地带来一些经济发展的"副产品"。资本具有逐利性,在利益面前,人们往往舍弃绿水青山而投向利益的怀抱,这也正印证了马克思关于生态危机根源的理论,习近平同志关于"两山"的形象比喻,是运用马克思主义生态哲学思想分析中国生态问题的生动写照。"一松一竹真朋友,山鸟山花好兄弟",建设美丽中国,必须牢固树立"既要金山银山,更要绿水青山"的发展理念。当前,人民群众的期待已由奔小康到要健康,由求温饱到求环保,我们只有大力推进生态文明建设,才能满足人民群众对美好生活的期待,也才能真正迈入社会主义生态文明新时代。

(原载于《自然辩证法研究》2015 年第 4 期)

---

① 习近平:《坚持节约资源和保护环境基本国策努力走向社会主义生态文明新时代》,《人民日报》2013 年 5 月 25 日。

生态环境也是生产力

——学习习近平关于生态文明建设的思想*

2013 年 5 月,习近平在中共中央政治局第六次集体学习时指出,"要正确处理好经济发展同生态环境保护的关系,牢固树立保护生态环境就是保护生产力、改善生态环境就是发展生产力的理念。"①这一重要论述饱含尊重自然、谋求人与自然和谐发展的价值理念和发展理念,深刻阐明了生态环境与生产力之间的关系,是对生产力理论的重大发展。这意味着生态环境也具有生产力的属性。本文拟从三个方面对此展开论述:通过分析对生产力问题片面认识的由来和经典作家对生产力问题的阐述,论证生态环境也是生产力是马克思主义生产力理论的应有之义;通过对生态环境问题进行政治经济学解释和对我国水资源承载力所做的因子分析,论证作为生产力要素的自然生态环境对经济发展的制约性;论证构建生态型政府是加强生态文明建设的关键环节。

一、马克思主义生产力理论的应有之义:生态环境也是生产力

（一）对生产力问题片面认识的由来

众所周知,政治经济学的研究对象是生产关系,但它不是孤立地研究生产关系,而是在生产力和生产关系的矛盾运动中研究生产关系。生产力的问题在政治经济学的研究中是不可回避的。

新中国成立以后的政治经济学研究深受苏联学术界的影响,具体到"生产力"的问题上亦是如此。斯大林认为,"社会生产是由两个方面组成,这两个方面虽然

＊ 本文作者:龚万达,江苏省社会主义学院副教授,主要研究方向为公共管理;刘祖云,南京农业大学教授,主要研究方向为公共政策。

本文系国家社科基金项目"城市包容乡村发展的实证研究"（项目号:12BZZ050）的阶段性成果。

① 中共中央宣传部:《习近平总书记系列重要讲话读本》,学习出版社 2014 年版,第 123 - 124 页。

是不可分割地互相联系着,但却反映两种不同的关系,即人们对自然的关系(生产力)和人们在生产过程中的相互关系(生产关系)"。① "生产力……所表示的是人们对于他们所利用来生产物质资料的那些自然物象和力量的关系。"②也就是人"对"自然的关系。与此相对应,构成社会生产力的因素就是"用来生产物质资料的生产工具,以及有一定的生产经验和劳动技能来使用生产工具、实现物质资料生产的人——所有这些因素共同构成社会的生产力。"③也就是说,只有人和生产工具两个因素构成社会生产力。基于生产力是人"对"自然的关系这种理解,人们自然而然就把生产力理解为征服和改造自然的能力,有人称之为"征服论"。

从新中国成立初期到 20 世纪 90 年代,我国学术界延续了苏联学术界对生产力的理解,这在不同年代出版的著作中都有体现:"什么是生产力这一概念的实质? 简言之,就是'人们征服、利用、改造自然的能力'"。④ "什么是生产力呢? 生产力就是人类通过使用工具来向自然界取得物质生活资料的能力。"⑤社会生产力是"人们改造自然和征服自然的能力。"⑥"生产力是生产过程中人和自然的关系,是人类征服和改造自然,获得物质生活资料的能力。"⑦"生产力是人们征服自然、改造自然力的能力。"⑧"生产力,是人类征服自然、改造自然力量的见证"。⑨"生产力,是人们生产物质资料的能力,即征服自然、改造自然的能力。"⑩甚至到了 21 世纪,国家教委认定的普通高等教育经济管理类基础理论课程"九五"重点教材《政治经济学》教科书还在继续着这种理解:"人与自然界发生关系,叫作生产力,也叫社会的物质生产力。它表示人们改造和征服自然的能力。"⑪

在社会生产力构成因素的问题上,也同样如此,甚至在相当长的一段的时间里,把劳动对象也排除在生产力之外:"生产力的发展水平和性质取决于两个要素:第一,劳动者使用来作用于自然界以取得物质生活资料的工具;第二,具有一

---

① 斯大林:《苏联社会主义经济问题》,人民出版社 1958 年版,第 48 页。

② 斯大林:《唯物主义与历史唯物主义》,外国文书籍出版局 1951 年版,第 24 页。

③ 《斯大林文集》,人民出版社 1985 年版,第 218 页。

④ 刘贵访:《论社会生产力》,人民出版社 1955 年版,第 5 页。

⑤ 艾思奇:《历史唯物主义报告摘要》,四川人民出版社 1957 年版,第 25 页。

⑥ 于光远、苏星:《政治经济学》上,人民出版社 1977 年版,第 1 页。

⑦ 上海市高校《马克思主义哲学基本原理》编写组:《马克思主义哲学基本原理》,上海人民出版社 1980 年版,第 185 页。

⑧ 山东省高等学校政治经济学教材编写组:《政治经济学》,山东人民出版社 1983 年版,第 4 页。

⑨ 蔡建华:《生产力经济学教程》,吉林人民出版社 1985 年版,第 1 页。

⑩ 何春德:《政治经济学》,西南师范大学出版社 1996 年版,第 7 页。

⑪ 张维达:《政治经济学》,高等教育出版社 2004 年版,第 6 页。

定的生产经验和劳动技能发动着劳动工具以进行物质生活资料的生产的人——劳动者。过去有人将劳动对象也作为生产力的一个要素,这是错误的。"①直到20世纪90年代,劳动对象是生产力的要素之一才被大多数的研究者承认。事实上,劳动对象作为人们把自己的劳动加在其上的一切物质资料,除了经过人们加工的原材料,如棉花、钢铁等,还包括没有经过人们加工的自然界物质,如矿藏等。而把劳动对象排除在生产力的构成要素之外也就彻底把自然力量排除在社会生产力之外,割裂了生产力的整体性。在这种生产力理论的指导下,在新中国进行社会主义建设过程中,长期弥漫着无视生态环境的人定胜天的思想,一首20世纪50年代的名为《两只巨手提江河》的诗歌就充分说明了这种片面生产力理论指导实践活动的狂热:"一铲能铲千层岭,一担能挑两座山,一炮能翻万丈崖,一钻能通九道湾。两只巨手提江河,霎时挂在高山尖。跃进歌声飞满山,人力定要战胜天。"

虽然学者对于这种片面理解生产力的观点做出过批评,"长期流行的对生产力进行了错误解释的理论,实际上是对马克思的生产力学说的歪曲、篡改。它把自然力量这部分生产力删除了,剩下的只是半边生产力;它是指导实践活动时,造成了自然力的巨大破坏,说它是一种至残生产力论毫不过分。"②但是这种片面生产力论还是没有在人们的头脑中根本肃清,以至于对社会生产力和自然生态生产力造成了严重破坏。这充分说明,"我们必须还给生产力以本来面目,把社会力量和自然力量有机协调地结合成为完整的生产力。"③实际上,"完整的生产力是人(社会)的社会经济生产力和自然界的自然生态生产力的有机结合的统一整体,这才是马克思的生产力学说的应有之义。"④

(二)经典作家对生产力的论述:"生态环境也是生产力"的意蕴

经典作家从未把自然生态环境排除在社会生产力的组成要素之外。马克思在《资本论》中用"劳动的各种社会生产力"⑤"劳动的一切社会生产力"⑥和"劳动的自然生产力"⑦阐明了发展生产力是指全面发展各种生产力。他认为:"尽管按照资本的本性来说,它是狭隘的,但它力求全面地发展生产力,这样就成为新的生产方式的前提,这种生产方式的基础,不是为了再生产一定的状态或者最多是

---

① 艾思奇:《历史唯物主义报告摘要》,四川人民出版社1957年版,第25-26页。
② 柯宗瑞:《生态生产力论》,《学术季刊》1991年第1期。
③ 柯宗瑞:《生态生产力论》,《学术季刊》1991年第1期。
④ 刘思华:《生态马克思主义经济学原理》,人民出版社2006年版,第280页。
⑤ 《马克思恩格斯全集》第25卷,人民出版社1974年版,第103页。
⑥ 《马克思恩格斯全集》第25卷,人民出版社1974年版,第935页。
⑦ 《马克思恩格斯全集》第25卷,人民出版社1974年版,第729页。

扩大这种状态而发展生产力,相反,在这里生产力的自由、毫无阻碍的、不断进步的和全面的发展本身就是社会的前提,因而是社会再生产的前提。"①马克思认为,"生产实际上有它的条件和前提,这些条件和前提构成生产的要素。这些要素最初可能表现为自然发生的东西。通过生产过程本身,它们就从自然发生的东西变成历史的东西,并且对于一个时期表现为生产的自然前提,对于前一个时期就是生产的历史结果。"②

自然生态环境不仅是社会生产力的要素之一,而且在社会生产过程和社会剩余价值生产中处于基础性地位。马克思指出:"作为资本的无偿的自然力,也就是,作为劳动的无偿的自然生产力加入生产的。"③"大工业把巨大的自然力和自然科学并入生产过程,必然大大提高劳动生产率,这一点是一目了然的。"④"绝对剩余价值的单纯存在,无非以那样一种自然的生产力为前提,以那样一种自然产生的劳动生产率为前提。……如果劳动的自然生产力很高,也就是说,如果土地,水等自然生产力只需使用不多的劳动就能获得生存所必需的生活资料,那么——如果考察的只是必要劳动时间的长度——这种劳动的自然生产力,或者也可以说,这种自然产生的劳动生产率所起的作用显然和劳动的社会生产力的发展完全一样。自然产生的高度的劳动生产力是和人口即劳动能力的迅速增加,从而是和作为剩余价值来源的那种材料的迅速增加联系在一起的。"⑤"从这些社会劳动形式发展起来的劳动生产力,从而还有科学和自然力,也表现为资本的生产力",是"以社会劳动为基础的所有这些对科学、自然力和大量劳动产品的应用本身。"⑥

由此可见,经典作家不仅从未把自然生态环境排除在社会生产力的组成要素之外,而且还非常明确地提出了"劳动的自然生产力"概念,并把"劳动的自然生产力"与"劳动的社会生产力"共同作为"劳动生产力"的两个重要的组成形式。生产力的本质特征是表明人与自然之间的物质变换关系,它既包括人对自然的利用、索取这一"由自然到人的过程",也包括自然对人即引起人反哺补偿自然的"由人到自然的过程",这是人与自然的双向互动与协调发展的统一运动过程。⑦

---

① 《马克思恩格斯全集》第46卷下,人民出版社1980年版,第34页。
② 《马克思恩格斯选集》第2卷,人民出版社1995年版,第15页。
③ 《马克思恩格斯全集》第5卷,人民出版社1974年版,第840页。
④ 《马克思恩格斯全集》第23卷,人民出版社1972年版,第424页。
⑤ 《马克思恩格斯全集》第48卷,人民出版社1985年版,第4页。
⑥ 《马克思恩格斯全集》第26卷,人民出版社1972年版,第420-421页。
⑦ 刘思华:《生态马克思主义经济学原理》,人民出版社2006年版,第281页。

二、生态环境问题的政治经济学解释与自然生态环境的制约性分析

(一)生态环境问题的政治经济学解释

生态环境问题可以从政治经济学理论中找到答案。从社会总产品物质形态的最终用途出发,可以把社会总产品分为生产资料和消费资料,前者用于生产性消费,后者用于生活消费。基于此,马克思认为社会生产由两大部类组成,第一部类生产生产资料,该部门的产品直接进入生产领域;第二部类生产消费资料,该部门的产品进入生活消费领域。社会生产力是一个持续发展的过程,要求社会不断再生产,社会资本就必须是一个连续不断的过程,因此社会总产出的各个部分就要从商品形式转化为货币形式,实现价值补偿。同时,社会总产出的各个部分在转化为货币形式之后,又必须再转化为生产所需要的物质产品和服务形式,实现物质补偿。因此,马克思建立了社会资本再生产图式,即生产中所耗费的资本在价值上得到补偿,资本价值所反映的两大部类在实际生产过程中所耗费的生产资料和消费资料得到实物的替换。

在市场经济条件下实物的替换就是商品交换,要实现商品交换就必然要遵守商品经济的第一客观经济规律——价值规律。价值规律的基本内容和客观要求是:商品的价值量由生产商品的社会必要劳动时间决定,商品的交换依据商品的价值实行等价交换。价值规律的主要作用形式是自发地调节生产资料和劳动力在社会各部门之间的分配。商品生产者通过商品价格涨落的信息反馈了解市场的供求状况。由于商品价格的涨落直接关系到商品生产者的经济利益,因此,商品生产者凭借市场信号调节生产。供不应求的商品,价格会高于价值,生产者就会追加投资以便从中多获利润,这些部门的生产就会扩大;供过于求的商品,价格会低于价值,生产者就会抽出资本向价格高利润大的部门转移,这些部门的生产就缩小。价值规律就是这样通过价格的波动和竞争,以及与此相联系的供求关系的变动,调节着生产资料和劳动力等生产要素在社会生产各部门之间按一定比例进行分配,从而使商品经济的各个生产部门大体上保持一定的比例。

劳动对象是作为人们把自己的劳动加在其上的一切物质资料,除了如棉花等经过人们加工的原材料,还包括没有经过人们加工的如矿藏等自然界物质。也就是说,用来替换的实物都是自然生态环境直接和间接来提供的。棉花等经过人们加工的原材料受诸如自然生产周期、土地肥力等条件限制,矿藏等自然界物质受开采条件、储量等条件的限制,这就涉及自然资源自身生产和再生产的规律,但是这一切在价值规律面前都是羸弱的,只能服从于追求经济利益为第一位要务的价值规律的调节,而不顾自然资源自身生产和再生产的规律,于是滥采滥挖、竭泽而

渔就普遍发生了,从而带来社会生产的盲目性、局限性、片面性、滞后性和破坏性,造成了自然资源和社会财富的巨大浪费,造成了越来越严重的生态环境问题。

马克思始终认为,作为人与自然之间的关系的生产力,是同一的双方互动关系,而不是人类对自然界的单向关系。忽视甚至否认自然对人的关系,只强调生产力是"人对自然的关系",这是对马克思生产力理论的片面解读。但是有人会问,既然如此,那为什么马克思在创建社会资本再生产图式时,主要以两大部类物质生产领域作为考察对象,而没有把两大部类的自然资源生产与再生产纳入考察范围,以至于有论者说马克思的再生产理论是片面的物质再生产理论呢?

马克思在撰写《资本论》创立再生产图式的时代是资本主义发展的上升时期,资本主义社会生产活动和社会劳动力的绝大部分都集中在物质生产领域,资产阶级与无产阶级的矛盾主要集中在物质生产领域。恩格斯在《英国状况》一文中写道:"1833 年不列颠王国生产了 1026400 万绞纱,其总长度在 50 亿英里以上,印染了 35000 万伊尔棉织品;当时有 1300 家棉纺织工厂在进行生产,在工厂劳动的纺工和织工有 237000 人;纱锭有 900 万个以上,蒸汽织机 10 万台,手工织机 24 万台,针织机 33000 台,六角网眼纱机 3500 台;棉花加工机器所使用的动力为:蒸汽力——33000 马力,水力——11000 马力,直接或间接靠这一工业部门生活的有 150 万人。兰开夏郡的人完全靠棉纺织业为生,拉纳克郡的人大部分靠棉纺织业为生;诺丁汉郡、德比郡和莱斯特郡是棉纺织业辅助部门的主要所在地。自 1801 年以来,棉织品的输出量增加了 7 倍。国内本身的消费量增加得更多。棉纺织业所得到的推动很快地传到其他工业部门。"①

作为工业革命肇始国的英国,通过对外进行奴隶贸易、殖民,向殖民地倾销工业产品,低价收购农产品、矿产品等生产原料,通过不公平贸易,从殖民地掠夺财富,完成了原始积累,推迟了国内生态环境问题恶化的过程,因此,从总体上来看,这一阶段的人类经济活动与自然生态发展的矛盾并不尖锐,所以马克思以物质生产领域作为考察对象创立和发展再生产图式,也就没有把两大部类的自然资源生产和再生产纳入社会再生产图式之中,这样做并不影响再生产图式的科学性和正确性。对此,马克思在《资本论》第一版序言中曾有过明确解释:"物理学家是在自然过程表现得最确实、最少受干扰的地方观察自然过程的,或者,如有可能,是在保证过程以其纯粹形态进行的条件下从事实验的。我要在本书研究的,是资本主义生产方式以及和它相适应的生产关系和交换关系。到现在为止,这种生产方式

---

① 《马克思恩格斯选集》第 1 卷,人民出版社 1995 年版,第 29 – 30 页。

的典型地点是英国。因此,我在理论阐述上主要用英国作为例证。"①

（二）作为生产力要素的自然生态环境对经济发展的制约性分析

马克思创立社会再生产图式的时候并没有忘记自然生态环境是社会生产力的要素之一以及两大部类的自然资源生产和再生产对生产力发展的制约性。他认为,社会资本的连续不断的运动"不仅是价值补偿,而且是物质补偿,因而既要受社会产品的价值组成部分相互之间的比例的制约,又要受它们的使用价值,它们的物质形式的制约。"②经典作家的这一论断,在今天仍然展现着它的科学性。笔者根据《中国统计年鉴》中 2003 年至 2012 年与水资源状况相关的 14 个数据（见表 1 及续表 1）,即总人口（X1）、国内生产总值（X2）、固定资产投资（X3）、城镇化率（X4）、万元 GDP 用水量（X5）、人均用水量（X6）、水资源总量（X7）、供水总量（X8）、工业用水量（X9）、农业用水量（X10）、居民生活用水量（X11）、生态环境用水量（X12）、污水排放量（X13）、降水量（X14）,采用 SPSS17.0 统计分析软件对这 14 个相关数据进行因子分析。因子分析就是用少数几个因子来描述许多指标或因素之间的联系,以较少几个因子反映原始资料的大部分信息的统计学方法。

表1　2003 年至 2012 年中国水资源状况相关数据

年度	X1 （万人）	X2 （亿元）	X3 （亿元）	X4 %	X5 （m³/万元）	X6 （m³/人）	X7 （10⁸ m³）
2003	129 227	135 822.76	55 566.61	40.53	448	412	27 460.2
2004	129 988	159 878.34	70 477.43	41.76	399	428	24 129.56
2005	130 756	184 937.37	88 773.61	42.99	304	432.07	28 053.1
2006	131 448	216 314.43	109 998.16	44.34	272	442.02	25 330.14
2007	132 129	265 810.31	137 323.94	45.89	229	441.52	25 255.16
2008	132 802	314 045.43	172 828.4	46.99	193	446.15	27 434.3
2009	133 450	340 902.81	224 598.77	48.34	178	448.04	24 180.2
2010	134 091	401 512.8	251 683.77	49.95	150	450.17	30 906.41
2011	134 735	473 104.05	311 485.13	51.27	129	454.4	23 256.7
2012	135 404	519 470.1	374 694.74	52.57	118	454.71	29 526.88

---

①　《马克思恩格斯选集》第 1 卷,人民出版社 1995 年版,第 100 页。

②　《马克思恩格斯全集》第 24 卷,人民出版社 1972 年版,第 437－438 页。

	X8 ($10^8 m^3$)	X9 ($10^8 m^3$)	X10 ($10^8 m^3$)	X11 ($10^8 m^3$)	X12 ($10^8 m^3$)	X13 (万吨)	X14 ($10^8 m^3$)
2003	5 320.4	1 177.2	3 432.8	630.9	79.5	680	60 415.5
2004	5 547.8	1 228.9	3 585.7	651.2	82	693	56 876.4
2005	5 632.98	1 285.2	3 580	675.1	92.68	717	61 009.6
2006	5 794.97	1 343.76	3 664.45	693.76	93	731	57 839.6
2007	5 818.67	1 403.04	3 599.51	710.39	105.73	750	57 763
2008	5 909.95	1 397.08	3 663.46	729.25	120.16	758	62 000.3
2009	5 965.15	1 390.9	3 723.11	748.17	102.96	768	55 965.5
2010	6 021.99	1 447.3	3 689.14	765.83	119.77	792	65 849.6
2011	6 107.18	1 461.78	3 743.6	789.9	111.9	807	55 132.9
2012	6 141.8	1 423.88	3 880.3	728.82	108.77	785	65 150.1

因子变量是对某些原始变量信息的综合和反映,其数量远少于原有的指标变量的数量,对因子变量的分析能够减少相关分析中的计算工作量,根据原始变量的信息进行重新组构,它能够反映原有变量大部分的信息。本研究采用因子分析中基于主成分模型的主成分分析法。

表 2　主成分特征值及贡献率

主成分	特征值	贡献率/%	累计贡献率/%
1	7.236	51.685	51.685
2	2.536	18.112	69.796
3	1.382	9.873	79.670
4	1.225	8.747	88.416

由表2可以看出,前4个主成分的累积贡献率已达88.416%,说明这4个主成分描述的总方差占原有14个变量总方差的比例为88.416%,可以对绝大多数变量进行解释,故取前4个主成分对水资源状况进行分析。

为了更加明确地解释出各个变量在主成分上的载荷意义,对因子载荷采取方差最大化的正交旋转方式,从而得出旋转之后的载荷矩阵,如表3所示。

表3　旋转后的因子载荷矩阵

变量	指标	主成分			
		1	2	3	4
X1	总人口	.972	.208	.051	.085
X2	国内生产总值	.987	.093	−.029	.106
X3	固定资产投资	−.421	−.201	−.808	−.159
X4	城镇化率	.976	.178	.035	.100
X5	万元GDP用水量	−.914	−.359	−.165	.029
X6	人均用水量	.202	.888	.205	.106
X7	水资源总量	.131	.247	.192	.870
X8	供水总量	.213	.504	.464	−.584
X9	工业用水量	.598	−.037	.651	−.051
X10	农业用水量	.000	.600	.712	.110
X11	居民生活用水量	.340	.654	.478	.423
X12	生态环境用水量	.311	.842	−.079	.022
X13	污水排放量	.937	.238	.153	−.065
X14	降水量	.163	−.015	−.689	−.009

从表3结合表1及续表1可以看出,第一主成分与总人口(X1)、国内生产总值(X2)、城镇化率(X4)、污水排放量(X13)呈正相关,与万元GDP用水量(X5)呈负相关,反映了51.685%的贡献率,是影响水资源承载力的最主要因子。随着总人口(X1)、国内生产总值(X2)、城镇化率(X4)的不断增长,虽然国家污染治理的投入逐年加大,但污水排放总量(X13)也呈上升趋势。随着科技进步和国家节能降耗法律法规的日趋严格,万元GDP用水量(X5)呈逐年下降趋势,但是经济总量的增加使得总用水量仍然逐年上升。

第二主成分与人均用水量(X6)、居民生活用水量(X11)、生态环境用水量(X12)呈正相关,反映了18.112%的贡献率。随着经济总量不断增加,居民生活水平大幅提高,反映在用水量方面就是人均用水量(X6)和居民生活用水量(X11)也不断增大,同时在一些水资源匮乏的地方存在地下水超采和地表水过度开发,为保护、修复特定区域的生态与环境,就需要人为供水、补水,因此生态环境用水量(X12)也持续走高。

第三主成分与固定资产投资(X3)、工业用水量(X9)、农业用水量(X10)呈正相关,与降水量(X14)呈负相关,反映了9.873%的贡献率。固定资产投资(X3)是建造和购置固定资产的经济活动,固定资产投资额的不断攀升与工业用水量(X9)、农业用水量(X10)的增加密切相关,降水虽然可以在很大程度上缓解工农业用水量的供给压力,但由于近年来极端天气出现的频率增加,降水量(X14)的变化大,进而影响水资源承载力的稳定,这也从另一个侧面说明了自然因素作为社会生产力的要素之一对经济社会发展的重要影响。

第四主成分与水资源总量(X7)呈正相关,与供水总量(X8)呈负相关,反映了8.747%的贡献率,主要反映了水资源的供应状况。

以上数据分析表明,随着经济总量的攀升,我国水资源开发利用规模越来越大,生态环境和水资源承载力越来越不堪重负。

简而言之,完全以价值规律作为经济发展的导向,而不顾自然资源自身生产和再生产的规律,将使得自然资源和生态环境难以承受,生态环境问题越演越烈。

三、构建生态型政府是加强生态文明建设的关键环节

党的十八大报告提出:"必须树立尊重自然、顺应自然、保护自然的生态文明理念,把生态文明建设放在突出地位,融入经济建设、政治建设、文化建设、社会建设各方面和全过程。"①这一论述不仅彻底摒弃了"征服论",而且已经把"生产力的本质特征是表明人与自然之间的关系"这一观点扩展到包括经济建设在内的其他建设的各方面和全过程,体现了自然资源自身生产和再生产的规律,把马克思在创建社会资本再生产图式时,只以两大部类物质生产领域为考察对象,而没有来得及把两大部类的自然资源生产和再生产纳入考察的遗憾弥补起来。这就是要在两大部类的生产过程中"要按照人口资源环境相均衡、经济社会生态效益相统一的原则,控制开发强度,调整空间结构,促进生产空间集约高效""节约集约利用资源,推动资源利用方式根本转变,加强全过程节约管理,大幅降低能源、水、土地消耗强度,提高利用效率和效益",同时在再生产过程中"要实施重大生态修复工程,增强生态产品生产能力",②以促进全面协调可持续发展。因此,习近平强调,"要正确处理好经济发展同生态环境保护的关系,牢固树立保护生态环境就是保护生产力、改善生态环境就是发展生产力的理念"。

---

① 胡锦涛:《坚定不移沿着中国特色社会主义道路前进为全面建成小康社会而奋斗——在中国共产党第十八次全国代表大会上的报告》,人民出版社2012年版,第39页。

② 胡锦涛:《坚定不移沿着中国特色社会主义道路前进为全面建成小康社会而奋斗——在中国共产党第十八次全国代表大会上的报告》,人民出版社2012年版,第39-40页。

必须加强生态文明制度建设。2013 年 11 月,党的十八届三中全会提出,"建设生态文明,必须建立系统完整的生态文明制度体系,实行最严格的源头保护制度、损害赔偿制度、责任追究制度,完善环境治理和生态修复制度,用制度保护生态环境。"①2014 年 10 月,党的十八届四中全会进一步提出,"用严格的法律制度保护生态环境,加快建立有效约束开发行为和促进绿色发展、循环发展、低碳发展的生态文明法律制度,强化生产者环境保护的法律责任,大幅度提高违法成本。建立健全自然资源产权法律制度,完善国土空间开发保护方面的法律制度,制定完善生态补偿和土壤、水、大气污染防治及海洋生态环境保护等法律法规,促进生态文明建设。"②

党的领导主要是政治、思想和组织的领导,党的路线、方针、政策要通过政府来执行。中共十八届三中全会指出,"经济体制改革是全面深化改革的重点,核心问题是处理好政府和市场的关系,使市场在资源配置中起决定性作用和更好发挥政府作用。政府的职责和作用主要是保持宏观经济稳定,加强和优化公共服务,保障公平竞争,加强市场监管,维护市场秩序,推动可持续发展,促进共同富裕,弥补市场失灵。"③事实上,生态环境问题的实质就是市场行为产生负外部性而使得市场失灵。解决负外部性问题的关键就是更好发挥政府作用,弥补市场失灵。

究其根源,负外部性的产生是政府作为经济活动的管理者对生产力的片面理解以及没有把自然资源生产和再生产纳入两大部类的社会再生产之中的结果。因此,加强生态文明制度建设,政府必须修正或转换其职能定位,构建生态型政府。"生态型政府是指以实现人与自然的自然性和谐作为基本目标,以'生态价值优先'为根本价值取向,以遵循自然生态规律和促进自然生态平衡作为其基本职能,并将这种目标与职能贯穿到政府制度、行为、能力和政府文化等诸方面之中的政府。"④

我们认为,政府对于自然环境的责任是可以理解的。⑤ 因为中国的历史与现实的双重逻辑都表明:能够解决经济发展与环境保护之间矛盾的主导性力量只能是政府。尽管在全面深化改革的大背景下,"必须积极稳妥从广度和深度上推进市场化改革,大幅度减少政府对资源的直接配置",⑥但是"政府要加强发展战略、

---

① 《中共中央关于全面深化改革若干重大问题的决定》,人民出版社 2013 年版,第 52 页。

② 《中共中央关于全面推进依法治国若干重大问题的决定》,人民出版社 2014 年版,第 14 页。

③ 《中共中央关于全面深化改革若干重大问题的决定》,人民出版社 2013 年版,第 5 – 6 页。

④ 黄爱宝:《"生态型政府"初探》,《南京社会科学》2006 年第 1 期。

⑤ 刘祖云:《十大政府范式——现实逻辑与理论解读》,江苏人民出版社 2014 年版,第 274 页。

⑥ 《中共中央关于全面深化改革若干重大问题的决定》,人民出版社 2013 年版,第 6 页。

规划、政策、标准等制定和实施,加强市场活动监管,加强各类公共服务提供。加强中央政府宏观调控职责和能力,加强地方政府公共服务、市场监管、社会管理、环境保护等职责。"①因此,政府对社会与自然界的影响是其他任何组织替代不了的。

实现生态型政府的价值,在当下需要从政府生态责任意识的培育和政府生态导向的政策制度建设两个方面着手。② 在政府管理以遵循追求经济利益为第一位要务的价值规律的情势下,往往忽视生态效益,但是,当政府在管理中以生态责任意识为导向后,就会促使保护生态效益的责任机制的形成,从而将生态规律即自然资源自身生产和再生产的规律作为政府行政的重要依据。因此,培育政府生态责任意识尤为重要。只有政府主观认同保护生态环境的责任,才能使政府的政策制定与执行具有生态导向。当下,我国政府如能将"必须树立尊重自然、顺应自然、保护自然的生态文明理念,把生态文明建设放在突出地位,融入经济建设、政治建设、文化建设、社会建设各方面和全过程"这一"生态责任意识"内化为政府自身的观念,并通过这一观念对政府的体制、机构、职能、文化等多方面内容进行重新整合,那么,建立生态型政府的目标是可以实现的。

生态型政府的价值实现除了培育"生态责任意识"之外,宏观上,必须将人为割裂的自然生态管理体制重新整合为完整的有机系统来统筹管理,加强综合性生态管理的政策与制度建设。把分散的政府部门职能统一起来,建立和完善严格监管所有污染物排放的环境保护管理制度,独立进行环境监管和行政执法。中观上,建立生态环境管理的法律体系,依法规范政府与其他生态管理主体的关系;同时,政府必须依法严格管理,及时公布环境信息,健全举报制度,加强社会监督,对造成生态环境损害的责任者严格实行赔偿制度,依法追究刑事责任,尊重与实现社会公众合法的生态权益。微观上,实现政府部门职能统筹,探索编制自然资源资产负债表,强化"绿色 GDP"核算制度,完善"绿色 GDP"和领导干部环保政绩考核机制,对领导干部实行自然资源资产离任审计。建立生态环境损害责任终身追究制,使领导干部更新"官念",树立正确的政绩观和生态责任意识。

(原载于《教学与研究》2015 年第 3 期)

---

① 《中共中央关于全面深化改革若干重大问题的决定》,人民出版社 2013 年版,第 18 页。
② 刘祖云:《十大政府范式——现实逻辑与理论解读》,江苏人民出版社 2014 年版,第 281 - 282 页。

习近平生态民生理念探析 *

　　以人民为中心,关注民生、改善民生、造福民生是治国理政之本。落实"五位一体"总体布局,践行"创新、协调、绿色、开放、共享"五大发展理念,其根本价值目标是让人民共享发展成果,而坚持"绿色"发展,共筑"生态文明",为的是让民众在"绿水青山"中享有更多的获得感和幸福感。习近平总书记适时地将民生建设与生态环境保护相融合,展现了我们党民生建设新思路,形成了一系列关于生态民生建设的新理念、新策略、新论断、新要求。

一、审时度势强调生态民生关切,开拓民生建设新领域

1. 民生问题的生态内隐向外显的转化

　　民生是一个动态范畴,不同时期内涵也不尽相同。在前工业文明时期,由于受认识水平和生产力发展水平等因素的限制,也由于当时相对良好的生态环境能基本满足人们的生存与发展需要,更是由于生活资料严重匮乏,人们无力关注生态环境的变化对人类特别是子孙后代将产生的影响。于是,物质民生成为首要的民生问题,甚至在一些人眼中,物质民生成为民生问题的代名词,生态问题被排除在民生范畴之外。或者说,良好的生态环境之于民众生存与发展的重要性潜藏在人们的无意识之中,处于一种内隐自发而非外显自觉的状态。

　　随着工业文明的兴起,世界范围内生产力的快速发展带来的是物质财富显著增长,以物质需求满足为主要内容的传统民生问题得到了较大改善,而不断枯竭的资源、日益破败的环境和逐步退化的生态系统正在影响甚至威胁人类的生存与发展。改革开放近40年的快速发展使我国不断缩小与发达国家的差距,但长期

---

　　* 本文作者:张永红(1972 -),湖南工业大学马克思主义学院教授、博士、硕士生导师。
　　本文系湖南省哲学社会科学基金项目"习近平总书记绿色发展思想研究"(16YBA12B)和湖南省教育厅科学研究重点项目"习近平绿色发展思想视阈下的绿色责任担当研究"的阶段性成果。

的粗放式经营也使我们在某种程度上忽略了本该重视的生态环境成本,我们做大了经济总量,却同时也付出了生态环境日渐恶化的代价。绿水青山渐行渐远,黑水荒山步步紧逼,重度雾霾濒现,波及范围不断扩大,与环境有关的群体性事件呈现突发、高发、频发态势,恶化的生态环境不断吞噬着物质生活逐步丰富所带来的获得感与幸福感。正如习近平总书记所言:"改革开放以来,我国经济发展取得历史性成就,这是值得我们自豪和骄傲的,也是世界上很多国家羡慕我们的地方。同时必须看到,我们也积累了大量生态环境问题,成为明显的短板,成为人民群众反映强烈的突出问题。比如,各类环境污染呈高发态势,成为民生之患、民心之痛。"①"老百姓过去'盼温饱',现在'盼环保';过去'求生存',现在'求生态'。"②央视财经频道发布的《2006－2016 中国经济生活大调查》显示,民众所希望的"山青水绿的生态环境"(50.56%)超过"衣食无忧的富裕生活"(47.20%),在"全面小康社会最期待的图景"中位居第二位③。显然,生态环境已成为当前民众最关心的问题之一,曾经内隐的生态需求逐步外在化、显性化。

"生态环境没有替代品,用之不觉,失之难存。"④绿水青山、蓝天白云、新鲜空气、和风暖阳只能在尊重自然的前提下才能获得自然的馈赠。在经历了用之无忧的"畅快"和失之难存的"痛楚"之后,我们终于逐步意识到良好的生态环境是最宝贵的财富和最重要的民生需求之一,这是阵痛之后的些许觉醒。但我们不能简单地认为,生态需求的这种内隐向外显的转化就是生态民生建设由自发向自觉的演进,生态理念的内化和民生需求的满足需要一个历练过程。

2. 良好生态环境是最普惠的民生福祉

2012 年 11 月 15 日,刚刚当选为中共中央总书记的习近平在会见中外记者时就坚定地承诺:"我们的人民热爱生活,期盼有更好的教育、更稳定的工作、更满意的收入、更可靠的社会保障、更高水平的医疗卫生服务、更舒适的居住条件、更优美的环境,期盼孩子们能成长得更好、工作得更好、生活得更好。人民对美好生活的向往,就是我们的奋斗目标。"⑤"更优美的环境"这一民生建设新愿景,与其他 9个方面共同成为当下我国民生建设新目标。不仅如此,习近平总书记还强调:"良

---

① 习近平:《在省部级主要领导干部学习贯彻党的十八届五中全会精神专题研讨班上的讲话》,《人民日报》2016 年 5 月 10 日。
② 《习近平总书记系列重要讲话读本》,学习出版社、人民出版社 2016 年版,第 233 页。
③ 《2016 年,国事、家事、心事老百姓最关心啥?——央视财经频道独家发布八十项国民数据大发现》,http://news.xinhuanet.com/finance/2016－03/07/c_128779946.htm。
④ 习近平:《在省部级主要领导干部学习贯彻党的十八届五中全会精神专题研讨班上的讲话》,《人民日报》2016 年 5 月 10 日。
⑤ 《习近平谈治国理政》,外文出版社 2014 年版,第 4 页。

好生态环境是最公平的公共产品,是最普惠的民生福祉"①,"建设生态文明,关系人民福祉,关乎民族未来"②。"以对人民群众、对子孙后代高度负责的态度和责任,真正下决心把环境污染治理好、把生态环境建设好,努力走向社会主义生态文明新时代,为人民创造良好生产生活环境。"③"绿色发展和可持续发展的根本目的是改善人民生存环境和生活水平,推动人的全面发展。"④良好生态环境是"最公平"的公共产品和"最普惠"的民生福祉。与教育、医疗、就业、社会保障等民生福祉或多或少存在地域差别相比,良好的生态环境不会因人、因地、因事而区分受益的目标群体和受益等级。这种"最公平"与"最普惠"性并非局限于"代内"共享,而是可以很好地实现"代际"共享;并非局限于"国内"民众共享,而是可以很好地实现"全球"共享。

关注民众的生态需求是一个全球性课题,发达资本主义国家较早地饱尝生态恶化的苦果,因而也较早地关注生态问题。为解决伦敦"雾都"之困,英国于1956年颁布了全球第一部《清洁空气法》,通过法制规约、税费奖惩、完善设施规划等多种手段改善生态环境。日本治理环境污染最为引人注目的是其"直罚制",即执法部门在查处环保违法案例时,可以直接采用刑事立案手段。不过,我们同时也应当看到,西方国家为改善"国内"生态民生问题,往往不惜牺牲"他国"特别是发展中国家的利益。一方面,他们将资源型和环境污染型企业大量转移到发展中国家,造成发展中国家资源枯竭与环境污染;另一方面,他们竭尽全力背弃"共同而有区别的责任"担当原则,退出《京都议定书》、设置"绿色壁垒"和"低碳陷阱",打着"无歧视"一视同仁的旗号,借环境保护之名,行推脱责任之实,要求发展中国家为全球环境治理承担更多的责任。

习近平总书记的生态民生思想超越了西方资本主义国家狭隘的民族主义视角,具有广博的国际眼光。我国在加紧进行国内生态民生建设的同时,一直积极履行国际义务,尽最大努力对发展中国家提供技术援助与资金支持,将生态环境保护与帮助减贫加快发展相结合,成效明显。目前我国正加大支援力度,2015年宣布出资200亿元设立中国气候变化南南合作基金,落实气候变化领域南南合作承诺;从2016年起陆续在发展中国家建立10个低碳示范区、100个减缓和适应气候变化项目及1000个应对气候变化培训名额的合作项目等。在2015年巴黎气候

---

① 《习近平关于全面深化改革论述摘编》,中央文献出版社2014年版,第107页。
② 《习近平谈治国理政》,外文出版社2014年版,第208页。
③ 《坚持节约资源和保护环境基本国策努力走向社会主义生态文明新时代》,《光明日报》2013年5月25日。
④ 习近平:《携手推进亚洲绿色发展和可持续发展》,《人民日报》2010年4月11日。

变化大会上,我国主动承诺"将于2030年单位国内生产总值二氧化碳排放比2005年下降60%－65%,非化石能源占一次能源消费比重达到20%左右,森林蓄积量比2005年增加45亿立方米左右"①。目前,我国正加大新能源、再生能源利用力度,已成为世界节能和利用新能源、可再生能源第一大国,如此等等,不一而足。"保护生态环境,应对气候变化,维护能源资源安全,是全球面临的共同挑战。中国将继续承担应尽的国际义务,同世界各国深入开展生态文明领域的交流合作,推动成果分享,携手共建生态良好的地球美好家园。"②习近平总书记的生态民生思想立足"国内"、放眼"全球",立足"当代"、放眼"未来",努力构建各国人民共有共享的人类命运共同体,用行动全面诠释了良好生态环境是"最公平"的公共产品和"最普惠"的民生福祉。

3."环境就是民生"的理念是对种种"杂音"的有力回应

生态民生化和民生生态化是系统工程,当下我国仍存在着有意无意忽视生态民生建设的种种"杂音"。如:部分资本见利忘义,经常为一己之私而想方设法规避环境成本,昧心实现资本的保值增值,恶意忽视生态民生;部分地方领导偏执地认为就业、教育、医疗等民生是硬指标,生态民生只是软约束,甚至认为生态需求属享受型需求,不能纳入民生范畴,故意忽视生态民生;部分职能部门以经济下行压力大、经费紧张为由,少投入、少监管,有意忽视生态民生建设;部分民众生态意识、生态知识、生态技能缺乏,无意中忽视生态民生。

面对生态民生建设中的种种"杂音",习近平总书记在不同场合反复强调:"环境就是民生,青山就是美丽,蓝天也是幸福",要"像保护眼睛一样保护生态环境,像对待生命一样对待生态环境"③。"我们不能把加强生态文明建设、加强生态环境保护、提倡绿色低碳生活方式等仅仅作为经济问题。这里面有很大的政治"④。从习近平总书记的相关论述中我们不难看出:其一,"环境就是民生","就是"一词既无可争辩地表明良好的生态环境是重要的民生需求,也理直气壮地宣示了保护生态民生的决心、信心与勇气,解决民生问题必须建设良好的生态环境。其二,像保护"眼睛"、对待"生命"一样保护和对待生态环境,这一比喻直接表明,生态环境关乎民众的生命安全,失去良好的生态环境就意味着失去光明,走向黑暗;失

① 习近平:《携手构建合作共赢、公平合理的气候变化治理机制》,《光明日报》2015年12月1日。

② 《习近平谈治国理政》,外文出版社2014年版,第212页。

③ 习近平:《在省部级主要领导干部学习贯彻党的十八届五中全会精神专题研讨班上的讲话》,《人民日报》2016年5月10日。

④ 《习近平关于全面深化改革论述摘编》,中央文献出版社2014年版,第103页。

去健康,走向病魔甚至死亡,国内外无数案例已无可辩驳地证明了这一点。不放弃对生命的尊重,就没有理由放弃对生态环境的保护。其三,生态环境既关乎经济发展,关乎民众生存与发展大计,也关系社会的稳定与民族未来,生态环境问题不仅仅是经济问题、社会问题,而且是"很大"的政治问题。如果民众的生态需求得不到有效回应,生态环境问题持续累积,就会阻碍经济发展、危害社会稳定,甚至危及社会主义建设大局。因此,解决生态环境问题不能只依靠经济手段,必须同时发挥中国特色社会主义的政治优势。

二、高屋建瓴构筑生态民生发展规划,展现民生建设新关照

习近平总书记坦言:"我的执政理念,概括起来说就是:为人民服务,担当起该担当的责任。"①面对民众改善生态环境的殷切期盼,他站在现实与未来发展的高度,敢于担当,勇于探索,以构建生态文明为远期目标,以改善生态民生为现实抓手,将生态民生建设融入构建生态文明的宏伟蓝图之中,并科学构筑战略规划,为生态民生建设提供了理论指导与基本遵循。

1. 确立"绿色发展"理念,引领生态民生建设

党的十八届五中全会明确提出"创新、协调、绿色、开放、共享的发展理念",绿色发展成为五大发展理念之一,这是我们党执政理念的重大跃升。"绿色"是生命本源之色,体现的是对自然万物的尊重与爱护,它为具体的发展方式提供了质的规定性;"发展"则是践行绿色发展理念应该达到的目标,既包含量的增长,更体现质的提升。绿色发展既是一种全新的发展理念,更应成为一种全新的发展模式,它不仅清晰描绘了发展应有的生态底色,同时也指明了治理生态环境、增进民生福祉的新路径。毋庸讳言,当前我国绿色发展理念尚未深入人心,绿色发展模式远未全面形成,"绿色化"是将绿色发展理念转变为实践,实现绿色惠民、绿色富国的必经阶段和关键环节。

首先,"绿色化"引领"新四化",实现物质民生与生态民生相融相生。2015 年3 月24 日,习近平总书记主持召开中共中央政治局会议,会议审议通过的《关于加快推进生态文明建设的意见》明确指出:"协同推进新型工业化、城镇化、信息化、农业现代化和绿色化",这是继十八大提出新型"工业化、信息化、城镇化、农业现代化同步发展"之后的又一创新。由"四化同步"发展为"五化协同",这不是简单的扩编增容,而是构建生态文明、改善生态民生的必然要求。"协同"取代"同步",一字之差,内涵更丰富,表述更精准。"同步"表达了不可偏废一方的要求,但

---

① 《习近平接受俄罗斯电视台专访》,《光明日报》2014 年 2 月 9 日。

很难体现各方之间相互联系,相互支持。"协同"既体现了普遍联系性,也体现了矛盾的客观性,需要相互协作才能共同推进。"五化协同"发展是党中央的战略部署,它至少说明以下两个问题:其一,"绿色化"融入"新四化"。"绿色化"不是"新五化"中可有可无的外在附加场域,而是内在于其中的一个重要组成部分。"新五化"的实现是一个艰难曲折的过程,不可能以同一速度"齐步走",需要相互协调,彼此促进,共同发展。"绿色化"在协同推进中不能缺席,它贯穿于新型工业化、信息化、城镇化、农业现代化的全过程。缺乏"绿色化"的协调,其他"四化"的发展就会走样、受挫。其二,"绿色化"引领"新四化"。绿色化引领新型工业化,实现节能减排、循环低碳、集约高效、可持续发展;绿色化引领新型城镇化,建设合理分区、生态宜居、绿色繁荣的城镇,把"城市放在大自然中,把绿水青山保留给城市居民","让居民望得见山、看得见水、记得住乡愁"①;绿色化引领信息化,采取绿色技术措施,实现信息生产设施运行、信息网络构建、信息资源传播与推广低碳环保、安全便捷、节能高效;绿色化引领农业现代化,发展绿色农业、打造绿色品牌,建设生产发展、生活富裕、村容整洁、环境优美的家园。习近平总书记特别注意在农村城镇化、农业现代化过程中要"注意保留村庄原始风貌,慎砍树、不填湖、少拆房,尽可能在原有村庄形态上改善居民生活条件"②。可以这样认为,在新型工业化、城镇化、信息化、农业现代化的过程中,我们在多大程度上遵循绿色化的理念,就在多大程度上体现对自然的尊重和对生态民生的关注。如果没有"绿色化"的理念,"新四化"仍然只是着力解决以物质民生为代表的传统民生问题,很难超越"旧"理念、"旧"模式,走出"新"坦途,呈现"新"高度;有了"绿色化"的理念,物质民生才能得到持续有效的保障,生态民生才能得到改善,人与人、人与自然的和谐才能得到逐步落实。

其次,"绿色化"生产、生活方式和价值追求,寓生态民生于"共享"目标之中。习近平总书记指出,我们应"推动形成绿色发展方式和生活方式,协同推进人民富裕、国家强盛、中国美丽"③。当前,要"形成绿色发展方式和生活方式",需要"绿化"生产、生活方式和价值追求。其一,要绿化生产方式,大力推进绿色发展、循环发展、低碳发展。抓住当前产业结构调整转型升级的机会,大幅提高经济绿色化程度,让绿色产业成为经济社会发展新的增长点,从"供给侧"输入绿色发展新活

---

① 《中央城镇化工作会议在北京举行》,《光明日报》2013 年 12 月 15 日。

② 《中央城镇化工作会议在北京举行》,《光明日报》2013 年 12 月 15 日。

③ 习近平:《在省部级主要领导干部学习贯彻党的十八届五中全会精神专题研讨班上的讲话》,《人民日报》2016 年 5 月 10 日。

力;其二,要绿化生活方式,推动全民在衣、食、住、行、游等方面加快向勤俭节约、绿色低碳、文明健康的方式转变,坚决抵制和反对各种形式的奢侈浪费、不合理消费,从"需求侧"搭建绿色发展新动能;其三,要绿化思维方式和价值取向,形成绿色理念、绿色追求、绿色文化、绿色信仰。绿色化,既要内化于"心",也要外化于"行",只有实现生产方式、生活方式、价值追求三个场域的互动,才能真正走出一条资源节约型、环境友好型、生态良好型的"新型"发展之路。由是观之,以绿色化推动绿色发展,意味着从转变自然观和发展观开始,进而促进生产方式与生活方式的转型升级,释放"创新、协调"发展的驱动能力,汇入"开放"互补的发展合力,培育绿色文化,融入社会主义核心价值体系,形成良性循环。良好的生态环境作为最公平的公共产品和最普惠的民生福祉,契合"共享"发展的价值目标。

2. 狠抓"生态环境生产力",推进生态民生建设

民生建设离不开生产力的持续推进,离不开社会经济的持续发展,与僵化、落后的生产相伴而生的是日益亏欠的民生建设。然而,经济发展必须以消耗一定的自然资源和排放一定的废弃物为前提,工业社会以来的错误演进路径似乎已将生产发展与生态保护推入了"零和博弈"的困境。如何破解经济发展与环境保护的"两难"悖论?如何营造生产发展、生活美好、生态良好的氛围?习近平总书记讲得非常清楚,我们必须抓住生产力这一最原初的动力。"要正确处理好经济发展同生态环境保护的关系,牢固树立保护生态环境就是保护生产力、改善生态环境就是发展生产力的理念,更加自觉地推动绿色发展、循环发展、低碳发展,决不以牺牲环境为代价去换取一时的经济增长。"①"我们既要绿水青山,也要金山银山。宁要绿水青山,不要金山银山,而且绿水青山就是金山银山。"②习近平总书记的相关论述告诉我们,保护和改善生态环境就是保护和发展生产力,坚持生态环境生产力是落实绿色发展、改善生态民生的有效途径。

首先,生态环境生产力彰显了保护和改善资源、环境与生态的新主张。一方面,生态环境生产力彻底抛弃了以"征服与改造"自然为要义的旧理念,坚决摒弃在"斗争"中彰显生产能力的旧思维,坚持以"保护与改善"生态环境为原则,在"协调"人与自然的关系中培养生产能力。恩格斯早就警告:"我们不要过分陶醉于我们人类对自然界的胜利。对于每一次这样的胜利,自然界都对我们进行报复。"③人类以"斗争"的方式对待自然,自然必然以"报复"的方式惩罚人类。相

① 《习近平谈治国理政》,外文出版社2014年版,第209页。
② 《习近平总书记系列重要讲话读本》,学习出版社、人民出版社2016年版,第230页。
③ 《马克思恩格斯选集》第3卷,人民出版社2012年版,第998页。

反,如果我们"尊重自然、顺应自然、保护自然",并尽我们所能改变、修缮那些条件险恶的自在自然和惨遭人类破坏的人化自然,自然也必将以丰厚的资源、优美的环境、优良的生态"反哺"人类;另一方面,生态环境生产力将资源、环境与生态一并纳入生产力范畴。以劳动资料和劳动对象的形式直接进入生产过程的自然资源在生产力中的作用早已被人们所认识,生态环境生产力在肯定自然资源是生产力的构成要素的同时,强调环境和生态也是影响生产力的内生变量。良好的生态环境虽然不"直接"进入生产过程,但它既有利于自然资源的充分孕育与有效使用,也有利于激发人的劳动与创造潜能,是"潜在的、间接的"生产力。将生态环境纳入生产力范畴,这是对自然价值的肯定,为人类在更宽广的意义上爱护自然提供了新的切入点。

其次,狠抓生态环境生产力有利于从根本上改善生态民生。生态民生建设必须以生态环境生产力为引擎,而生态环境生产力也应该以改善生态民生为重要价值目标。也就是说,生态环境生产力以保护和改善生态环境为抓手,通过绿水青山和金山银山的协同推进,使生产、生活、生态三者在动态中达到平衡。诚然,从短期来看,我们面临偿还旧账、不欠新账的双重环保压力,为留住绿水青山可能牺牲一部分经济利益,对部分民众的生产生活产生一定影响,但从长远来看,留住了绿水青山,就守住了金山银山。相反,牺牲生态环境以求得暂时的发展,最终导致的是对生产力和生态民生的破坏,而且这种破坏往往难以逆转和弥补。而坚持生态环境生产力,就必须放弃唯 GDP 是从的政绩评价体系。习近平总书记曾对河北省委常委班子说:"要给你们去掉紧箍咒,生产总值即便滑到第七、第八位了,但在绿色发展方面搞上去了,在治理大气污染、解决雾霾方面做出贡献了,那就可以挂红花、当英雄。反过来,如果就是简单为了生产总值,但生态环境问题越演越烈,或者说面貌依旧,即便搞上去了,那也是另一种评价了。"①河北如此,其他地方也概莫能外。只有转变观念,才能紧紧把握生态环境生产力这一绿色发展的关节点,才能将生态民生工作落到实处,产生节约资源、保护环境、改善生态的"三好"功效,实现生产发展、生活美好、生态良好的目标。

3. 守护"生态保护红线",托举生态民生建设

保障和改善民生必须"守住底线、突出重点、完善制度、引导舆论"②。对于改善生态民生而言,守住底线,就要守住"生态保护红线"。2013 年 5 月,习近平总书记强调:"要牢固树立生态红线的观念。在生态环境保护问题上,就是要不能越雷

①　《习近平关于全面深化改革论述摘编》,中央文献出版社 2014 年版,第 107 页。
②　《中央经济工作会议在北京举行》,《光明日报》2012 年 12 月 17 日。

池一步,否则就应该受到惩罚。"①《中共中央关于全面深化改革若干重大问题的决定》(以下简称《决定》)更是明确要求"划定生态保护红线"。2017 年 2 月,中共中央办公厅、国务院办公厅印发《关于划定并严守生态保护红线的若干意见》,对划定并严守生态保护红线提出了指导意见。我国的生态环境问题较为复杂,"其表现形式也多种多样,既有环境污染带来的'外伤',又有生态系统被破坏造成的'神经性症状',还有资源过度开发带来的'体力透支'"②。也就是说,目前我国的生态环境既有结构性失调问题,也有功能性紊乱问题。"它需要多管齐下,综合治理,长期努力,精心调养。"③划定生态保护红线是实施生态综合治理的重要举措,它反映出我国生态环境保护工作正逐步实现从污染治理到系统保护、由事后补救向事前预防的战略性转变。

首先,生态保护用"红线"警示危情,托底生态民生。"生态保护红线是指在自然生态服务功能、环境质量安全、自然资源利用等方面,需要实行严格保护的空间边界与管理限值。"④生态保护红线是保护生态安全的高压线,一般由空间红线、阈值红线和管理红线三条红线共同构成。空间红线着力解决生态系统的完整性、多样性、连通性;阈值红线是生态环境资源的最低数值红线,如:耕地红线、水资源红线等;管理红线,即政策和制度红线,空间和阈值生态保护红线一经划定,就要用严格的政策与制度予以保障,触碰红线者要追究相应责任。只有空间红线、阈值红线和管理红线三线合一,生态保护红线才能成为保护生态、改善民生的"实线"而非"虚线"。守住生态保护红线,就守住了清新的空气、洁净的水源、安全的食品等民生底线。

其次,生态保护红线用"保护"构筑蓝图,托举生态民生。民生工作只有"底线",没有"边线";保障和改善民生没有"终点",只有"新起点"。恩格斯曾指出:"所谓生存斗争不再单纯围绕着生存资料而进行,而是围绕着享受资料和发展资料而进行的。"⑤良好的生态环境兼具生存资料、享受资料和发展资料的多重特征,是人类生存与发展的必备条件。也就是说,民生中的"生",既指生存,也指生活,囿于生存的民生只是人在动物意义上的实现,由生存向生活的转型升级,才是人之为人的实现。诚然,生存向生活的转型是一个复杂的过程,它需要诸多要素

① 《坚持节约资源和保护环境基本国策 努力走向社会主义生态文明新时代》,《光明日报》2013 年 5 月 25 日。
② 习近平:《之江新语》,浙江人民出版社 2015 年版,第 49 页。
③ 习近平:《之江新语》,浙江人民出版社 2015 年版,第 49 页。
④ 李干杰:《"生态保护红线"——确保国家生态安全的生命线》,《求是》2014 年第 2 期。
⑤ 《马克思恩格斯选集》第 3 卷,人民出版社 2012 年版,第 987 页。

相互协作,共同作用。而"人民对美好生活的向往",就内在地包含着生态安全向生态良好的升级。因此,划定生态保护红线,并非只是为了守住满足人的基本生存所需要的生态安全底线,而是用红线的坚守来支撑生态安全向生态良好的升级,实现生存向生活的转型。

三、刚柔相济严抓落实,改善生态民生,凸显以民为本真担当

"空谈误国,实干兴邦","一分部署,九分落实"。在生态民生建设过程中,习近平总书记既注重顶层设计构建战略规划,也注重狠抓落实夯实微观基础。这不仅体现各相关部门在他的领导与敦促下,不断探索,构建生态文明建设制度体系,环环相扣,层层落实,而且还表现为他率先垂范、亲力亲为,展现出真想、真做、真治的意志与能力,凸显真抓实干、身体力行的民本担当。

1. 用最严格的制度、最严密的法治保护生态环境,彰显"刚性"本色

习近平总书记不仅认识到法治在改善生态民生中的重要作用,而且基于我国生态环境恶化的复杂情况及生态民生举足轻重的地位,发出了用法治保护生态环境的"最强音":"保护生态环境必须依靠制度、依靠法治。只有实行最严格的制度、最严密的法治,才能为生态文明建设提供可靠保障。"①他还强调要对领导干部实行生态责任追究制度,"对那些不顾生态环境盲目决策、造成严重后果的人,必须追究其责任,而且应该终身追究"②。《决定》明确指出:"建设生态文明,必须建立系统完整的生态文明制度体系。实行最严格的源头保护制度、损害赔偿制度、责任追究制度、完善环境治理和生态修复制度,用制度保护生态环境。"制度化治理是现代治理的核心和标志,用"最严格的制度、最严密的法治"来治理生态环境,这是我国生态环境治理方式的一大进步。

其实,制度化治理生态环境在我国早已起步,但效果不尽如人意。以生态法制化为例,新中国成立以来,我国已基本形成了一套生态环境保护的法制体系,但法治建设的进程仍赶不上经济社会发展的步伐:立法不严,法规不全面、不科学,法律盲区随处可见,一些非环境领域的法律法规因"非绿色化、非生态化",对环境法的损害也十分严重;执法不严,不作为、乱作为、反作为等问题突出,先经济后环境、先发展后治理、以罚代法、以权代法等错误理念和执法方式普遍存在;司法不严,立案推诿拖延、取证随意敷衍、裁量不规范、执行不到位等问题在生态环境损害案例中表现得尤为突出。违规、违法成本过低甚至零成本是我国生态环境持续

① 《习近平关于全面深化改革论述摘编》,中央文献出版社 2014 年版,第 104 页。
② 《习近平关于全面深化改革论述摘编》,中央文献出版社 2014 年版,第 105 页。

恶化的重要原因。用"最"严格的制度、"最"严密的法治来治理生态环境,是确保党的政策落到实处、民众呼声得到回应的重要举措。

首先,"最"显示的是高度、决心、力度。用"最"严格的制度、"最"严密的法治治理生态环境、改善生态民生,彻底改变以往规则不严、责任不明、成效不佳的窘境,充分显示了我们党对人民高度负责的精神。新修订的《环境保护法》彰显了"最严"的法治要求,企业事业单位和其他生产经营者违法排放污染物,受到罚款处罚却拒不改正的,"按照原处罚数额按日连续处罚";政府及有关部门的违法行为造成严重后果的,"主要负责人应当引咎辞职"等,被称为"史上最严环保法"。办好中国的事情,关键在党,关键在人。全面从严治党,要求党政领导干部把保护生态环境作为一项严肃的政治任务抓严、抓实、抓好!《党政领导干部生态环境损害责任追究办法(试行)》也明确规定了各级党政领导者的生态环保"责任清单",实行"终身追责"。而据 2017 年全国环境保护工作会议公布的数据,2016 年全国实施按日连续处罚案件 974 件,实施查封扣押案件 9622 件,实施限产停产案件 5211 件,移送行政拘留案件 3968 起,移送涉嫌环境污染犯罪案件 1963 件,同比分别上升 36%、130%、68%、91%、16%①。

其次,"最"也说明保护生态环境只有进行时,没有完成时,生态保护制度与法治建设永远在路上。也就是说,制度与法律不能朝令夕改,但一定要根据不断变化的情况定期修订、严格实施,否则,"最严"就会变成"较严"甚至"不严"。始终坚持用"最严"法治来治理生态环境,这也充分表明了我们党坚定维护民众生态权益的信心与决心。自然是人的无机身体,生命不停歇,人与自然之间的物质变换就不会停止。而相对于人类的需求而言,生态环境的承载能力始终有限,保护生态环境以保护我们共同的家园是一份须始终坚守的责任,而良好的生态环境将作为永恒的民生需求融入"每个人自由而全面发展"的终极价值追求之中。值得一提的是,贯彻"最严"法治精神治理生态环境,在我们加紧完善各项法律制度并强化落实的同时,应适时地在宪法中明确"保护公民的生态权益""保障环境基本人权"等内容,为"生态权益"提供最高层次的法律保障。借助最严法治的规约,有助于培养人们的生态思维、养成生态行为,对自我永存克制之心,对自然永存敬畏之情,对万物永存爱惜之行,其实,对自然万物的爱护也是对自身生态权益的维护。

2. 亲力亲为、循循善诱促生态民生建设显"柔性"情怀

制度的规约是改善生态环境的有效环节,但其本身重在落实。早在 2004 年,时任浙江省委书记的习近平同志就强调:"各项制度制定了,就要立说立行、严格

① 《全国环境保护工作会议在京召开》,《中国环境报》2017 年 1 月 12 日。

执行,不能说在嘴上,挂在墙上,写在纸上,把制度当'稻草人'摆设,而应落实到实际行动上,体现在具体工作中。"①同样,生态环境保护制度重在落实,根在基层。习近平总书记利用一切可能的机会,亲力亲为确保政策与制度落地生根,夯实生态民生的微观基础。

首先,敦促地方领导坚决担当起改善生态民生的责任。习近平总书记利用调研、座谈等一切机会掌握我国生态环境的第一手材料,常鸣保护环境的责任警钟。譬如,2015年1月,他在与中央党校县委书记研修班学员座谈时,三问生态民生问题。他询问渭南市富平县县委书记郭志英:"石川河现在有水吗?"询问丽水市莲都区委书记林健东:"丽水没有雾霾吧?"与那曲地区县委书记南培交流时,他追忆援藏时说,"那曲的生态多么恶劣,种不活一棵树",叮嘱大家在发展经济时要注重保护生态环境,不要捡了芝麻丢了西瓜。县委书记一头连着党的政策,一头连着广大民众,是我们党在县域治国理政中的骨干力量,理应成为保护生态环境、改善生态民生的"一线总指挥"。在治理生态环境、改善生态民生的过程中,基层领导应担当责任,保证政策不走样,执行不打折,用真心唤民心,以民心赢民生。

其次,引导广大民众自觉献力生态民生建设。习近平总书记既注重构建政策措施激发民众参与生态环境保护的热情,也注重在与民众"面对面"的交流中言传身教,引导百姓保护生态环境。习近平总书记在甘肃考察时,直接舀村民水缸中的"生水"试喝,关心饮水安全;在江苏考察时,他询问生活污水往哪排,怎么处理?在宁夏考察期间,当得知20年前他亲自提议福建和宁夏共同建设的生态移民点,已从8000人的贫困村发展成为6万多人的"江南小镇",实现生态保护与脱贫致富两不误时,甚是欣慰。民生无小事,枝叶总关情,"让老百姓呼吸上新鲜的空气、喝上干净的水、吃上放心的食物、生活在宜居的环境中、切实感受到经济发展带来的实实在在的环境效益"②。

生态建设惠及民生,民众是受益的权利主体,也是建设的责任主体。只有充分调动民众的积极性、创造性,让民众自律、自主、自觉、全程、全面、全效参与生态环境保护,我国的生态民生建设才有强大的根基。习近平总书记没有正言厉色的大声说教,而是和颜悦色循循善诱,让民众在山、水、田、林、园等具体事务中感知生态保护的大道理,筑牢生态民生建设的根基。

---

① 习近平:《之江新语》,浙江人民出版社2015年版,第71页。
② 习近平:《在省部级主要领导干部学习贯彻党的十八届五中全会精神专题研讨班上的讲话》,《人民日报》2016年5月10日。

参考文献：

[1]国务院发展研究中心课题组:《中国民生调查(2016)》,中国发展出版社2016年版。

[2]李军等:《走向生态文明时代的科学指南:学习习近平同志生态文明建设重要论述》,中国人民大学出版社2015年版。

[3]王新:《生态文明建设与民生问题研究》,社会科学文献出版社2015年版。

[4]王玲玲:《绿色责任探究》,人民出版社2015年版。

[5]朱小玲:《中国共产党民生思想研究》,南京师范大学出版社2015年版。

（原载于《马克思主义研究》2017年第3期）

生态文明建设理念略论[*]

党的十八大以来,习近平从中国特色社会主义事业全面发展的战略高度,深刻论述了生态文明建设的重大意义、目标任务、方针原则、工作重点,丰富了中国特色社会主义生态文明建设理论,为建设美丽中国,实现中华民族永续发展提供了科学指南。

一、习近平生态文明建设思想的基本内容

党的十八大以来,习近平对生态文明建设提出了一系列新思想、新论断、新要求,深刻论述了生态文明建设的重要性和必要性,明晰了生态文明建设中的一些模糊认识,完善了生态文明建设的思路和措施,为中国特色社会主义生态文明建设理论注入了新内涵。

第一,在生态文明建设的重要性和必要性上,习近平提出了生态文明建设关系人民福祉、关乎民族未来等论断,升华了对生态文明建设地位和作用的认识,树立起走向生态文明新时代的旗帜。

首先,关于生态文明建设是事关中华民族永续发展的战略抉择。如何认识和处理人与自然的关系,是人类生存首先要解决的问题,反映着人类文明发展的程度,决定着人类社会发展的前途和命运。纵观人类文明史,任何一种文明的诞生与繁荣都有赖于良好的生态环境,而其衰落和毁灭也都与生态环境恶化密不可分。对此,恩格斯早在其《自然辩证法》中就有过明确的阐释,"美索不达米亚、希腊、小亚细亚以及其他各地的居民,为了得到耕地,毁灭了森林,但是他们做梦也想不到,这些地方今天竟因此而成为不毛之地。"①中华文明是世界古老文明中唯一没有中断、延续发展至今的文明。改革开放使中华文明在现代社会焕发出新的活力,为人类文明进步做出了重大贡献。但在同时,经济快速发展导致的生态失

---

* 本文作者:李玉峰,中国人民大学马克思主义学院。

① 《马克思恩格斯文集》第 9 卷,人民出版社 2009 年版,第 560 页。

衡也给中华文明延续造成了巨大威胁。反思人类文明兴衰,审视当代中国国情,习近平站在人类文明高度提出了生态兴则文明兴、生态衰则文明衰的论断,强调"生态环境保护是功在当代、利在千秋的事业,"①生态文明建设是关乎民族未来的长远大计,揭示出生态文明建设的必然性和重要性。

其次,关于生态文明建设事关实现"两个一百年"的奋斗目标,是实现中华民族伟大复兴中国梦的重要内容。生态文明建设既是中国特色社会主义"五位一体"总体布局的重要组成部分,也是一条贯穿于中国特色社会主义经济、政治、文化、社会各项建设的"红线"。生态文明建设的特殊地位决定了无论是实现"两个一百年"奋斗目标,还是实现中华民族伟大复兴中国梦,都要把良好的生态环境作为它们的内容,都要以生态环境是否良好作为衡量中国特色社会主义事业的标准。也正是在这个意义上,习近平提出了小康全面不全面,生态环境质量是关键;要实现百姓富、生态美的有机统一;经济要上台阶,生态文明也要上台阶;蓝天常在,青山常在,绿水常在,让孩子们都生活在良好的生态环境之中,是中国梦的重要内容等观点,突出了生态文明建设的重要意义。

再次,关于生态文明建设是增进民生福祉的基础和保障。民生问题直接关系着人们的生活和切身利益,是治国理政的根本问题,体现着共产党人对人民利益至上的追求。在不同历史时期,民生具有不同的内涵和要求,解决方式也不尽相同。改革开放以来,我国取得了举世瞩目的发展成就,以生活用品短缺为主要表现的民生问题得到了解决,人民生活水平大幅度提高。但在同时,民生问题又以新的形式表现出来,生态环境就是当前最重要、最受关注的民生问题之一。在对如何让人民群众过上更加幸福美好生活的思考中,习近平提出了良好的生态环境是最公平的公共产品、是最普惠的民生福祉的论断,指出"环境就是民生,青山就是美丽,蓝天也是幸福",②强调"环境治理是一个系统工程,必须作为重大民生实事紧紧抓在手上。"③这些论述揭示了生态文明建设的民生本质,从不断提高人民群众生活质量的角度深化了对生态文明建设意义的认识。

第二,针对生态文明建设中的一些模糊认识,习近平提出了保护生态环境就是保护生产力,决不以牺牲环境为代价去换取一时的经济增长等论断,努力扫除生态文明建设中旧的思想羁绊,推动形成生态文明建设新共识。

---

① 《习近平谈治国理政》,外文出版社 2014 年版,第 208 页。
② 《习近平张德江俞正声王岐山分别参加全国两会一些团组审议讨论》,《人民日报》2015 年 3 月 7 日 04 版。
③ 《习近平在北京考察工作时强调:立足优势深化改革勇于开拓在建设者善之区上不断取得新成绩》,《人民日报》2014 年 2 月 27 日 01 版。

首先,关于保护生态环境就是保护生产力的论断。生产力是人类利用自然和改造自然、进行物质资料生产的能力,其运行不仅决定于作为生产力主体的人,还决定于科学技术水平、生产中的分工协作,以及自然环境等因素。然而,由于生产力运行的一般状况表现为主体是人,客体是自然,致使人们往往把对自然无限制的利用当作发展生产力的必然选择。在资本主义工业化之前,自然环境依靠自身力量尚能完成恢复更新,以自然环境为代价实现生产力发展的后果还不十分明显。但在工业化城市化快速发展的今天,生态环境已难以实现自我恢复,逐步恶化的生态环境日益成为制约生产力发展的重要因素。习近平"保护生态环境就是保护生产力、改善生态环境就是发展生产力"论断的提出,明确了马克思主义关于生态环境也是生产力的思想,阐明了保护生态环境与发展生产力的一致性,为进一步推进生态文明建设提供了理论支撑。

其次,关于绿水青山就是金山银山的理念。绿水青山是大自然的礼物,是人类不可或缺的生存前提和基础。历史发展表明,用"绿水青山"去换取物质财富的"金山银山",其结果只能是青山不在,绿水不流,不仅人类生活的幸福指数会大大下降,经济社会的永续发展更是无从谈起。习近平关于绿水青山就是金山银山的论断,深刻揭示了绿水青山和金山银山的关系,明确绿水青山不仅是自然财富,而且是社会财富、经济财富,是具有最高价值的"金山银山"。树立绿水青山就是金山银山的价值理念,意味着要转变过去那种拿绿水青山换金山银山的发展观,通过切实保护好绿水青山,走绿色发展之路,实现经济社会的可持续发展。

此外,针对有关经济发展与保护环境的先后顺序、轻重缓急等问题的模糊认识,习近平也从不同角度出发予以了回应。2012 年 12 月,习近平在广东考察时指出,"我们在生态环境方面欠账太多了,如果不从现在起就把这项工作紧紧抓起来,将来会付出更大的代价。"①2014 年 2 月,他在北京市考察工作时谈到,虽然说按国际标准控制 PM2.5 对整个中国来说提得早了,超越了我们发展阶段,但要看到这个问题引起了广大干部群众高度关注,国际社会也关注,所以我们必须处置。2015 年 1 月,他在云南调研时再次强调了保护环境的紧迫性,提出"要把生态环境保护放在更加突出位置,像保护眼睛一样保护生态环境,像对待生命一样对待生态环境,在生态环境保护上一定要算大账、算长远账、算整体账、算综合账,不能因

---

① 《为了中华民族永续发展——习近平总书记关心生态文明建设纪实》,《人民日报》2015年 3 月 10 日 01 版。

小失大、顾此失彼、寅吃卯粮、急功近利。"①这些论述充分体现了习近平关于中国发展绝不能走"先污染后治理""先发展后环保"等思想，为推动生态文明建设指明了方向。

第三，在生态文明建设的思路和措施上，习近平提出了不能把生态文明建设仅仅作为经济问题、按照系统工程的思路抓好生态文明建设等论断，为生态文明建设实践提供了根本遵循。

首先，关于以系统工程的思路抓好生态文明建设。生态文明建设既是经济发展方式的转变，更是思想观念的一场深刻变革。"不能把加强生态文明建设、加强生态环境保护、提倡绿色低碳生活方式等仅仅作为经济问题。这里面有很大的政治。"②基于对生态文明建设涉及方方面面这个特点的认识，习近平提出了要按照系统工程思路推进生态文明建设的观点，强调要通过划定并严守生态红线、坚定不移加快实施主体功能区战略、全面促进资源节约、实施重大生态修复工程等措施，推动经济社会发展与生态环境保护共同发展。

其次，关于把生态文明建设融入其他建设各方面和全过程中，推进生态文明建设发展。中国特色社会主义事业是五位一体全面发展的事业，经济、政治、文化、社会、生态文明各项建设相互作用、相互影响、共同发展。立足中国特色社会主义事业的总体布局，习近平对生态文明建设与其他各项建设的关系做出了诸多阐述。在2013年6月的全国组织工作会议上，强调要改进考核方法手段，把生态效益等指标和实绩作为重要考核内容；在2013年11月论及全面深化改革时，对健全国家自然资源资产管理体制和完善自然资源监管体制进行了专门说明；在2014年4月论及总体国家安全观时，强调要把构建包括生态安全在内的国家安全体系作为总体国家安全观的重要方面；等等。把生态文明建设深刻融入其他建设各方面和全过程，意味着其他各项建设都要贯彻生态文明的基本理念、原则和制度，都要体现生态文明建设的要求。在这里，生态文明建设成效成为衡量其建设得失成败的一项重要标准，成为实现中国特色社会主义全面、协调、可持续发展的动力源泉。

再次，建立严格的制度体系促进生态文明建设。制度具有根本性、全局性、稳定性和长期性，是把生态文明理念落到实处的重要保障。基于对我国生态文明建设的必要性、紧迫性和艰巨性，以及生态环境保护中存在问题的认识，习近平提出

---

① 《坚决打好扶贫开发攻坚战加快民族地区经济社会发展》，《人民日报》2015年1月22日01版。

② 《习近平关于全面深化改革论述摘编》，中央文献出版社2014年版，第103页。

了必须建立系统完整的生态文明制度体系的主张,强调"只有实行最严格的制度、最严密的法治,才能为生态文明建设提供可靠保障。"①他先后提出了关于完善经济社会发展考核评价体系、健全生态环境保护责任追究制度和环境损害赔偿制度、建立健全资源生态环境管理制度、健全国家自然资源资产管理体制,以及加强生态文明宣传教育等观点,凸显了制度在生态文明建设中的约束作用,明确了生态文明建设的着力点。

二、习近平生态文明建设思想的主要特点

习近平关于生态文明建设的重要论述,是对如何解决当代中国生态环境问题的深刻思考,它立足于生态文明建设的时代潮流,扎根于马克思主义生态文明思想,批判地吸收借鉴了中华优秀传统文化中的生态智慧,贯穿着强烈的问题意识,体现者鲜明的中国特色。

第一,强烈的问题意识。马克思曾经指出,"问题是时代的格言,是表现时代自己内心状态的最实际的呼声。"②正确地认识、科学地回答时代发展涌现出来的问题,就能够不断实现理论创新,不断推动人类社会向前发展。当今时代,加强生态文明建设,促进人与自然环境的和谐发展,是世界各国共同面临的严峻课题。西方发达国家是工业文明的先行者,也是生态环境最大的破坏者。20 世纪 70 年代,面对工业化造成的严重生态环境问题,西方发达国家率先进行了反思。从我国实际来看,社会主义现代化建设的确取得了举世瞩目的成就,但以 GDP 论英雄的发展模式也造成了生态环境恶化。相比于西方国家,由于人口众多、环境容量有限等原因,中国面临的资源约束和环境挑战更加严峻。中国现代化建设既不能停止脚步,又不能走欧美发展的老路。

正是在直面时代问题,回应现实关切的思考中,习近平站在人类文明的高度,从人类共同利益出发提出了生态兴则文明兴、生态衰则文明衰的论断,提出要同世界各国携手共建生态良好的地球美好家园;站在中华民族历史发展的高度提出生态文明建设关乎民族未来的发展,是实现中华民族伟大复兴中国梦的重要内容;在总结世界各国生态文明建设经验教训,立足我国资源约束紧张的国情,强调节约资源是保护生态环境的根本之策,主张实施重大生态修复工程,增强生态产品生产能力,必须建立系统完整的生态文明制度体系等具有前瞻性、现实针对性的理论观点。这些论述描绘了生态文明建设的宏伟蓝图,指明了生态文明建设的

---

① 《习近平关于全面深化改革论述摘编》,中央文献出版社 2014 年版,第 104 页。
② 《马克思恩格斯全集》第 1 卷,人民出版社 1995 年版,第 203 页。

方向和途径,展现出时代发展的新愿景。

第二,真挚的人民情怀。推进生态文明建设的出发点是实现少数人的利益,满足当代人的需求,还是维护广大人民群众利益,综合考虑当代和后代人的需求,直接决定着生态文明建设的理论构架。习近平关于生态文明建设的一系列论述,是对人民期盼山绿、水清、环境宜居的积极回应,它以为人民群众创造良好的生产生活环境为目标,以老百姓的幸福感作为衡量生态文明建设的标准,强调对人民群众、对子孙后代要有高度负责的态度和责任,饱含着人民情怀,体现着共产党人对国家、对民族、对人民的责任担当。

具体来看,习近平关于良好的生态环境就是民生福祉的论断,把生态环境与民生紧密联系起来,不仅回应了人民群众对生态环境问题关切,践行着倾听人民呼声、回应人民期待的庄严承诺,而且丰富和发展了民生的内涵,体现着致力于改善民生的理念和决心。关于为子孙后代留下可持续发展的"绿色银行"、生态环境问题是利国利民利子孙后代的重要工作的论述,更是直接表达了对人民长远利益的关注。此外,关于小康全面不全面,生态环境质量是关键;实现百姓富、生态美有机统一;把城市放在大自然中,把绿水青山保留给城市居民;等等,也都深刻揭示了生态环境与人民群众利益的关系,体现了对自然的尊重,生动诠释了我们党始终为人民群众谋利益的根本立场。

第三,鲜明的民族风格。富有创造性地从中华优秀传统文化中汲取养料,形成生态文明建设的新思想新观点,是习近平生态文明建设思想的重要特色。习近平认为,中华传统文化中包含了许多正确反映人与人、人与社会、人与自然和谐生存发展规律的真理性认识,是人类共有的精神财富。他主张解决人与自然关系日趋紧张等难题,不仅需要运用当今时代的理论知识,而且需要运用几千年来人类积累的智慧。习近平对传统文化的认知和重视,促使传统文化中"天人合一""道法自然""取之有度、用之有节"等生态思想在当代焕发出新的活力。习近平关于"山水林田湖是一个生命共同体"的命题,即人的命脉在田,田的命脉在水,水的命脉在山,山的命脉在土,土的命脉在树,关于必须树立尊重自然、顺应自然、保护自然的生态文明理念、推动形成人与自然和谐发展现代化建设新格局等论述,无不渗透、体现着中华传统文化中和谐平衡的思想。

习近平生态文明建设思想的民族色彩,还体现在他注重引经据典,注重运用民族化、大众化的语言表达生态文明建设的理论观点,从而使理论既饱含温馨的亲和力,又具有强烈的穿透力,焕发出民族风格的魅力。这其中既有"绿色银行"、绿水青山就是金山银山、"增绿"、"护蓝"、"去掉紧箍咒"等没有丝毫修饰,浅显易懂却又能透彻表达理论内涵的大众语言,也有如"苍山不墨千秋画,洱海无弦万古琴""一松一竹真朋友,山鸟山花好兄弟""天育物有时,地生财有限,而人之欲无极"等富有中华文化意蕴的经典名句。字里行间,美丽中国的美好蓝图跃然纸上,人与自然和谐相处的美景呈现眼前,生态文明建设的理念和思路清晰可及。

三、习近平生态文明建设思想的方法论基础

马克思主义哲学是科学的世界观和方法论,是指导中国共产党人不断前进的强大思想武器。党的十八大以来,习近平多次强调,更好地把中国特色社会主义事业推向前进,必须不断接受马克思主义哲学智慧的滋养,努力提高解决我国改革发展基本问题的本领。习近平关于生态文明建设的思想,就是以辩证唯物主义和历史唯物主义为指导认识生态文明建设问题得出的结论。这些思想贯穿着马克思主义哲学的精髓,体现着辩证唯物的精神。

坚持马克思主义关于自然界对人具有本源性和先在性的唯物立场。马克思主义认为,世界是客观存在的物质世界,自然界独立于意识而存在,按照自身的规律运行;人来源于自然,又依赖于自然,人能够认识和改造自然,却不能违背自然规律。对此,马克思在《1844年经济学哲学手稿》中指出,"人直接地是自然的存在物。人作为自然存在物,而且作为有生命的自然存在物。一方面具有自然力、生命力,是能动的自然存在物。另一方面,人作为自然的、肉体的、感性的、对象性的存在物,和动植物一样,是受动的、受制约的和受限制的存在物。"①恩格斯也曾经强调,"我们每走一步都要记住:我们统治自然界,决不像征服者统治异族人那样,决不是像站在自然界之外的人似的,——相反地,我们连同我们的肉、血和头脑都是属于自然界和存在于自然之中的。"②正是沿着马克思主义关于世界统一于物质的认识路径,习近平提出了"森林是陆地生态系统的主体和重要资源,是人类生存发展的重要生态保障,"强调良好生态环境是人和社会持续发展的根本基础,以及让透支的资源环境逐步休养生息等论断,从而彻底超越了那种把人作为自然主宰的人类中心主义,丰富了马克思主义的自然观。

贯彻马克思主义普遍联系和永恒发展的辩证法。辩证法是马克思主义的"活的灵魂",是认识和改造世界的根本方法。把辩证法贯彻于生态文明建设的分析,就是要采用发展而不是静止、全面而不是片面、系统而不是零散、普遍联系而不是单一孤立地认识生态文明建设,妥善处理生态文明建设中的各种关系。在这个问题上,恩格斯关于人与自然关系的论述无疑是体现唯物辩证精神的典范,"我们不

① 《马克思恩格斯全集》第42卷,人民出版社1982年版,第167页。
② 《马克思恩格斯选集》第4卷,人民出版社1995年版,第383-384页。

要过分陶醉于我们人类对自然界的胜利。对于每一次这样的胜利,自然界都对我们进行报复。每一次胜利,起初确实取得了我们预期的结果,但是往后和再往后却发生完全完全不同的、出乎意料的影响,常常把最初的结果又消除了。"①在习近平关于生态文明建设的诸多论述中,"保护生态环境就是保护生产力""山水林田湖是一个生命共同体",以及要牢固树立生态红线的观念、把生态文明融入其他四大文明建设等,也无不彰显着他对唯物辩证法的深刻把握,反映着他对战略思维、系统思维、创新思维、底线思维等思维方式的娴熟运用。

落实马克思主义人民群众是社会历史主体的群众观。群众观是马克思主义根本立场的集中体现,它坚持历史活动是人民群众的事业的观点,认为人民群众是社会物质财富、精神财富和人类社会历史的创造者,要依靠人民群众,相信人民群众,永远为人民群众谋福利。运用马克思主义群众观来认识和解决生态环境问题,意味着要把实现人与自然和谐发展作为奋斗目标,切实解决关系人民群众利益的环境问题;要认真倾听人民群众对生态环境的诉求,真正让人民群众成为生态文明建设的主体;要切实做到权为民所用,推动生态法治建设;等等。从我国社会主义生态文明建设历史来看,无论是保护环境、造福人民的环保方针,还是发动群众兴修水利工程、开展植树造林的实践活动,无不体现着马克思主义群众观的要求。在新的历史条件下,也正是由于坚持马克思主义群众观,习近平提出了良好生态环境是最普惠的民生福祉、建立责任追究制度、全社会树立环保意识、把建设美丽中国化为人民自觉行动等观点主张,反映出生态文明建设以人为本的价值取向,体现了中国共产党执政为民的理念。

（原载于《思想理论教育导刊》2015 年第 6 期）

---

① 《马克思恩格斯选集》第 4 卷,人民出版社 1995 年版,第 383 页。

习近平生态理念探析*

如何正确认识和处理人与自然的关系,是检验一个社会全面、协调、持续发展与社会文明进步程度的重要标志。中共十八大以来,习近平直面我国社会主义生态建设实践中的一系列生态环境问题,以建设美丽中国、实现中华民族永续发展为旨归而提出的以"生态文明观、生态民生观、厚道发展观、生态法治观、生态安全观"为主要内容的生态思想观既有前瞻性、全局性,又有现实性,是深刻思考人与自然关系的结晶。

一、习近平生态思想产生的时代背景和理论来源

任何一种思想理论都不是空穴来风,而是对历史某一时期社会发展经验的总结,以及对社会实践科学认识的结果。习近平生态思想的形成也不例外,有着深刻的时代背景和深厚的理论根基。

1. 习近平生态思想产生的时代背景

首先,习近平生态思想的产生离不开生态环境日渐恶化的国际背景。工业革命的高歌猛进给人类带来了巨大的物质财富。然而,与此相伴随的却是人与自然关系的"剑拔弩张",人与自然之间的对撞和冲突导致的生态破坏、资源短缺、能源匮乏、环境污染、人口爆炸、粮食危机等把世界推向了崩溃的边缘。恶化的生态环境如果不能尽快得以改善,任由人类继续恶化的话,人类社会的发展在可预见的

* 本文作者:刘海霞,西北师范大学马克思主义学院博士生,兰州理工大学马克思主义学院副教授,主要研究方向为马克思主义与社会发展理论、生态政治学;王宗礼,法学博士,西北师范大学马克思主义学院教授,博士生导师,主要研究方向为马克思主义与社会发展理论、政治学。

基金项目:国家社科基金项目"西北地区环境问题引发的社会冲突及其防控机制研究"(11CZZ027)、甘肃省高等学校基本科研业务费项目"经典马克思主义的生态观及其当代启示"(2014A-040)。

将来就会陷入难以为继的境地,其"'终极衰退'随时都可能来临"①,随时都可能威胁人类的生存和发展。这绝不是危言耸听,而需要各个国家高度警惕。为此,各国开始重新思考人与自然的关系,并纷纷把保护生态环境、促进人与自然的和谐作为一项不可或缺的施政纲领。正是这样的国际背景催生了习近平生态思想。

其次,习近平生态思想是基于破解我国现代化进程中的生态难题而提出的。在推进社会主义现代化建设的进程中,我国的确取得了举世瞩目的成就。然而,"发展=经济增长=GDP增长"观念指导下的粗放型经济增长方式迫使生态环境超负荷运转,引发了诸多问题:资源短缺、能源匮乏;水污染、土壤污染、空气污染等环境污染层见叠出;土地荒漠化、植被破坏和生物多样性锐减等生态破坏不可小觑。这些问题往往相互渗透、相互交织在一起,严重威胁人们生产生活、生命财产安全,影响经济持续健康发展和社会的安宁稳定。正是基于我国经济、社会、生态多元并茂、和谐发展的需要,习近平在不断反思我国社会主义生态实践中产生的诸多生态环境问题的基础上,形成了独具特色的生态思想。

2. 习近平生态思想形成的理论来源

习近平生态思想不仅是破解国际国内日益凸显的生态环境问题的迫切需要,而且有其深厚的理论根基,包括续承马克思主义生态思想,汲取人类文明史上的各种生态智慧。

首先,习近平生态思想继承了马克思主义生态思想中人与自然休戚与共、同命相连的思想。马克思主义唯物辩证地阐释了人与自然休戚与共、同命相连的关系。一方面,人是自然界长期发展的产物,是自然界不可分割的重要组成部分,人类的生存和发展离不开自然界。"人是在大自然中孕育而生的,是自然界长期进化的产物。"②"自然环境是人类生存和发展的物质前提,人首先依赖于自然"。③"没有自然界、没有感性的外部世界,工人就什么也不能创造。它是工人用来实现自己的劳动,在其中展开劳动活动,由其中生产出和借以生产出自己的产品的材料"。④ 同时,人类发挥自己的主观能动性,通过生产劳动使自然成为适合人类生存和发展的"人化自然"。人类进行的"连续不断的感性劳动和创造,是整个现存感性世界的非常深刻的基础,只要它哪怕只停留一年,……自然界将发生巨大的

---

① [美]莱斯特·R·布朗:《崩溃边缘的世界——如何拯救我们的生态和经济系统》,林自新,胡晓梅,李康民译,上海科技教育出版社2011年版,第10页。

② 《马克思恩格斯全集》第27卷,人民出版社1979年版,第63页。

③ 《马克思恩格斯全集》第27卷,人民出版社1979年版,第63页。

④ 马克思:《1844年经济学哲学手稿》,人民出版社2000年版,第53页。

变化"。① 人类不断地"给自然界打上自己的印记,他们不仅改变了植物和动物的位置,而且也改变了他们所居住的地方的面貌、气候,他们甚至还改变了植物和动物本身,……随着对自然规律的知识的迅速增加,人对自然界施加反作用的手段也增加了"。② 另一方面,人类要如实地把自己看作是自然界的一员,"我们必须时时记住:我们统治自然界,决不像征服统治异族一样,决不像站在自然界以外的人一样,——相反地,我们连同我们的肉、血和头脑都是属于自然界、存在于自然界的;我们对自然界的整个统治,是在于我们比其他一切动物强,能够认识和正确运用自然规律"。③ 因此,人类开发改造自然的行为必须尊重自然"意愿",爱惜自然"价值",保证自然"健康",顺应自然"规律",否则,"不以伟大的自然规律为依据的人类计划,只会带来灾难。"④

其次,习近平生态思想汲取了人类文明史上的各种生态智慧。人类文明发展史上历代哲人先贤从不同的角度和层面,对人与自然关系的重视、关注,内在地积淀和凝聚着对人与自然关系的深刻认识和辩证把握,饱含着丰富的生态智慧。比如,人类早期对于神秘力量的敬畏所表露出的对自然之母"又爱又恨""又畏又惧"的神话自然观;古希腊以人为中心、主客二元分离的原始朴素自然观;中国古代儒家以天人合德为说的天、地、人并立并行的"三才"理论;道家"物我同一"的天人一体思想等思想无不包含着人与自然和谐相处的生态理念和生态智慧。20世纪五六十年代以来,伴随日益显现的生态环境问题而勃兴的各种生态理论如生态自然理论、生态经济学理论、生态政治学理论、生态社会学理论、生态文化理论等都是习近平生态思想不可或缺的重要思想资源。

二、习近平生态思想的主要内容

习近平在继承马克思主义生态思想的基础上,站在中国特色社会主义事业五位一体总体战略高度,十分重视人与自然的关系,对生态环境保护做出了许多重要指示,对生态文明建设进行了系统论述,提出了丰富的生态思想。

1. 人与自然和人与人双重和谐的生态文明观

改革开放以来,我国坚持以经济建设为中心,推动了经济的快速发展,但是有许多地方、许多领域为追求经济增长无情地导致和不可恢复性地损坏了环境和重

---

① 《马克思恩格斯全集》第 3 卷,人民出版社 1960 年版,第 50 页。
② 《马克思恩格斯全集》第 20 卷,人民出版社 1971 年版,第 373—374 页。
③ 《马克思恩格斯全集》第 39 卷,人民出版社 1974 年版,第 209 页。
④ 《马克思恩格斯全集》第 31 卷,人民出版社 1972 年版,第 251 页。

要资源,生态环境问题越来越突出,人类的生产活动和社会活动,如果处于非理性的、不清醒的、无远见的状态,那么它对自然的危害,迟早又会返还到人类自身,最终可能导致人类的灭绝和人类文明的崩溃。要免除由我们目前的活动过程可能招致的崩溃,我们必须从根本上做出改变。目前,我们唯一能做的就是尊重自然、顺应自然、保护自然,抓紧偿还生态欠债,正确处理人与自然的关系和人与人的关系,实现人与自然和人与人的双重和谐,促进生态文明。

　　人与自然的关系是人类社会最基本的关系。自然界是人类社会产生、存在和发展的基础和前提,人类可以通过社会实践活动有目的地利用和改造自然,但是"大自然不是一个取之不尽的宝库,而是一个需要我们精心保护的家园。"①人类归根结底是自然的一部分,不能凌驾于自然之上,人类的行为方式应该是理性的、合乎自然规律的。习近平本着对人类文明高度负责的态度,重申了人与自然和谐关系的重要性,他说:"人与自然是相互依存、相互联系的整体,对自然界不能只讲索取不讲投入、只讲利用不讲建设。保护生态环境就是保护人类,建设生态文明就是造福人类。"②人与自然这一人类社会最基本的关系实质上反映的是人与人的关系。马克思说:"人们在生产中不仅仅同自然界发生关系,他们只有以一定方式共同活动和互相交换其活动,才能进行生产。为了进行生产,人们相互之间便发生一定的联系和关系;只有在这些社会联系和社会关系的范围内,才会有他们对自然界的关系,才会有生产。"③随着科学技术和生产力水平的发展,人与人的关系对人与自然的关系的影响日益增强。因此,在社会生产实践中,不仅要促进人与自然关系的和谐,而且要努力实现人与人关系的和谐。只有这样,才能有力推动人类文明的历史演进。正如习近平指出的,"生态兴则文明兴,生态衰则文明衰。"④"生态文明具有特殊的吸引力和想象力。"⑤为此,习近平主张要在处理好人与自然的关系的基础上,"按照尊重自然、顺应自然、保护自然的理念,贯彻节约资源和保护环境的基本国策,更加自觉地推动绿色发展、循环发展、低碳发展,把生态文明建设融入经济建设、政治建设、文化建设、社会建设各方面和全过程,建

---

① 孙民:《回到马克思主义的生态哲学理论——当代生态文明建设的哲学基础探微》,《兰州学刊》2014 年第 6 期,第 26 - 33 页。

② 中共中央宣传部:《习近平系列重要讲话读本》,学习出版社、人民出版社 2014 年版,第 120 页。

③ 《马克思恩格斯选集》第 1 卷,人民出版社 1995 年版,第 344 页。

④ 中共中央宣传部:《习近平系列重要讲话读本》,学习出版社、人民出版社 2014 年版,第 121 页。

⑤ 蔺雪春:《生态文明辨析:与工业文明、物质文明、精神文明和政治文明评较》,《兰州学刊》2014 年第 10 期,第 81 - 85 页。

设美丽中国,努力走向社会主义生态文明新时代。"①

2. 良好生态环境是最普惠民生福祉的生态民生观

一直以来,人民日益增长的物质文化需要同落后的社会生产力之间的矛盾运动推动着我国社会的发展。然而今天,因人与自然关系紧张导致的水污染、土壤污染、土地荒漠化、大气污染等直接影响人民群众生态权益的生态民生问题已上升为当前我国社会发展的突出问题。这些突出问题对人民群众的生产生活和身体健康带来严重影响和损害,社会反映强烈,由此引发的群体性事件也不断增多。这说明,民众对干净的水、清新的空气、安全的食品、优美的环境等的要求越来越高,生态环境在群众生活幸福指数中的地位不断凸显,生态环境问题日益成为重要的民生问题。而正如习近平所指出的:"老百姓过去'盼温饱'现在'盼环保',过去'求生存'现在'求生态'"。②

民众对蓝天、白云、净水的热切期盼将生态民生摆上了格外重要的地位。而能否正确认识生态民生问题的重大影响并着力解决它,直接关系到执政党、政府与人民群众的关系,影响当代中国的政治进步、政治发展和社会稳定,并对人民群众的各项权益以及人的自由而全面发展予以重大影响。习近平站在全局和战略的高度,十分关注生态民生,他指出,"建设生态文明,关系人民福祉,关乎民族未来。"③他要求加大环境治理和保护的力度,保障民众热切渴望的生态民生权益,并明确提出,"良好的生态环境是最公平的公共产品,是最普惠的民生福祉。保护生态环境,关系最广大人民的利益,关系中华民族的长远利益,是功在当代、利在千秋的事业,在这个问题上,我们没有别的选择。"④习近平在许多场合多次强调,必须清醒认识保护生态环境、治理环境污染的紧迫性和必要性,以对人民群众、对子孙后代高度负责的态度和责任,真正下决心把能源资源保障好,把环境污染治理好、把生态环境建设好,努力走向生态文明新时代,为人民创造良好生产生活环境,给子孙后代留下可持续发展的"绿色银行"。

3. 绿水青山就是金山银山的厚道发展观

厚道发展是在生态文明理念指导下对传统发展模式的扬弃,它是以人的幸福为目的,谋求人与自然的和谐,主张经济、生态和社会互利共赢的可持续发展。今

① 《习近平谈治国理政》,外文出版社 2014 年版,第 211－212 页。
② 中共中央宣传部:《习近平系列重要讲话读本》,学习出版社、人民出版社 2014 年版,第 123 页。
③ 《习近平谈治国理政》,外文出版社 2014 年版,第 208 页。
④ 中共中央宣传部:《习近平系列重要讲话读本》,学习出版社、人民出版社 2014 年版,第 123 页。

天的生态环境问题,传统发展观难辞其咎。因为它提倡的"发展"本质上是不厚道的,表现为"对自然的不厚道(对自然的疯狂榨取)、对他人的不厚道(贫富鸿沟的产生)、对后代的不厚道(严重透支子孙后代的生存资源)"。① 这种不厚道的发展观的确使"我们的发展速度越来越快,但我们却迷失了方向"。② 习近平意识到,要破解当前的生态环境问题,就要正确处理好经济发展和环境保护的关系。他把二者比喻为金山银山和绿水青山的关系,在哈萨克斯坦纳扎尔巴耶夫大学发表演讲并回答学生们提出的问题,谈到环境保护时深情地说:"我们既要绿水青山,也要金山银山。宁要绿水青山,不要金山银山,而且绿水青山就是金山银山。"③这也正像他所指出的,中国社会的发展再也不能以 GDP 论英雄,要既看发展又看基础,既看显绩又看潜绩,把民生改善、社会进步、生态效益、环境损害程度等指标和实绩作为重要考核内容。

习近平的厚道发展观深刻揭示了经济发展和保护生态环境之间的辩证关系。首先,经济发展离不开自然生态条件的支撑。自然资源是经济发展的物质前提,经济的发展决不能破坏和牺牲自然生态条件。如果人类只顾发展经济漠视自然环境的保护,不仅会导致自然资源和生态环境的破坏,还会招致自然的惩罚,经济可持续发展也会由于丧失自然基础的支撑而成为一句空话。其次,保护环境实质上就是发展经济,保护环境和经济发展不可偏废。习近平指出:"保护生态环境就是保护生产力、改善生态环境就是发展生产力。"④良好的生态环境是任何社会持续发展的根本基础。蓝天白云、青山绿水是长远发展的最大本钱。良好的生态环境本身就是生产力。严峻的现实告诫我们,片面发展经济而忽视生态环境的保护,就会出现只有经济增长而生态遭受破坏的恶果,这是"竭泽而渔";过度否定经济发展而一味强调环境保护,就会陷入为保护而保护的窠臼之中,这是"缘木求鱼"。面对未来发展的重重压力,要坚持保护优先,在保护中发展,在发展中保护,实现经济发展和生态环境保护的互利共赢,这种厚道发展观既体现当代人的切身利益,又关乎子孙后代的长远利益。

4. 最严格的制度和最严密的法制保护生态环境的生态法治观

蕾切尔·卡森说过:"不是魔法,也不是敌人的活动使这个受损害的世界的生

---

① 陈宗兴等:《生态文明建设理论卷》,学习出版社 2014 年版,第 66 页。
② 〔波〕奥辛廷斯基:《未来启示录》,徐元译,上海译文出版社 1988 年版,第 193 页。
③ 中共中央宣传部:《习近平系列重要讲话读本》,学习出版社、人民出版社 2014 年版,第120 页。
④ 《习近平谈治国理政》,外文出版社 2014 年版,第 211 - 212 页。

命无法复生,而是人们自己使自己受害。"①这说明,层见叠出的生态环境问题表象为人与自然关系的不和谐,根子却是人与人关系的不和谐,也就是说,生态环境问题的产生一定有深层次的体制性、制度性的原因。我国生态环境保护中存在的一些突出问题,大都与体制不完善、机制不健全、法治不完备有关。因此,解决生态环境问题,就要从人与人关系密不可分的社会制度层面寻找突破口。中共十八大报告指出,"保护生态环境必须依靠制度"。习近平在中央政治局第六次集体学习时也提出,"只有实行最严格的制度、最严密的法制,才能为生态文明建设提供可靠的保障。"②十八届三中全会对环境保护和生态文明建设的法制保障作了具体规定,"建设生态文明,必须建立系统完整的生态文明制度体系。实行最严格的源头保护制度、损害赔偿制度、责任追究制度、完善环境治理和生态修复制度,用制度保护生态环境。"③

法制是制度的重要组成部分,保护生态环境和加强生态文明制度建设离不开法制。通过法律和制度的约束力、强制力和溯及力,有效处理经济、社会生态之间的复杂关系。用最严密的法制保护环境,具体来讲,首先需要更加科学合理的法律制度的设计和安排,即以《环境保护法为重点》,完善资源、生态和环境相关法律法规。抓紧修订与完善环境专项法律,如《大气污染防治法》《水污染防治法》《环境影响评价法》等。抓紧开展土壤环境保护、环境税、核安全、生物多样性保护等方面的立法工作,尽快弥补生态环境保护和生态文明建设领域的立法空白。其次,要将符合环境保护和生态文明时代要求的法律思想、法律观念、法律价值取向融入行政法、民法、刑法、诉讼法、经济法、社会法等相关法律,推进这些法律的"生态化"。除了合理的制度设计和推动各项法律"生态化",最为重要的就是"治本",这个"本"就是采取各种措施唤醒全民生态法律意识,并使生态法律意识深入人心,只有这样,人们才能自觉在生产和生活实践中,把生态环境保护作为己任,凝聚推动生态环境保护和生态文明建设的巨大正能量。正如美国前副总统阿尔·戈尔在给《寂静的春天》写序时深刻指出的,"环保意识的迅速觉醒是最具根本性的。一个正确思想的力量远远超过许多政治家的言辞。"④

---

① [美]蕾切尔·卡森:《寂静的春天》,吕瑞兰,李长生译,上海译文出版社 2011 年版,第 3 页。
② 《习近平谈治国理政》,外文出版社 2014 年版,第 210 页。
③ 《习近平谈治国理政》,外文出版社 2014 年版,第 210 页。
④ [美]蕾切尔·卡森:《寂静的春天》,吕瑞兰,李长生译,上海译文出版社 2011 年版,第 5 页。

5. 以"生态红线"为生命线的生态安全观

牛津大学教授诺曼·梅尔斯曾在《环境与安全》一书中指出:"生态完整是国家安全的核心",它作为自然安全的"纬线",串起军事、政治、经济、文化安全的"经线",对一个国家和民族的盛衰兴旺产生广泛而持久的全方位影响。改革开放以来,中国经济持续高速增长,取得了举世瞩目的巨大成就,然而同时,我们也深刻感受到了生态与生存的切肤之痛。尽管这些年来我们在生态环境建设方面取得了不小的成就,但不能不看到,由生态问题引发的政治、经济、科技等方面的冲突和矛盾日益增多,成为制约经济社会发展的最大瓶颈和影响国家安全的重大隐患,"生态安全依然是高悬在国人头顶上的达摩克利斯之剑"。①

生态安全是一切安全的基石。没有生态安全,军事、政治、经济等的安全也就无从谈起。为保障生态安全,我国设定了 18 亿亩"耕地红线"、37.4 亿亩"森林红线"、8 亿亩"湿地红线",这些"生态红线"的设立,其实就是生态危机逼近的"临界点"。习近平强调,保障生态安全,首当其冲要严守一个个"生态红线"。"生态红线,是国家生态安全的底线和生命线,这个红线不能突破,一旦突破必将危及生态安全、人民生产生活和国家可持续发展。"②习近平在中央政治局第六次集体学习时指出,"牢固树立生态红线的观念。在生态环境保护问题上,就是要不能越雷池一步,否则就应该受到惩罚。"③我国的生态环境问题已经到了很严重的程度,非采取最严厉的措施不可,不然不仅生态环境恶化的总态势很难从根本上得到扭转,而且我们设想的其他生态环境发展目标也难以实现。因此,"要精心研究和论证,究竟哪些要列入生态红线,如何从制度上保障生态红线,把良好生态系统尽可能保护起来。对于生态红线全党全国要一体遵行,决不能逾越。"④

三、小结

习近平生态思想是深刻认识人与自然关系的产物,具有重要的理论意义和实践价值。理论上,习近平的生态思想是对马克思主义生态理论创造性的继承和发展形成的又一理论成果,拓展了马克思主义生态理论,进一步丰富了马克思主义理论宝库。实践上,习近平生态思想对生态文明建设提供了理论指导,是新时期

---

① 陈宗兴等:《生态文明建设理论卷》,学习出版社 2014 年版,第 219 页。
② 中共中央宣传部:《习近平系列重要讲话读本》,学习出版社、人民出版社 2014 年版,第 126 页。
③ 《习近平谈治国理政》,外文出版社 2014 年版,第 209 页。
④ 中共中央宣传部:《习近平系列重要讲话读本》,学习出版社、人民出版社 2014 年版,第 127 页。

我国实现人口、资源、环境和经济社会全面、协调、可持续发展的强大思想保证，对于建设美丽中国、实现中华民族的永续发展具有重要的实践指导价值。

（原载于《贵州社会科学》2015 年第 3 期）

走向社会主义生态文明新时代

——论习近平生态文明思想的背景、内涵与意义*

习近平一贯高度重视生态文明建设。党的十八大以来,他直面新时期生态环境出现的新问题,在国内外重要会议、考察调研、访问交流等多种场合,强调建设生态文明,提出许多新思想、新观点、新论断。习近平生态文明思想对于深刻理解中国特色社会主义生态文明理论创新和实践探索,准确把握生态文明建设的战略方向,具有重要指导意义。

一、习近平生态文明思想的产生背景

习近平生态文明思想直面当下我国严峻的生态环境治理困境,在学习借鉴全球生态治理经验和我国生态文明建设实践的基础上,提出了符合我国实际国情的生态文明建设战略。

（一）严峻的生态环境形势倒逼

改革开放以来,伴随着 30 多年工业化的高速发展,环境问题呈现压缩型、复合型特点,旧瘴未除,新疾又生。当前,我国在保护生态环境方面正面临着前所未有的严峻挑战,生态恶化的范围在扩大、程度在加剧、危害在加重。据《全国生态保护与建设规划(2013—2020 年)》统计,目前全国水土流失面积 295 万平方公里,沙化土地面积 173 万平方公里,人均森林面积只有世界平均水平的 23% ,90%以上的天然草场存在不同程度退化,野生动植物种类受威胁比例达 15% ~ 20%。① 党的十七大报告指出我国"经济增长的资源环境代价过大",十八大报告

* 本文作者:段蕾,北京大学马克思主义学院博士生;康沛竹,北京大学马克思主义学院教授。本文系国家社科重大项目"习近平总书记系列重要讲话的理论创新研究"(批准号14ZDA002)的阶段性成果。

① 国家发展改革委、科技部、财政部、国土资源部、环保部、住建部、水利部、农业部、国家统计局、国家林业局、中国气象局、国家海洋局:《全国生态保护与建设规划(2013—2020 年)》,2013 年 10 月。

提到前进道路上的困难和问题时,再次警示"资源环境约束加剧"。随着公民维权意识的逐渐增强,公众对改善生态环境质量的要求不断高涨,因环境问题引发的群体性事件频发,呈现与其他社会问题相互叠加的态势。这表明,我国资源环境的承载能力已接近极限,解决该问题已经到了刻不容缓的地步,比任何时候都呼唤生态文明。"我们在生态环境方面欠账太多了,如果不从现在起就把这项工作紧紧抓起来,将来付出的代价会更大"。① 把生态文明建设置于突出位置、纳入总体布局,正是回应和顺应了民众期待。

(二)国家治理能力现代化的需求

近年来,党中央、国务院把环境保护摆上更加突出的战略位置,我国生态环境治理体系不断完善,治理能力不断提高,治理效果不断显现。但也要看到,改革开放以来的我国生态环境危机及其相关社会问题,凸显了生态治理能力还存在与新形势、新任务、新要求不适应的问题。如何让人民群众喝上干净的水、呼吸上新鲜的空气、吃上放心的食物,实现人与自然和谐共生、经济社会与资源环境协调发展,已经成为中国共产党迫切需要解决的现实课题。

"面对人民群众对环境保护的期待和诉求,必须把生态文明建设作为增强党的执政能力、巩固党的执政基础的一项战略任务,持之以恒加以推进,不断抓出成效。"②因此,生态环境治理能力是国家治理体系和治理能力现代化的题中应有之义。把生态治理能力纳入党的执政能力体系、推进国家生态治理能力现代化,体现了中国共产党执政理念的与时俱进和生态文明建设上高度的自觉自省,对于检验政府为人民提供的服务和能力建设、建立环境友好和谐发展的社会,对于全面深化改革、实现美丽中国梦,都具有重要意义。

(三)崛起中国的大国责任

随着全球环境保护意识的觉醒,国际社会给予生态文明建设高度的关注。保护生态环境、加强污染治理已成为世界各国人民民心所指。我国作为一个世界上最大的发展中国家,在经济迅速崛起的同时,当前我国二氧化碳、二氧化硫等排放量也居世界前列,发达国家要求我国减排的压力不断加大,国际社会出现了"中国生态环境不负责任"的论调。我国的生态问题已经成为重大的国际问题。

我国只有积极进行生态文明建设,才能积极应对国际压力。十八大报告指出,要倡导人类命运共同体意识,在追求本国利益时兼顾他国合理关切,在谋求本

---

① 中共中央宣传部:《习近平总书记系列重要讲话读本》,学习出版社、人民出版社 2014 年版,第 124 页。

② 周生贤:《走向生态文明新时代》,《求是》2013 年第 17 期。

国发展中促进各国共同发展。坚持共同但有区别的责任原则、公平原则、各自能力原则,同国际社会一道积极应对全球气候变化。我国积极顺应人类社会文明演进转型的历史潮流,做出建设生态文明的历史选择,显示了我国对自身环境问题在国际格局中的觉醒,释放了我国积极参与可持续发展全球治理,自觉对全球生态文明建设做担当的负责任大国的强烈信号,有利于构建国际环境与发展领域负责任大国形象。

（四）对我国生态文明建设长期实践的总结和理论创新

习近平在地方工作期间,对生态文明建设进行过深入的思考和探索,发表过许多重要论述,有着丰富的实践经验。这些思考和实践为党的十八大后习近平生态文明思想的形成做了基础和准备工作。

20世纪80年代初,在河北正定工作期间,习近平主持修建的《正定县经济、技术、社会发展总体规划》即强调,保护环境,消除污染,治理开发利用资源,保持生态平衡,是现代化建设的重要任务,也是人民生产、生活的迫切要求。要积极开展植树造林,增加城区绿化面积,禁止乱伐树木;还强调,宁肯不要钱,也不要污染,严格防止污染搬家、污染下乡。[1] 在河北工作期间,正值改革开放初期,经济增长论至上,环境保护意识淡薄,而习近平能够在这一大的历史背景之下,将环境保护置于经济增长至上,显示了那个时代殊为不易的对传统发展理念的扬弃。

20世纪80年代末和90年代,在福建工作期间,习近平强调,资源开发不是单纯讲经济效益的,而是要达到社会、经济、生态三者效益的协调。[2] 实际工作中,习近平五下福建长汀,大力支持长汀水土流失治理。经过连续十几年的努力,长汀治理水土流失面积162.8万亩,减少水土流失面积98.8万亩,森林覆盖率由1986年的59.8%提高到现在的79.4%,实现了"荒山—绿洲—生态家园"的历史性转变。[3] 福建长汀生态治理成功的个例,反映出习近平在实现人类生产与自然系统良性循环和动态平衡方面的思考与努力。

21世纪初期,在浙江工作期间,习近平对生态文明建设做了多方面重要论述,并提出创建生态省。《之江新语》是习近平自2003年2月至2007年3月在《浙江日报》"之江新语"专栏发表的232篇短论的结集,其中关于生态文明建设就有21篇,足见他对于生态文明建设的重视程度。习近平把解决人与自然的矛盾和冲

---

[1] 黄浩涛:《生态兴则文明兴生态衰则文明衰——系统学习习近平总书记十八大前后关于生态文明建设的重要论述》,《学习时报》2015年3月31日。

[2] 习近平:《告别贫困》,福建人民出版社2014年版,第109页。

[3] 阮锡桂、郑璜、张杰:《绿水青山就是金山银山——习近平同志关心长汀水土流失治理纪实》,《福建日报》2014年10月30日。

突,创新发展理念置于重要地位,强调发展理念、发展方式的深刻转变。他指出:经济增长不等于经济发展,经济发展不单纯是速度的发展,经济的发展不代表着全面的发展,更不能以牺牲生态环境为代价。发展,说到底是为了社会的全面进步和人民生活水平不断提高。① 在工作中,他形象地指出生态环境问题是个复杂病症,既有环境污染带来的"外伤",又有生态系统被破坏造成的"神经性症状",还有资源过度开发带来的"体力透支"②。因此将经济发展方式、经济结构优化作为工作的落脚点和出发点,大力发展循环经济,"既要 GDP,又要绿色 GDP"③。

二、习近平生态文明思想的理论内涵

习近平生态文明思想从中国特色社会主义战略全局出发系统论述了生态文明建设的重大意义、方针原则、目标任务和历史使命,对人与自然辩证统一关系做出新思考,形成了当代中国的社会主义生态文明建设体系。

(一)阐明了生态生产力理念:"生态环境也是生产力"

长期以来,受苏联学术界的影响,我国把生产力单向度地解释为征服、利用、改造自然,并从自然界无偿获取物质财富的能力。"征服论"将人与自然相对立,将对自然的破坏视为发展生产力的必要条件,并完全忽视了破坏环境带来的负面后果,导致当下生态退化、环境污染的现状。这种理论是对马克思主义的误读。马克思在《资本论》中把生产力划分为"劳动的自然生产力"和"劳动的社会生产力"。"劳动的自然生产力,即劳动在无机界发现的生产力",④可见,马克思在研究生产力概念时候,并没有将自然生态环境从生产力的范畴中排除出去,认为自然界本身蕴藏着有助于物质财富生产的能力。

习近平继承了马克思"自然界本身的生产力"思想,并将马克思主义生产力理论同我国实际情况相结合,形象深刻地通过深入阐发"绿水青山"与"金山银山"的辩证统一来说明社会、经济发展与生态文明之间的内在关系,强调"保护生态环境就是保护生产力、改善生态环境就是发展生产力"的生态生产力理念,对待人与自然关系要"尊重自然、顺应自然、保护自然"。"两山"论述观点,表明了生态环境与生产力之间的相互促进、协调发展关系。

早在浙江工作期间,习近平就对"两山论"进行了阶段性分析。他认为,第一

---

① 习近平:《之江新语》,浙江人民出版社 2013 年版,第 44 页。
② 习近平:《之江新语》,浙江人民出版社 2013 年版,第 49 页。
③ 习近平:《之江新语》,浙江人民出版社 2013 年版,第 37 页。
④ 《马克思恩格斯选集》第 26 卷第 3 册,人民出版社 1972 年版,第 122 页。

个阶段是用绿水青山去换金山银山,不考虑或者很少考虑环境的承载能力,一味索取资源。第二个阶段是既要金山银山,但是也要保住绿水青山,这时候经济发展和资源匮乏、环境恶化之间的矛盾开始凸显出来,人们意识到环境是我们生存发展的根本。第三个阶段是认识到绿水青山本身就是金山银山,生态优势变成经济优势,形成了浑然一体、和谐统一的关系,这一阶段是一种更高的境界,体现了科学发展观的要求,体现了发展循环经济、建设资源节约型和环境友好型社会的理念。可以看出,以上这三个阶段是经济增长方式转变的过程,是发展观念不断进步的过程,也是人与自然关系不断调整、趋向和谐的过程。2008年,习近平指出,不能把"发展是硬道理"片面地理解为"经济增长是硬道理",强调"GDP快速增长是政绩,生态保护和建设也是政绩"。

(二)阐明了生态文明建设的最终目的是人:"最普惠的民生福祉"

人的自由而全面的发展是马克思主义的最高命题和终极目标,而良好的自然环境是人的全面发展的条件和基础。中国共产党作为马克思主义政党,其根本宗旨和价值追求就是"全心全意为人民服务",建党九十余年始终对民生政策不断探索和完善、丰富和发展。在面对生态环境和人的自由全面发展出现严重冲突的现阶段,习近平将生态环境作为民生的重要内容来强调,突出指出了生态环境在人的全面发展中的地位、价值与功能。

老百姓过去"盼温饱"现在"盼环保",过去"求生存"现在"求生态"。我国在《2012年中国人权事业的进展》白皮书中首次将生态文明建设写入人权保障,提出要保障和提高公民享有清洁生活环境及良好生态环境的权益。2013年,习近平在海南考察时强调:"良好生态环境是最公平的公共产品,是最普惠的民生福祉。"①这一科学论断从中国共产党马克思主义政党的性质出发,明确了"为了谁"的价值追求;既阐明了生态环境在改善民生中的重要地位,同时也丰富和发展了民生的基本内涵。2015年两会期间,在参加江西代表团审议时,习近平又强调指出:"环境就是民生,青山就是美丽,蓝天也是幸福。"②将公平享受良好生态环境视为民生的重要内容之一,这充分体现了习近平立党为公、执政为民的执政观和以民为本、改善生态的民生观。

良好生态环境符合全体中国人民的核心利益,生态文明的公平原则包括人与

---

① 中共中央宣传部:《习近平总书记系列重要讲话读本》,学习出版社、人民出版社2014年版,第123页。

② 孙秀艳、寇江泽、卞民德:《中央治理环境污染决心空前代表委员期待政策措施落实》,《人民日报》2015年3月9日。

自然之间的公平、当代人之间的公平、当代人与后代人之间的公平。2013 年 4 月 25 日,习近平在十八届中央政治局常委会会议上发表讲话时谈到,"生态环境保护是功在当代、利在千秋的事业。要清醒认识保护生态环境、治理环境污染的紧迫性和艰巨性,清醒认识加强生态文明建设的重要性和必要性,以对人民群众、对子孙后代高度负责的态度和责任,真正下决心把环境污染治理好、把生态环境建设好,努力走向社会主义生态文明新时代,为人民创造良好生产生活环境。"这"两个清醒"认识,深刻揭示了当前我国生态环境问题的严峻性和推进生态文明建设的紧迫性,充分体现了生态文明的民生本质。

(三)阐明了生态文明建设的重大意义:"生态兴则文明兴,生态衰则文明衰"

生态文明是人类文明史上的一大飞跃。习近平生态文明思想从生态环境和文明之间的辩证关系这一角度出发,阐述了对人与自然关系、人与社会和谐共生关系的思考。

阐述了生态与文明之间的辩证关系。2013 年 5 月 24 日,习近平在中央政治局第六次集体学习时引用恩格斯《自然辩证法》中的一段话:"美索不达米亚、希腊、小亚细亚以及其他各地的居民,为了得到耕地,毁灭了森林,但是他们做梦也想不到,这些地方今天竟因此而成为不毛之地。"阐明了"生态兴则文明兴,生态衰则文明衰。"①这一深刻论述,科学回答了生态与人类文明之间的关系,丰富和发展了马克思主义生态观,揭示了生态决定文明兴衰的客观规律。古埃及、古巴比伦、中美洲玛雅文明等古文明都发源于生态平衡、物阜民丰的地区,之所以失去昔日的光辉或者消失在历史的遗迹中,其根本原因是破坏了生态环境。这样的悲剧在我国历史上同样存在。昔日"丝绸之路"上有"塞上江南"之称的楼兰古国,如今也已淹没在大漠黄沙之中,这些沉痛的教训给我们深刻的启悟便是要加强生态文明建设。

提出了建设"'天蓝、地绿、水净'的美丽中国"的宏伟目标和"走向社会主义生态文明新时代,实现中华民族永续发展"的历史使命。习近平在 2013 年 7 月 18 日致生态文明贵阳国际论坛的贺信中指出:"走向生态文明新时代、建设美丽中国,是实现中华民族伟大复兴的中国梦的重要内容"。②"美丽中国"实现于中国特色生态文明建设中,其最终归宿就是实现中华民族永续发展,建设社会主义生态文明。

---

① 中共中央宣传部:《习近平总书记系列重要讲话读本》,学习出版社、人民出版社 2014 年版,第 121 页。

② 李伟红、汪志球、黄娴:《生态文明贵阳国际论坛二○一三年年会开幕》,《人民日报》2013 年 7 月 21 日。

三、习近平生态文明思想的理论价值和实践意义

习近平生态文明思想直面生态环境的突出问题,显示了对党和国家事业高度的责任感,显示了以人为本的价值观,具有重要的历史地位和深远的现实意义。

(一)马克思主义生态观的回归和发展:"人与自然是相互依存、相互联系的整体"习近平生态文明思想对马克思的生态生产力理论和人的全面自由解放发展理论的继承和发展,是马克思主义中国化的最新理论成果。马克思主义生态观的核心是对人与自然关系的看法。马克思主义认为,人是自然的一部分,自然界"是我们人类(本身就是自然界的产物)赖以生长的基础"。①

人的解放面临的两大基本问题,是如何处理人与自然以及人与人之间的矛盾:"我们这个世界面临的两大变革,即人同自然的和解以及人同本身的和解。"②新中国成立以来,我国对人与自然关系的认识有一个变化发展的过程。社会主义建设初期,我国在人与自然关系上更侧重对立和斗争的一面,因此在"向自然开展""改天换地""人定胜天"等激进思想的影响下,我国的自然资源和生态环境都遭到不同程度的破坏和损失,造成十分严重的负面影响。改革开放以来,我国意识到生态环境对社会经济发展具有反作用,若对生态环境保护不力,社会经济发展将会受到影响。习近平同志在认真反思和深刻总结过去发展中经验教训的基础上,超越了生态中心主义和人类中心主义,将被动应对、修补式的生态观变为主动变革、预防式的生态观,重新回归到马克思主义生态观,认为自然生态本身就蕴含物质力量,提出"人与自然是相互依存、相互联系的整体,对自然界不能只讲索取不讲投入、只讲利用不讲建设。"③

从征服自然到尊重自然、顺应自然、保护自然反映了中国共产党对人与自然关系认识的重大转变,更强调了人与自然统一和谐的一面,承认尊重自然规律是实现人与自然和谐的认识前提,继承和发展了马克思主义生态观,是对中国发展方式的明确校正。

(二)中国特色社会主义理论的丰富

习近平将生态文明上升到治国理政方略的空前高度,强调要把生态文明建设的价值理念方法贯彻到中国特色社会主义建设的全过程和各个方面。

---

① 《马克思恩格斯选集》第 4 卷,人民出版社 1995 年版,第 222 页。
② 《马克思恩格斯全集》第 1 卷,人民出版社 1956 年版,第 603 页。
③ 中共中央宣传部:《习近平总书记系列重要讲话读本》,学习出版社、人民出版社 2014 年版,第 121 页。

生态文明建设地位的提升,改变了以前只注重经济增长、忽略生态环境的片面发展模式,生态文明建设与其他四大建设是辩证统一、相互支撑的关系。2013年4月25日,习近平在十八届中央政治局常委会会议上发表讲话时谈到:"如果仍是粗放发展,即使实现了国内生产总值翻一番的目标,那污染又会是一种什么情况? 届时资源环境恐怕完全承载不了。经济上去了,老百姓的幸福感大打折扣,甚至强烈的不满情绪上来了,那是什么形势? 所以,我们不能把加强生态文明建设、加强生态环境保护、提倡绿色低碳生活方式等仅仅作为经济问题。这里面有很大的政治。"可见,一个生态遭到严重破坏的国家,民众生产生活必然受到影响,不能实现政治和谐发展,不能实现经济可持续发展,不能实现社会稳定有序,不能实现生态文明。生态文明建设是其他四大建设的前提条件和根本保障,是中国特色社会主义建设的自然基础。

(三) 现实指导意义:"形成人与自然和谐发展的现代化建设新格局"

在习近平生态文明建设思想的指导下,我国生态文明建设从思想层面到制度层面再到实践层面进行了强有力的推进,明确了路线图和时间表,强化了可操作性和可检验性,确保生态文明建设落在实处。

在政策法规方面,2015年5月5日,中共中央国务院发布《关于加快推进生态文明建设的意见》,《意见》包括9个部分共35条,通篇贯穿了"尊重自然、顺应自然、保护自然""绿水青山就是金山银山"的基本理念,确立了人与自然和谐发展、经济社会发展活动要符合自然规律的导向。2015年4月24日,十二届全国人大常委会第八次会议以高票赞成通过了新修订的《环境保护法》,其严格程度之甚被称为"史上最严环保法",它将"推进生态文明建设、促进经济社会可持续发展"列入理念目的,并改变过去强调环境保护与经济发展相协调的思维模式,在新中国历史上第一次明确提出"经济社会发展要与环境保护相协调"。

在实际工作方面,国家查处了以宁夏中卫明盛染化有限公司污染环境案为代表的一些环境污染案,并对涉事方进行了法律制裁,对社会各界起到很大的震慑作用。同时,党和国家以极大的决心和壮士断腕的勇气对华北地区尤其是北京地区的雾霾等一些严重的环境问题进行了大力度的治理,并初见成效。

习近平的生态文明建设思想是一种崭新的可持续文明观,凝聚着中共中央领导人对人类几千年发展历程和我国发展道路的审慎思考,体现了马克思主义生态观的思想精髓和中国共产党高度的历史自觉和生态自觉,是马克思主义中国化的最新理论成果,标志着中国共产党对人类社会发展规律、社会主义建设规律、执政规律的认识达到了一个新高度。

(原载于《科学社会主义》2016年第2期)

习近平生态文明建设理念研究[*]

一、习近平生态文明建设思想的形成基础

生态文明建设的关键是处理好经济发展与生态保护的问题,是以人与自然和谐共生的发展理念为指导,通过走经济发展与生态发展并行不悖的发展模式,实现经济发展与经济生态文明的双赢道路。习近平总书记的生态文明建设思想是"中国梦"理论的重要着力点,符合我国社会主义初级阶段的基本国情,符合社会主义的基本经济规律,符合世界发展的潮流。

(一)习近平生态文明建设思想立足对中国生态环境问题的正确认识

改革开放以来,我国用短短 30 余年的时间,创造了西方发达国家几百年的工业化业绩,然而也带来了环境问题的集中爆发。发达国家上百年工业化过程中分阶段出现的环境问题在我国集中出现,新老环境问题日益叠加,资源约束趋紧、环境污染严重、生态系统退化的形势十分严峻。目前,我国环境形势仍然是"局部好转、整体恶化"。好转的只是经济发达的局部地区的空气环境、水体环境或者土壤环境的某些方面,而范围更大的欠发达地区,先后又走上了污染的老路。特别是粗放的经济发展方式以及对于生态环境问题的漠视,加重了生态破坏与环境污染。目前,我国是世界上能源、钢铁、氧化铝等消耗量最大的国家。2012 年,煤炭消费总量近 25 亿吨标准煤,超过世界上其他国家的总和;十大流域中劣 V 类水质比例占 10.2%。如果继续沿袭粗放发展模式,实现十八大确定的到 2020 年国内生产总值和城乡居民人均收入比 2010 年翻一番的目标,那么生态环境恶化的状

[*] 本文作者:李雪松,武汉大学经济与管理学院、武汉大学马克思主义理论与中国实践协同创新中心副教授,博士;孙博文,武汉大学经济与管理学院博士生;吴萍,武汉大学经济与管理学院硕士生。

本文得到国家社会科学基金一般项目"农村水环境问题的经济机理分析与管理创新制度研究"(批准号:10BJY064)、教育部人文社会科学研究青年基金项目"国家引领背景下长江中游城市群政策动因与产业一体化研究"(批准号:13YJC630167)的资助。

况将难以想象,全面建成小康社会的奋斗目标也将化为泡影。

习近平总书记提出,要清醒认识保护生态环境、治理环境污染的紧迫性和艰巨性,清醒认识加强生态文明建设的重要性和必要性,以对人民群众、对子孙后代高度负责的态度和责任,真正下决心把环境污染治理好、把生态环境建设好,努力走向社会主义生态文明新时代,为人民创造良好生产生活环境。他还提到,面对严峻的挑战,我们别无选择,只有走科学发展之路,才能实现经济社会发展与生态环境保护的共赢,为子孙后代留下可持续发展的"绿色银行",留下天蓝、地绿、水净的美好家园。习近平总书记把环境保护的本质,看成是经济结构、生产方式、消费方式之问题,并主张把环境治理同我国的国情与发展阶段相结合。这既是对中国当前生态环境问题的清醒认识和正确判断,也是对中国未来发展提出的科学正确的理论基础和指导方针。

(二)习近平生态文明建设思想着眼世界现代科技革命引领的时代背景

20世纪中叶以来,以原子能、电子计算机、生物技术的发明和应用为标志的现代科技革命,使科技领域和人类社会生活发生了巨变,对社会产生了全面的渗透和影响。但是,由于片面追求经济增长,忽视科技、经济、文化的结合,忽视环境、生态等自然系统方面的承载力,忽视社会公平和全球的协调发展,现代科学技术革命表现出强烈的两面性:一方面,现代科技革命极大提高了人类开发资源的能力,把人类注意力引向地球深层、海洋深处、宇宙高空,人类从自然界获得了巨量的生存和社会发展所必需的物质,但却导致矿产资源枯竭、水资源枯竭、珍贵物种资源灭绝,资源频频告急;另一方面,现代科技革命使人类征服和改造自然能力空前提高,人类在利用现代科技创造发展奇迹的同时,却给生存环境造成了致命的危害,如酸雨泛滥、臭氧空洞出现等,给人类社会及其生存环境带来了诸多负面影响。

习近平总书记倡导以人和社会的全面协调发展思想为指导,坚持以人为本,处理好经济增长和生态环境发展的关系,使经济和社会发展应着眼于人的发展和进步,重视人的生存状态的完美和生活质量的提高。这种生态文明建设思想是现代科技革命时代背景下人类社会发展的新要求和新方向。

(三)习近平生态文明建设思想吸收现代西方生态环境思想的理论精髓

工业革命以来,世界各主要资本主义国家生产力水平得到了极大的提高,但与此同时也伴随着多起严重的环境污染事件,严重威胁了人类的生存安全。在不断的反思中人类逐渐意识到,单纯以经济增长为导向的发展观难以适应新时期的发展要求,逐渐在全球兴起了一股可持续发展的浪潮,人类开始逐渐接受以可持续发展观为指导的生态文明理论。1987年以布伦兰特夫人为首的世界环境与发展委员会(WCED)发表了报告《我们共同的未来》。这份报告正式使用了可持续发展概念,并对之做出了比较系统的阐述,产生了广泛的影响。1992年,在巴西里约热内卢召开的世界环境与发展大会,发表了《里约宣言》和《二十一世纪议程》,使可持续发展由理论转变为全球的战略行动。近几十年来,世界各国探索循环经济、低碳经济等新的发展模式,正是可持续发展战略的具体表现。可持续发展的核心是通过发展真正实现人与自然的和谐以及社会环境与生态环境的平衡。因此,生态文明是可持续发展题中应有之义。习近平总书记充分吸收西方可持续发展理论的精粹,从中国特色社会主义事业"五位一体"总布局的战略高度,提出生态文明是人类文明的一种形式,是以人和自然和谐发展为特征的文明,以尊重和维护生态环境为主旨,以可持续发展为根据,以未来人类的继续发展为着眼点。这种生态文明建设思想强调人类处理自身活动与自然界关系的进步程度,是人与社会进步的重要标志。

(一)文明兴衰生态决定论

2013年5月习近平总书记在天津考察时,反复强调"生态兴则文明兴,生态衰则文明衰"。这一深刻论述,科学回答了生态与人类文明之间的关系,丰富和发展了马克思主义生态观。在人类文明的历史长河中,四大文明都发源于森林茂密、水草肥美、生态良好的地方,也都因为青山变成秃岭、沃野变成荒漠、生态遭到破坏而衰落或中心转移。习近平总书记指出,人类经历了原始文明、农业文明、工业文明,生态文明是工业文明发展到一定阶段的产物,是实现人与自然和谐发展的新要求。传统工业化的迅猛发展在创造巨大物质财富的同时,也付出了沉重的生态环境代价。正像恩格斯指出的,"不要过分陶醉于我们对自然界的胜利。对于每一次这样的胜利,自然界都报复了我们。"因为,"我们连同我们的肉、血和头脑都是属于自然界和存在于自然界之中的"。环境危机、生态恶化正使人类文明的延续和发展面临严峻挑战。

习近平总书记指出,推进生态建设,既是经济发展方式的转变,更是思想观念的一场深刻变革。人类追求发展的需求和地球资源的有限供给,是一对永恒的矛盾。解决"天育物有时,地生财有限,而人之欲无极"的矛盾,就要牢固树立尊重自然、顺应自然、保护自然的生态文明理念。"一松一竹真朋友,山鸟山花好兄弟"。这些论断,蕴涵着对人类文明发展经验教训的历史总结,体现着对人类发展意义的深刻思考,进一步指明了加强生态文明建设的极端重要性。

(二)保护生态环境就是保护生产力论

习近平总书记曾形象地指出,我们追求人与自然和谐、经济与社会和谐,就是要"两座山",既要金山银山,更要绿水青山。宁要绿水青山,不要金山银山。绿水青山就是金山银山,可以源源不断地带来财富,蓝天白云、青山绿水是长远发展的最大本钱,生态优势可以变成经济优势、发展优势。这些论断深刻阐明了生态环境与生产力之间的关系,深刻揭示了经济发展与环境保护的辩证关系。

习近平总书记指出,保护生态环境与发展经济要两手抓,两手都要硬,正确处理好环保与经济发展的关系具有重要的意义。发展固然是硬道理,但不考虑生态环境的发展就是不讲道理。如果片面追求经济指标的增长而置环保于不顾,这样的高增长必然带来资源消耗和污染物排放总量的剧增,造成严重的环境问题,反过来也会严重制约社会的持续发展。良好的生态环境是人和社会持续发展的根本基础。

我们不能再走先污染后治理,用牺牲环境换取经济增长的老路,要创新思维,呼唤新理念、新思路、新方法,反对简单地以 GDP 增长论英雄,要把资源消耗、环境损失、生态效益等指标,纳入经济评价体系,增加考核权重。对产生严重后果者,要追究责任,且要终身追究。

习近平总书记关于保护生态环境就是保护和发展生产力的新思想,凸显了生态环境作为生产力要素在 21 世纪中国特色社会主义建设中的独特作用,是马克思主义生产力理论的继承和发展。马克思主义的生产力概念,不仅包括社会生产力,还包括生态生产力,是社会生产力和生态生产力的总和。人类的生产劳动过程,只不过是"人以自身的活动来引起、调节和控制人和自然之间的物质变换过程"。进一步讲,生态生产力是更基本、更富创造性的生产力,因为生态系统为人类提供了须臾不可离的生态产品和服务。因此,应牢固树立"保护生态环境就是保护生产力、改善生态环境就是发展生产力"的理念,既发挥人的积极性,创造社会生产力;又创造生态生产力,挖掘自然潜能,提升生活品质。

(三)生态环境民生论

2013 年 4 月,习近平总书记在海南考察时强调,良好生态环境是最公平的公共产品,是最普惠的民生福祉。头顶着蓝天白云,在清洁的河道里畅快游泳,田地盛产安全的瓜果蔬菜……这些是人民群众对生态文明最朴素的理解和对环境保护最起码的诉求。我国一些地方的雾霾天气、地下水等污染问题集中暴露,群众反映强烈。人民群众的向往,就是我们的奋斗目标。必须把生态文明建设放到更加突出的位置,着力在治气、净水、增绿、护蓝上下功夫,为人民群众创造良好的生产生活环境。这一精辟论断,既是对生态产品的准确定位,又是对民生内涵的丰富发展,深刻揭示了生态与民生的关系,反映了人民群众对全面建成小康社会和现代化建设的新期待。

山清水秀但贫穷落后不是我们的目标,生活富裕但环境退化也不是我们的目标。实现中华民族伟大复兴的中国梦,离不开经济的繁荣、政治的民主、社会的和谐、精神的文明,更离不开良好的生态环境。随着生活水平不断提高,人民群众对环境问题高度关注。人民群众由奔小康到要健康,对干净的水、清新的空气、安全的食品、优美的环境等要求越来越高。环境保护和治理要以解决损害群众健康突出环境问题为重点,坚持预防为主、综合治理,强化水、大气、土壤等污染防治,着力推进重点流域和区域水污染防治,着力推进重点行业和重点区域大气污染治理。

(四)生态文明制度建设论

习近平总书记在 2013 年 5 月 24 日中央政治局第六次集体学习时指出,只有实行最严格的制度、最严密的法治,才能为生态文明建设提供可靠保障。建设生态文明必须依靠制度,依靠法制,建立体现生态文明要求的目标体系、考核办法、奖惩机制,使其在生态文明建设中发挥引导、规制、激励、服务和保障作用。习近平总书记的这一主张,体现了在保护中发展、在发展中保护的思想;体现了运用倒逼机制,实行从严从紧的环境政策,把生态环境保护要求传导到经济转型升级上来;体现了发展经济同保护环境间的辩证关系。

生态文明建设是发展方式的转变,涉及经济社会发展各个方面,我们必须对生态文明建设的长期性和艰巨性有清醒的认识。习近平总书记强调,最重要的是要完善经济社会发展考核评价体系,把资源消耗、环境损害、生态效益等体现生态文明建设状况的指标纳入经济社会发展评价体系,使之成为推进生态文明建设的重要导向和约束。要建立健全资源有偿使用制度和生态补偿制度,建立责任追究制度,对那些不顾生态环境盲目决策、造成严重后果的人,必须追究其责任,而且要终身追究。这是生态文明建设的根本保障,也是政治责任和历史责任。要加强生态文明宣传教育,增强全民节约意识、环保意识、生态意识,营造爱护生态环境的良好风气。

习近平总书记关于生态文明制度建设的理论在 2013 年 11 月党的十八届三中全会审议通过的《中共中央关于全面深化改革若干重大问题的决定》中得以充分的诠释。《决定》指出:建设生态文明,必须建立系统完整的生态文明制度体系,实行最严格的源头保护制度、损害赔偿制度、责任追究制度,完善环境治理和生态修复制度,用制度保护生态环境。

(五)生态文明建设系统工程论

习近平总书记在发给生态文明贵阳国际论坛 2013 年年会开幕的贺信中强调,中国将按照尊重自然、顺应自然、保护自然的理念,贯彻节约资源和保护环境的基本国策,更加自觉地推动绿色发展、循环发展、低碳发展,把生态文明建设融入经济建设、政治建设、文化建设、社会建设各方面和全过程,形成节约资源、保护环境的空间格局、产业结构、生产方式、生活方式,为子孙后代留下天蓝、地绿、水清的生产生活环境。

习近平总书记强调,必须按照系统工程的思路抓好生态文明建设。生态文明建设是综合运用法律、经济、技术以及必要的行政手段使得自然生产力逐渐恢复,促进和谐发展建设美丽中国的必然要求。生态文明建设是一项复杂的系统工程,要按照系统工程的思路,强化党的领导、国家意志和全民行动。中国特色社会主义事业是五位一体全面发展的事业,生态文明建设从本质上说是经济结构、生产方式、消费方式、体制机制问题。我们衡量生态文化是否在全社会扎根,就是要看是否把生态理念和行为准则自觉体现在社会生产生活的方方面面。坚持从生态系统的角度来看待环境污染:环境污染是生态系统的物质变换、能量转换和信息交换平衡被打破的结果。应想方设法保障生态系统整体的动态平衡和稳定,而不仅是转移污染;要从根源上来防治污染,避免在污染治理上的近视和短视。如在产业发展中,是否认真制定和实施环境保护规划;在城市建设中,是否全面考虑建筑设计、建筑材料对城市生态环境的影响;在产品生产中,是否严格执行绿色环保和质量安全标准;在日常生活中,是否自觉注意环境卫生、善待生命;等等。实际上,生态环境也是实现什么样发展的一面镜子。在一定意义上可以说,这是发展理念和方式的深刻转变,也是执政理念和方式的深刻变革。

(六)生态红线论

习近平总书记在 2013 年 5 月 24 日中央政治局第六次集体学习时指出,"生态保护的红线就是生态环境保护的底线,对于自然资源的利用以及生态环境的损害绝不能够突破底线,否则就会收到自然的惩罚"。"生态红线论"从时空视角对生态文明建设进行了新的诠释,用创新的理念处理了发展和保护的关系。

国土是生态文明建设的空间载体,从大的方面统筹谋划、搞好顶层设计,就要按照人口资源环境相协调、经济社会生态效益相统一的原则,整体谋划国土空间开发,统筹人口分布、经济布局、国土利用、生态环境保护,科学布局生产空间、生活空间、生态空间,给自然留下更多修复空间。"生态红线论"认为,要从整体谋划国土空间的视角,坚定不移加快实施主体功能区战略,严格按照优化开发、重点开发、限制开发、禁止开发的主体功能定位,划定并严守生态红线,构建科学合理的城镇化推进格局、农业发展格局、生态安全格局,保障国家和区域生态安全,提高生态服务功能。要划定并严守生态保护红线,坚守 18 亿亩耕地红线,实施水资源开发利用控制、用水效率控制和水功能区限制纳污"三条红线",大力开展生物多样性保护,实施良好湖泊保护,建立国家公园体制等政策举措。强调"牢固树立生态红线的观念",在生态环境保护问题上,不能越雷池一步,否则就会受到惩罚。"生态红线理论"对生态文明建设提出了底线要求。

(七)生态系统休养生息论

习近平总书记指出,要让透支的资源环境逐步休养生息,扩大森林、湖泊、湿地等绿色生态空间,增强水源涵养能力和环境容量。这一重要论断体现了新时期我们党对生态文明建设规律认识的进一步深化。资源环境问题说到底是自然生态系统问题。让生态系统休养生息,就是充分运用法律、经济、技术和必要的行政手段,给自然生态以必要的人文关怀和时间空间,使自然生产力逐步得以恢复,促进人与自然和谐发展,建设美丽中国。他还指出,中国环境问题具有明显的集中性、结构性、复杂性,只能走一条新路:既要金山银山,又要绿水青山。不要金山银山,也要绿水青山。让生态系统休养生息,不是消极怠工、被动等待,不是不要发展、无所作为,而是一个积极主动进取,察势、蓄势、扬势的过程,是一个创造发展条件、积聚发展力量,把再造生态环境优势转化为进一步推动经济社会持续健康发展的过程。从现阶段来说,就是要让生态系统得以恢复,由失衡走向平衡,"治病祛疾",进入良性循环;从长远来讲,就是增强耕地、江河湖泊、湿地、森林等自然生态系统的修复能力和自我循环能力,"强身健体",提高生态服务功能。让生态系统休养生息的核心是"生息",基本要求是"休"和"养",停止过度开发和破坏活动,主动保育,促进生态环境质量持续改善。

习近平总书记关于生态文明建设的思想,回答了什么是生态文明、怎样建设生态文明的一系列重大理论和实践问题,拓展了生态文明建设的边界,丰富了生态文明建设的内容,开启了生态文明建设的实践,把生态文明建设提高到一个新的境界,体现了我们党高度的历史自觉和生态自觉,标志着我们党对人类社会发展规律、社会主义建设规律、共产党执政规律的认识达到了一个新高度。

三、习近平生态文明建设思想的重大贡献

(一)习近平生态文明建设思想是对马克思主义自然生态环境理论的新继承

习近平生态文明建设思想体现了马克思主义的生态观与辩证法,蕴含了人与自然和谐共生的要义,对于推进生态文明建设提供了思想武器以及理论依据。

自然资源是否能够与劳动一起成为财富的源泉是探讨生态文明的重要前提。马克思认为自然生态环境作为物质生产以及劳动过程的构成因素,是人类社会存在的自然基础。(1)物质财富的源泉是劳动与自然生态环境的原始集合。马克思在《1844年经济学哲学手稿》中提出并肯定了"自然界是劳动本身要素"的说法,将劳动以及自然看作是自然的原始要素,与劳动一起成为价值创造的源泉。恩格斯也表示劳动与自然界的原始集合才是财富的根本源泉,自然界为劳动提供原材料,劳动把原材料提供财富。(2)自然生态环境内化于人类社会生产实践活动。马克思认为自然生态环境具有物质生产实践的全部含义,其将劳动过程的一切因素归纳为三个基本要素"劳动本身,劳动对象以及劳动资料",自然因素贯穿于劳动对象以及劳动资料的本身,而劳动也是通过人的自然消耗而弥补的。所以自然生态环境所构成的要素是人之外自然与人本身自然的统一,都是劳动的内在要素。习近平总书记强调人与自然和谐发展的必要性,继承了马克思恩格斯的自然生态环境价值内生于人类社会生产实践的过程的观点。(3)自然生态环境作为物质生产的内生要素决定了社会的运行与发展。马克思在《资本论》中对自然条件在决定生产力发挥中的作用中进行了深刻的论证。他认为劳动的自然条件伴随着剩余劳动变化而变化,劳动的不同自然条件可以满足世界各地不同自然条件下的多层次需要,所以地理条件优越,土地肥沃的地区蕴含着较大的生产力。所以,自然生态条件的差异导致的生产力发展的差异,将直接导致社会生产水平的多样性的产生。此外,马克思还分析了包括风力、电力以及蒸汽等自然力作为劳动要素,被用于生产过程中而不断提高生产效率,带来超额利润的过程。自然力作为生产要素而促进生产的提高,超脱于一切社会制度,成为社会生产发展的构成要素。习近平总书记阐述的生态环境就是生产力的思想,与马克思主义的生态文明决定生产力水平如出一辙,是对马克思主义的自然生态蕴含在生产力水平中的重要总结,为改善经济发展与生态环境之间的关系提供了理论支撑,有利于摒弃以牺牲环境为代价换取经济发展的发展模式,促进循环发展、低碳发展和绿色发展。

(二)习近平生态文明建设思想是对可持续发展理论的新发展

可持续发展是指既满足当代人的需求,又不对后代人满足需求的能力构成危害的发展。可持续发展是以公平性原则、可持续原则和共同性原则为基础,以控制人口、节约资源、保护环境为重要条件的,其目的是使经济发展同人口增长、资源利用和环境保护相适应,实现资源、环境的承载能力与经济社会发展相协调。

习近平生态文明建设思想与可持续发展理论在本质上是一致的,都是以尊重和维护生态环境为出发点,强调人与自然、人与人、经济与社会的协调发展,以可持续发展为依托,以生产发展、生活富裕、生态良好为基本原则,以人的全面发展为最终目标。只有实现了生态良好,全面建成小康社会才有坚实的生态基础,只有人与自然和谐,社会和谐才能得以实现。

而习近平同志提出的"生态兴则文明兴,生态衰则文明衰"、"生态环境就是生产力"、"生态环境是最大的民生福祉"、"生态保护的红线就是生态环境保护的底线"等论断则是对可持续发展理论的新的发展,是将生态环境问题上升到历史唯物主义的高度,表明了推进生态文明建设,是涉及生产方式和生活方式根本性变革的战略任务,是关系人民福祉、关乎民族未来的长远大计。把生态文明建设放在突出地位,体现了尊重自然、顺应自然、保护自然的理念,也体现了我国走向社会主义生态文明新时代的决心。习近平总书记提出的"生态保护的红线就是生态环境保护的底线"、"最严格制度最严密法治是生态文明建设的保障"、"节约资源是保护生态环境的根本之策"、"让透支的资源环境逐步休养生息"等观点则是将可持续发展与我国社会主义建设结合起来的具体化、实践化,是对可持续发展理论的充实与完善。

(三)习近平生态文明思想是对科学发展观理论的新解读

党的十八大报告将生态文明建设放在突出的地位,将其纳入到社会主义现代化的总体布局当中,是科学发展观的集中体现和重要内容。科学发展观是坚持以人为本,树立全面、协调、可持续的发展观,促进经济社会和人的全面发展。生态文明是继工业文明之后的一个崭新的文明形态,它是人类文明发展到一定阶段的必然产物。生态文明观是一个系统完整的逻辑体系,在观念层面强调加强生态文明宣传,提高生态环境保护意识;在经济层面强调转变粗放的发展方式;在制度层面强调生态文明制度的建设。习近平总书记在党的十八大报告关于"生态文明"建设论述的基础上,进一步细化了关于生态文明建设的顶层设计、战略规划、监督机制以及实践路径的要求,对科学发展观在新的时代要求下进行了新解读。习近平总书记在一系列重要讲话中,系统论述了加强生态文明建设的价值取向、指导方针、目标任务、工作着力点和制度保障等,为建设美丽中国提供了基本遵循原则。他提出的"生态环境是最大的民生福祉"是对以人为本的全新诠释,"生态环境就是生产力"是对发展的创新理解,"按照系统工程的思路抓好生态文明建设"则是对全面、协调、可持续和五个统筹思想的发展与完善。

实践证明,生态文明建设是落实科学发展观,推进经济社会可持续发展的客观要求,是走新型工业化道路、转变经济发展方式的行动指南,是建设资源节约型和环境友好型社会的根本途径,也是建设小康社会和文明社会的必由之路。

参考文献:

[1]《马克思恩格斯全集》第42卷,人民出版社1979年版。

[2]《马克思恩格斯全集》第22、23、24卷,人民出版社1972年版。

[3]周生贤:《走向生态文明新时代——学习习近平同志关于生态文明建设的

重要论述》,《求是》2013 年第 17 期。

[4]秦光荣:《改善生态环境就是发展生产力——深入学习贯彻习近平同志关于生态文明建设的重要论述》,《云南党的生活》2014 年第 2 期。

（原载于《湖南社会科学》2016 年第 3 期）

习近平生态文明理念：要义、价值、实践路径*

党的十八大以来，习近平围绕生态文明建设和环境保护工作提出了一系列新观点和新论断，涉及面广，内涵丰富，具有前瞻性和全局性。这些重要思想是习近平深刻思考人与自然关系的结晶，是对生态文明建设做出的理论性归纳和总结，同时也蕴含着科学的方法论和实践观基础。习近平生态文明思想为建设美丽中国，实现中华民族永续发展，走向社会主义生态文明新时代，指明了前进方向，提供了实践路径①。

一、要义透视：习近平生态文明思想的五重视域

（一）文明视域——"生态兴则文明兴，生态衰则文明衰"的生态文明观

习近平在多个不同场合阐述了生态文明建设对人类文明进步的重要性。他从人与自然之间的关系出发，立足于人类文明发展的战略基点，高瞻远瞩地揭示了生态文明时代的到来是历史发展的必然趋势，同时也是人类社会前进的目标方向。随着工业文明的发展，人类依靠科技力量对大自然进行了掠夺式开发利用，导致了严重的生态失衡，迫使人类必须加强生态文明建设。面对这种情况，习近平坚持和发展了马克思主义生态观，指出人类社会经历了原始文明、农业文明和工业文明，正处于文明转型的重要拐点，开始逐步迈向生态文明新时代，这是实现人与自然和谐发展的必由之路。为此，他还提出了"生态兴则文明兴，生态衰则文明衰"的生态文明观。习近平的这些论述，全面总结了人类文明的发展规律，揭示

---

* 本文作者：陈俊（1980－），男，湖北天门人，遵义医学院人文社科学院副教授；张忠潮（1963－），男，陕西蒲城人，西北农林科技大学人文学院教授，陕西省农业法环境法研究中心主任。

本文为国家社科基金一般项目"西南地区少数民族传统生态伦理思想研究"（批准号13BZX031）和贵州省教育厅高校人文社会科学研究项目"习近平总书记生态文明建设思想研究"（批准号2016ssd10）的阶段性研究成果。

① 周生贤：《走向生态文明新时代——学习习近平同志关于生态文明建设的重要论述》，《求是》2013年第17期。

了生态环境与文明兴衰的内在联系，阐明了环境变迁对社会发展方向的影响作用，回答了生态建设与人类文明发展之间的辩证关系，准确把握了生态文明在人类文明发展史上的历史方位，并将其提升到前所未有的高度，反映出我们党对人类文明发展规律的理性审视，彰显了我们党在人与自然关系问题上高度的生态自觉和文明自觉，是新时期我们党关于生态文明建设的理论创新和实践深化。

（二）生产视域——"保护生态环境就是保护生产力"的生态生产力观

习近平立足于当前我国的生态环境现状，深刻揭示了生态环境保护与经济发展之间的辩证关系。他指出："良好的生态环境是人和社会经济持续发展的根本基础。蓝天白云、青山绿水是长远发展的最大本钱。"①他把保护生态环境与发展生产力联系起来思考，揭示了生态环境保护的生产力属性，指出"良好的生态环境本身就是生产力"②，这一论断遵循了辩证唯物主义基本原理，并由此明确提出了"保护生态环境就是保护生产力，改善生态环境就是发展生产力"③的生态生产力观。这一科学判断，揭示了保护生态环境与发展生产力的辩证关系，是对传统生产力理论的重大创新，是对人类生产力发展实践的深刻总结，是对马克思主义自然生产力思想的创新与发展。习近平的生态生产力观揭示了生产力系统与生态环境系统之间的内在关系。生态环境为经济建设提供了资源、能源等自然因素，为人类的生存与发展提供了物质基础，自然环境系统是生产力发展的必要条件。为此，习近平提出"宁要绿水青山，不要金山银山"④。他主张在保护中发展，在发展中保护。只有在经济建设过程中合理利用自然资源，提高资源利用率，并且用经济发展的成果来提高生态环境质量，才能使经济发展与环境保护获得双赢，既保护了生态环境，又发展了社会生产力，从而达到保护生态生产力的目的。

（三）民生视域——"生态环境就是民生福祉"的生态民生观

民生问题不仅是人民基本物质生活资料的满足和基本生存权利得到保障，而且是一个与人民的生存条件和生存环境要求密切相关的问题⑤。为此，习近平指

---

① 中共中央宣传部：《习近平系列重要讲话读本》，学习出版社，人民出版社 2014 年版，第 209 页。

② 周生贤：《走向生态文明新时代——学习习近平同志关于生态文明建设的重要论述》，《求是》2013 年第 17 期。

③ 中共中央宣传部：《习近平系列重要讲话读本》，学习出版社，人民出版社 2014 年版，第 234 页。

④ 中共中央宣传部：《习近平系列重要讲话读本》，学习出版社，人民出版社 2014 年版，第 209 页。

⑤ 徐水华，陈璇：《习近平生态思想的多维解读》，《求实》2014 年第 11 期。

出:"良好生态环境是最公平的公共产品,是最普惠的民生福祉。"①该论断揭示了生态环境与民生问题的关系,既是对生态环境公共产品属性的准确定位,又是对民生内涵的丰富和拓展,反映了人民群众对高质量生存环境的向往和需求。良好的生态环境既是保证人民群众身心健康的重要前提,也是提升人民群众生活质量的重要内容,生态环境问题已然成为与我们日常生活密切相关的民生问题。近几年来,由于过分追求 GDP 增长而缺乏对生态失衡问题的预防,迫使生态环境超负荷运转,导致全国各地重大环境污染、破坏自然生态的事件屡见不鲜,直接威胁群众的身体健康甚至生命安全。为此,习近平提出了一切为了人民生态诉求的"生态民生观"。该观点从维护人民群众切身利益出发来确立生态文明建设的出发点和归宿,将生态问题作为一个重要的民生问题来抓,凸显了保护生态环境的重要性和现实意义,为生态民生建设奠定了理论基础,提供了科学方法,指明了实践方向。

(四)安全视域——"整体谋划国家生态安全"的生态安全观

生态安全是指一个国家或地区在生存和发展过程中所需的生态环境处于不受或少受破坏与威胁的状态,是人类生存和发展所必须拥有的最基本的安全需求。生态的安全状况是开拓未来和谐发展与可持续发展的基石,贯穿于当代经济、政治、文化、外交、军事之中,甚至已经上升到关乎国家稳定、民族存亡的战略高度。党的十八大明确指出,要构建科学合理的生态安全格局,要从整体谋划国土空间的视角,坚定不移加快实施主体功能区战略,严格按照优化开发、重点开发、限制开发、禁止开发的主体功能定位,划定并严守生态红线,构建科学合理的城镇化推进格局、农业发展格局、生态安全格局,保障国家和区域生态安全,提高生态服务功能。2013 年 4 月 25 日,习近平在十八届中央政治局常委会会议上指出:"我们不能把加强生态文明建设、加强环境保护、提倡绿色低碳生活方式等仅仅作为经济问题。这里面有很大的政治。"这一科学论断具有很强的现实意义。随着全球性生态危机的加剧,一些发达国家为了自身利益,通过向我国进行污染转移、垃圾倾倒等环境殖民行为压缩了我国的生态空间,破坏了我国的生态安全,我们必须提高警惕。为此,习近平把生态安全放到整个现代化建设的格局中,放到国家整体安全体系中去认识与定位,强调要坚持总体国家安全观,生态安全处于与其他安全的联系之中,具有基础性地位,没有生态安全,我国就会陷入难以逆转的生存危机,其他领域的安全也将难以保证。党的十八届五中全会进一步指出要"构建科学合理的生态安全格局","筑牢生态安全屏障"。必须按照习近平关

---

① 习近平:《加快国际旅游岛建设谱写美丽中国海南》,《今日海南》2013 年第 4 期。

于建设生态安全的重要思想，从整体上谋划国家生态安全，让良好生态环境成为筑牢我国生态安全的绿色长城。

（五）制度视域——"实行最严格的制度和最严密的法治"的生态制度观

建设社会主义生态文明，需要强有力的制度来保护生态环境，这就需要建立和完善系统完整的生态文明制度体系。"只有实行最严格的制度、最严密的法治，才能为生态文明建设提供可靠保障"①。因为制度具有根本性、全局性、稳定性和长期性等特点，能够为生态文明建设提供强有力的保障，所以制度建设是生态文明建设的重中之重。"实行最严格的制度"，要求把现有的各项制度不打折扣地真正落到实处，在生态文明制度面前人人平等，在生态文明建设实践中人人有责，不论是普通群众还是领导干部，都有爱护环境、保护生态的责任，在处理人与自然的关系中都要受到制度的约束，"在生态环境问题上，就是要不能越雷池一步，否则就应该受到惩罚"②。为了建立完整的生态文明制度体系，习近平强调要健全国家自然资源资产管理体制，完善经济社会发展的考评体系，突出生态环境在考评体系中的重要地位，转变唯经济增长论英雄的传统观念，要"建立体现生态文明要求的目标体系、考核办法、奖惩机制，使之成为推进生态文明建设的重要导向和约束"③。"实行最严密的法治"，要求根据生态文明建设的实际情况，不断修订和完善我国环境保护法制体系，健全与生态文明建设相关的法律法规，使生态文明建设真正做到"有法可依"。此外，习近平还强调要建立责任追究制度，"要对领导干部实行自然资源资产离职审计，建立生态环境损害责任终身追究制"④，对监督不作为的相关部门，也要依法追究相关人员的监督失职责任，做到执法必严、违法必究。还要加强资源节约使用制度、污染防治制度、生态补偿制度等，用制度和法律明确规定生态保护者和生态受益者的权利和义务，以及保证这种权利实现和义务履行的机制，突出强调了制度和法律对于生态文明建设的保障作用。

---

① 中共中央宣传部：《习近平系列重要讲话读本》，学习出版社，人民出版社2014年版，第240页。
② 中共中央宣传部：《习近平系列重要讲话读本》，学习出版社，人民出版社2014年版，第23页。
③ 中共中央宣传部：《习近平系列重要讲话读本》，学习出版社，人民出版社2014年版，第240页。
④ 中共中央宣传部：《习近平系列重要讲话读本》，学习出版社，人民出版社2014年版，第241页。

二、价值厘思：习近平生态文明思想的五大贡献

（一）习近平生态文明思想顺应了当今时代发展的潮流

生态文明概念的提出，与全球日益严重的生态环境问题密切相关。工业文明所带来的生态危机已经从地区性问题演变成全球性问题。人类逐渐认识到，经济快速增长并不等于社会发展进步；自然资源是有限的；生态环境的可再生能力是人类生存和发展的基础。只有彻底转变粗放型的生产方式和过度消费的生活理念，坚持走可持续发展之路，才能从根本上摆脱生态危机的威胁。这就要求我们必须放弃以人与自然对立为主旋律的工业文明观，建立一种以人与自然和谐相处为主导的新文明观——生态文明观。生态文明是人类文明的高级形态，指明了人类社会发展的方向，是对工业文明深刻反思后得出的必然结果，反映了人类文明形态、经济发展模式、社会发展道路的重大进步。当今世界，随着生态文明理念的推广普及，正在全世界引发一场改变人类生产方式、生活方式、消费模式、价值观念的重大变革，生态文明成为新时期不可逆转的发展潮流。而以习近平为总书记的党中央以马克思主义科学理论为指导，借鉴西方生态思想的合理成分和中国优秀传统生态文化，在积极应对经济建设所造成的资源环境问题的过程中，顺应时代发展的潮流，将破解生态难题、保障生态民生作为理论创新和实践创新的切入点，最终提炼出了中国特色社会主义生态文明理论。

（二）习近平生态文明思想推进了马克思主义中国化的历史进程

马克思主义中国化，就是将马克思主义基本原理同中国具体实际相结合，实现具体化。马克思主义中国化是一个动态发展的过程，具有全面性特征，不仅涉及马克思主义基本原理与我国的经济、政治、文化、社会等领域的实际相结合，而且涉及与我国生态环境实际相结合，确切地说是把马克思主义生态思想与中国的生态国情联系起来，形成具有中国特色的马克思主义生态观。在对待人与自然的辩证关系上，"人与自然和谐发展"是马克思主义生态观的核心，这与当前社会主义生态文明建设所追求的目标具有一致性①。新中国成立以来，中国共产党人把马克思主义生态思想与中国经济、政治、文化、社会发展相结合，在充分考虑当前生态环境问题实际的基础上，提出了一系列与生态文明思想相统一的执政理念，从最开始认识到"人与自然和谐相处"到提出"可持续发展"战略，再到全面贯彻落实"科学发展观"，随着对生态环境问题认识的逐步深化，我们党不断调整施政纲领和执政理念，先后提出"全面建设小康社会""建设社会主义和谐社会""建设

---

① 　侯辰龙：《政治学视角下推进生态文明建设的战略思考》，《理论导报》2014 年第 6 期。

资源节约型环境友好型社会"等一系列政策和主张,最终形成了"社会主义生态文明"理论,并且明确指出实现"美丽中国"的目标。中国共产党将古今中外的生态思想融会贯通,结合我国当前的生态国情,努力探索和创新中国特色社会主义生态文明理论,极大地丰富和发展了马克思主义生态思想,推进了马克思主义中国化的历史进程。

(三)习近平生态文明思想适应了社会主义初级阶段主要矛盾的新变化

我国社会主义初级阶段的基本国情是人口多、人均资源少、生产力不发达。当前我国最大的基本国情仍然是处于并将长期处于社会主义初级阶段,社会主要矛盾仍然是人民日益增长的物质文化需要同落后的社会生产之间的矛盾。因此,必须始终坚持党的基本路线不动摇,牢牢抓住经济建设这一中心任务。社会主义初级阶段是一个漫长的过程,不同阶段的社会主要矛盾,其特征是不一样的。党的十七大提出生态文明建设的新思路,就是把解放和发展生产力与人口、资源、生态、环境等具体的国情因素联系在一起,体现了我们党对社会主义初级阶段主要矛盾新变化的深刻把握。改革开放以来,随着我国工业化、城市化进程的加快,生态环境问题越来越严重,已经从一个区域性、局部性问题演变为全国性、整体性问题①。当前,生态环境问题已经成为制约我国经济社会发展的重要瓶颈之一,社会主要矛盾不仅表现为人民日益增长的物质文化需要同落后的社会生产之间的矛盾,也表现为同落后的生产方式、生活方式、价值观念之间的矛盾,即经济增长与环境污染之间的矛盾,过度消费与资源短缺之间的矛盾,眼前利益与长远利益之间的矛盾。破解这些矛盾,唯一的出路就是建设生态文明,走可持续发展之路。继党的十七大确立生态文明建设新目标之后,党的十八大又进一步将"生态文明建设"与"努力建设美丽中国,实现中华民族永续发展"的奋斗目标相提并论。这是我们党积极适应社会主义初级阶段基本国情和主要矛盾发展变化而做出的理性抉择。

(四)习近平生态文明思想深化了对社会主义本质属性的认识

邓小平将社会主义的本质概括为"解放和发展生产力,消灭剥削,消除两极分化,最终达到共同富裕"②。党的十六届六中全会通过的《中共中央关于构建社会主义和谐社会若干重大问题的决定》明确指出,社会和谐是中国特色社会主义的本质属性。该论断是中国共产党总结我国社会主义建设历史经验的基础上得出

① 孙美华:《构建社会主义和谐社会的现实途径问题论析》,东北师范大学硕士论文 2009 年,第 26 页。

② 《邓小平文选》第 3 卷,人民出版社 1993 年版,第 373 页。

的正确结论,科学地揭示了社会和谐与社会主义的内在联系,深化了对社会主义本质的认识①。社会和谐不仅包括人与人的和谐、人与社会的和谐,还包括人与自然的和谐。自然环境是人类生存与发展的基础,离开了和谐的生态环境,经济、政治、文化、社会也将失去发展所需要的良好前提条件,人与人的和谐、人与社会的和谐也会受到很大影响②。生态失衡的社会不是真正的和谐社会,只有建设生态文明,在创造物质财富的同时充分保障人民的生态利益,才能让广大人民群众共享发展的成果,同时也实现人与自然关系的和谐。生态文明要求人类在实现自我发展和提升的过程中,自觉遵循客观规律,尊重自然,顺应自然,这完全符合社会和谐的要求。因此,只有在生态文明思想的引领下,才能实现"民主法治、公平正义、诚信友爱、环境友好、资源节约、充满活力、安定有序、人与自然和谐相处的社会"③。建设生态文明是体现社会主义本质的必要条件,也是社会主义和谐社会的具体表现形式和重要实现路径。

(五)习近平生态文明思想回应了科学执政的时代诉求

所谓科学执政,是指我们党在马克思主义科学理论指导下,在充分结合中国具体国情的基础上,不断探索社会发展规律、党的执政规律、社会主义建设规律,遵照科学的理念、建立科学的制度、运用科学的方法进行合理有效的执政活动,带领中国人民建设中国特色社会主义④。科学执政必须关注社会现实,解决人民群众普遍关注的问题,维护广大人民的根本利益。改革开放以来,随着我国工业化、城市化进程的加快,加上在经济建设过程中没有协调好人与自然的利益关系,导致生态环境问题日益严重,损害了人民的生态利益。我们党只有围绕"生态环境问题"实现执政理念的生态化转向,才能达到科学执政的目的⑤。因此,党提出生态文明建设的新要求,并将其提升到与经济、政治、文化和社会四个方面建设并列的战略高度,正式形成中国特色社会主义事业"五位一体"的现代化建设布局,生态文明从此成为我们党的执政理念和执政内容。由此可见,生态文明建设与科学执政具有内在联系,二者的最终目的均是为了保障广大人民的根本利益,都强调

---

① 课题组:《中国道路十章——马克思主义中国化经典文献回眸(九、十)》,《党的文献》2011年第5期。

② 郭建宁:《坚持与发展中国特色社会主义的若干思考》,《理论建设》2013年第3期。

③ 徐岩:《中国共产党生态文明建设的实践探索与经验》,《泰山学院学报》2011年第5期。

④ 余正琨:《论科学发展观对三大规律认识的丰富与发展》,江西师范大学2010年版,第28页。

⑤ 曹梦晗:《新时期中国共产党执政为民思想研究》,山东轻工业学院硕士论文2012年,第26页。

人与自然协调发展,始终按照自然客观规律办事①。将生态文明建设上升为执政理念和执政纲领,反映了我们党认真对待世界性生态危机的责任担当,有力地回应了科学执政的时代诉求,为实现全面小康奠定了坚实的政治基础,推进中国特色社会主义建设向纵深发展。

三、实践路径：习近平生态文明思想的贯彻落实

（一）加强生态环境保护教育,树立生态文明建设理念

生态文明建设是一项复杂的系统工程,绝不仅仅是一个纯粹的技术问题,要想从根本上有效推进生态文明建设,必须从增强人们内心生态保护观念入手。对此,习近平指出："树立尊重自然、顺应自然、保护自然的生态文明理念,坚持节约资源和保护环境的基本国策,坚持节约优先、保护优先、自然恢复为主的方针,把生态文明建设融入经济建设、政治建设、文化建设、社会建设各方面和全过程,着力树立生态观念。"②

第一,培养人的生态意识。生态意识是人类对工业文明时期所造成的生态破坏、环境污染等一系列问题进行深刻反思后形成的一种如何处理人与自然关系的思想观念。大自然是人类生存和发展的物质基础,人与自然休戚与共,人类也是自然界长期发展的产物,一旦离开大自然,人类的一切实践活动都无法开展。因此,人类必须正确处理自身与大自然的关系,否则,如果肆意污染环境、破坏生态,最终毁坏的是人类生活的家园。要在人与自然之间建立一种和谐关系,必须在人的意识领域形成一种生态观念,而培养人的生态意识关键在于树立尊重自然、顺应自然、保护自然的生态文明理念,并用这三种方式处理人与自然生态环境的关系。

第二,培养人的节约意识。习近平认为"节约资源是保护生态环境的根本之策"③,要求在生态文明建设中坚持节约优先的原则,这实际上是把节约资源上升到了"基本国策"的战略高度。生态文明建设虽然要在具体的实践中才能得到落实,但是首先要在人们的意识领域达成一种共识,引起共鸣。要注意引导人们思维方式的转化,尤其是要将资源节约意识融入生产、生活方式中,坚持节约优先、

---

① 刘晓钟,钟涛：《论科学发展观重大战略思想的理论体系》,《中共济南市委党校学报》2006年第4期。

② 陈吉宁：《以"四个全面"战略布局为指引奋力开创环保事业改革发展新局面》,《时事报告》（党委中心组学习）2015年第2期。

③ 中共中央宣传部：《习近平系列重要讲话读本》,学习出版社,人民出版社2014年版,第238页。

保护优先、自然恢复为主的方针,为自然界自我修复和自我净化留出足够空间。

(二)把生态文明理念融入经济、政治、文化、社会等各个领域和全过程

习近平本着对党和国家事业高度负责的态度,重申了生态文明建设的重要意义,他指出:"生态环境保护是功在当代、利在千秋的事业。"①为了完成这一伟大事业,必须把生态文明建设充分纳入经济、政治、文化、社会等各方面建设中,下大决心治理污染、保护环境,重现蓝天、白云、绿水的美丽生态景观,使人民群众切实感受到生态环境的改善,切实享受到生态文明建设带来的实惠。

第一,发展循环经济,促进经济生态化转型。生态文明要求实现生产方式的革命性转变,推行生态化生产方式,发展循环经济,扭转过去粗放型经济增长方式所造成的自然资源严重消耗的局面,实现经济发展方式的集约化转型,使自然资源、能源得到节约利用和循环利用,实现生产与消费模式从产品型经济转变为功用型经济,用辩证统一的观点来看待经济发展与环境保护的关系,既要最大限度地提高经济效益,又要保证自然生态系统的良性循环,当经济发展与环境保护发生矛盾时,要把环境保护放在优先位置。要打破唯经济发展论英雄的思维,将人与自然和谐相处作为基本准则,以生态科技为推手,走出一条兼顾经济效益和生态效益的发展道路。

第二,树立生态执政理念,强化各级政府的生态治理能力。正确认识和处理人与自然的关系,是判断和检验科学执政的重要标志之一,各级党委和政府必须从创新执政理念、提升执政水平的角度审视生态文明建设的战略地位,将其作为一项常抓不懈的重大政治任务来谋划,明确自身职责,转变执政理念,加强生态文明的执政,建立严格的责任追究制度,改革干部考核机制和政绩评价标准,把生态环境保护纳入考核内容,将"生态红线"作为重要衡量标准。此外,还要加快建立生态补偿机制和绿色国民经济核算体系,制定和落实行之有效的生态保护政策与法规,加大环保执法力度②。

第三,大力发展生态文化,在全社会形成生态文明氛围。文化和文化价值观具有潜移默化的导向作用,只有赋予生态文明建设鲜明的文化内涵和大众化色彩,才能为广大民众所接受和重视。因此,需要在全社会加强生态文明宣传教育,增强全民节约意识、环保意识、生态意识,引导人民群众树立可持续发展观念,努力营造爱护生态环境的良好风气。各级政府和环保部门要在全社会倡导生态文明的价值观、发展观、法治观和道德观。把生态伦理道德纳入社会主义核心价值

①　习近平:《生态兴则文明兴——推进生态建设打造"绿色浙江"》,《求是》2003年第13期。
②　陈俊:《中国共产党环境伦理思想的逻辑发展》,《前沿》2015年第6期。

体系,建立和生态文明建设相适应的文化新形态,发挥社会道德的约束力和先进文化的引导力作用,促进生态文明观念在全社会牢固树立,让尊重自然成为广大民众的心声,让保护环境成为全民的自觉行动。

第四,建设资源节约型环境友好型社会。改革开放以来,我国在现代化建设中取得了显著成绩,然而在经济高速发展的背后也付出了沉重的代价,自然资源过度消耗、环境污染日益严重,生态系统持续失衡。这些问题迫使我们必须从经济、社会、生态多元和谐发展的角度来审视发展模式和前进方向,以广大人民群众对良好生态环境的需求为出发点来调整国家和政府的职能,协调好社会各个领域的利益关系,努力化解人与人的矛盾和利益冲突,促进全社会的生态和谐。大力发展各种民间环保组织,支持环保公益性群众团体开展活动,打好生态文明建设的群众基础,提高社会公众的参与度和积极性,让良好的生态环境真正成为最公正的公共产品,实现全社会的生态共享和生态福祉。各级政府要开展广泛宣传,倡导生态健康生活方式和可持续消费模式,让绿色、生态、环保等理念深刻融入人们的日常生活中,引导广大民众积极参与生态治理和环境保护工作①。

(三)用制度建设成果保障生态文明建设

基于制度和法治的根本性、权威性、强制性等特点,制度和法治是促进生态文明建设的最根本保障。如果说宣传教育能够在意识层面引发人们对生态文明的关注,那么制度和法律则能够在行为层面硬性约束人们的生态实践行为。习近平指出:"只有实行最严格的制度、最严密的法治,才能为生态文明建设提供可靠保障"②。确切而言,当前制度的缺失已成为制约我国加快建设生态文明的短板之一,而习近平提出加强制度和法治建设,使之成为促进生态文明建设的强有力保障,这就抓住了促进和实现绿色发展的根本。因此,必须把建立健全生态文明制度体系作为重要突破口,推动制度创新和体制创新,用强有力的制度保护生态环境,遏制生态持续恶化的趋势。此外,还要加强生态环保法制建设,加大生态执法力度,严格执行奖惩措施。"对那些不顾生态环境盲目决策、造成严重后果的人,必须追究其责任,而且应该终身追究"③。

第一,健全资源生态环境管理制度。我国人口众多,绝大多数自然资源人均

---

① 张乐民:《马克思主义生态文明思想与开创生态文明新时代》,《理论学刊》2013 年第 10 期。

② 中共中央宣传部:《习近平系列重要讲话读本》,学习出版社、人民出版社 2014 年版,第 240 页。

③ 李新市:《马克思主义生态文明建设思想的新境界——学习习近平总书记加强生态文明建设重要讲话》,《山东农业大学学报》(社科版)2015 年第 2 期。

占有量相对不足,这就需要加强对国土范围内自然资源的监管,通过建立国土空间开发和国土资源保护制度,确保生态文明建设理念充分体现在国土资源开发、管理和监督的全过程。实施最严格的耕地保护制度,坚守耕地红线,节约用地制度,实施制度创新,确保实有耕地面积稳定,建立城乡土地置换制度,健全土地有偿使用制度。健全环境污染防治的相关法律法规,强化对水、大气、土壤污染等严重影响人民生命健康的行为进行制度约束和法律制裁,建立资源有偿使用制度和生态补偿制度,有效调控人们对自然资源的开发速度和力度,确保自然生态系统有足够的自我修复时间,达到国土空间开发和保护生态环境的目的。实施最严格的水资源管理制度,严格控制用水总量,提高水资源利用率,在水功能区实施"谁污染谁治理"制度,切实加强水资源管理。

第二,建立生态环境保护责任追究制度。将环境保护与干部选拔重用挂钩,对认真完成生态治理工作,坚持走可持续发展之路的干部要重用和提拔;对没有完成生态文明建设和绿色发展任务的干部不得重用。对盲目决策、错误决策、急功近利而造成严重环境污染、生态破坏事故的责任人包括地方领导、行政官员必须追责,严惩不贷,尤其要追究刑事责任,并且实行终身追究制。组织、统计、监察、环保等部门要相互配合,用制度规范主体行为,实现罚劣奖优、劣汰优胜。

第三,完善经济社会发展考核评价指标体系。各级政府及其工作人员履职的优劣直接关系到经济社会发展的质量,完善的政绩考核指标体系能够有效调动政府的积极性,引导发展的方向和方式。提高政府和工作人员参与生态文明建设的积极性和主动性,关键在于要将生态文明建设作为政绩考核的指标体系,将绿色发展作为社会进步的重要标志。生态文明建设决定了必须走可持续发展之路,坚持绿色发展,提高生态效益。因此,这就需要把体现发展质量效益的指标作为衡量生态文明建设水平的重要标尺,把生态环境改善的指标纳入政绩考评体系,实现以政策、行政命令为主导转向以制度体系为主导推进生态文明建设,以此来引导绿色发展,实现经济效益和生态效益在保持平衡的过程中得到综合提升,协调发展。

(四)统筹好国内积极建设与国际合作交流

生态文明建设是一项关系全民福祉、关乎中华民族未来的综合性、系统性工程。因此,必须把生态文明建设作为一个与国计民生密切相关的长远大计来抓,要把广大人民群众对天蓝、地绿、水清的生产生活环境的向往作为我们党执政为民的一个具体方向,并作为实现中华民族伟大复兴中国梦的重要内容,以坚定的决心和信心在可持续发展和生态文明建设方面不断地取得新突破。这就需要统筹好国际国内两个市场,既要把我国建设成为生态良好、环境优美的和谐社会,又要树立全球视野,加强对外合作与交流,同各国人民一道携手共建生态良好的美丽世界。

第一,按照尊重自然、顺应自然、保护自然的理念,把生态文明建设提升到国家战略高度,坚决贯彻保护环境的基本国策,使环境保护进入国家综合决策的层次,重点解决损害群众健康的突出环境问题,开创环保工作新局面。坚持走可持续发展道路,将生态文明建设贯穿于经济、政治、文化、社会等各个领域,实现绿色发展、循环发展、低碳发展,切实解决生态民生问题,保障人民群众的生态权益,为全体公民创造天蓝、地绿、水清的良好生产生活环境,提高生态环境在幸福指数中的地位,实现全民的生态福祉。

第二,明确认识在全球化时代,中国的发展已融入世界的发展,中国的生态文明建设是世界生态环境保护工作的重要组成部分,关系到全世界的可持续发展,生态文明建设是全球面临的共同课题。习近平也多次强调,在维护生态安全的全球性问题上,我们应该牢固树立命运共同体意识;在环境保护和生态治理上重视与其他国家的合作交流,学习国外先进生态环境治理的经验。在扩大生态文明建设的国际交流与合作中,我国既要坚持独立自主地开拓本国的生态发展之路,又要传递中国声音,发挥中国传统生态智慧的作用,抵制生态贸易壁垒和他国环境污染向我国转移,切实维护国家生态安全,与世界人民携手共建美丽家园。

(原载于《中共天津市委党校学报》2016 年第 6 期)

习近平生态文明建设理念的辩证法阐释*

　　党的十八大以来,习近平同志高度重视生态文明建设问题,在不同场合发表了一系列有关生态文明建设的讲话、论述,彰显了党和国家大力推进生态文明建设,努力建设美丽中国,实现中华民族永续发展的决心。习近平的生态文明建设思想贯穿着辩证唯物主义和历史唯物主义的世界观和方法论,充满着辩证法的智慧,闪耀着辩证法的光芒。唯物辩证法作为马克思主义重要组成部分,是科学的世界观和方法论,也是指导中国走向生态文明新时代的强大思想武器。习近平生态文明建设的辩证法思想体现在以下几个方面。

一、人与自然和谐共生的辩证法内蕴

　　自然界是人类社会产生、存在和发展的物质基础。人与自然的关系是人类社会中最基本的关系。人类为了自身的生存与发展,必须认真面对并妥善处理好人与自然之间的关系,努力促进人与自然的和谐发展。2016年1月18日习近平在省部级主要领导干部学习贯彻中共十八届五中全会精神专题研讨班上的讲话指出,绿色发展,就其要义来讲,是要解决好人与自然和谐共生问题。人类发展活动必须尊重自然、顺应自然、保护自然,否则就会遭到大自然的报复,这个规律谁也无法抗拒。人因自然而生,人与自然是一种共生关系,对自然的伤害最终会伤及人类自身①。习近平在多次讲话中强调要尊重自然、顺应自然、保护自然,实现人与自然和谐共生。尊重自然,不仅是辩证唯物主义自然观的基本观点,也是生态

　*　本文作者:秦书生,东北大学马克思主义学院马克思主义原理研究所所长,教授,博士,博士研究生导师;张海波,东北大学马克思主义学院博士研究生。
　　基金项目:2014年度国家社会科学基金资助一般项目"中国共产党生态文明建设思想的演进、实践要求与实现美丽中国梦路径研究"(14BKS056);中央高校基本科研业务专项资金资助项目"中国共产党生态文明建设思想的演进、实践要求与实现美丽中国梦路径研究"(N141302002)。

　①　习近平:《在省部级主要领导干部学习贯彻党的十八届五中全会精神专题研讨班上的讲话》,《人民日报》2016年5月10日。

文明建设的基本要求。人与自然是友好的伙伴关系,人类在寻求自身生存和发展的过程中,要对自然保持必要的尊重,在改造自然的实践中必须尊重自然规律。顺应自然就是顺应自然规律,因势利导地与自然和谐相处;保护自然就是保护自然的系统价值,保持自然系统内部的平衡、稳定、有序。习近平告诫我们,要"像保护眼睛一样保护生态环境,像对待生命一样对待生态环境"①。只有做到尊重自然、顺应自然、保护自然,才能避免和遏制违背自然规律,对自然资源进行毫无节制地攫取和掠夺的行为,把经济发展对自然的影响控制在环境承载能力范围内,使生态系统能够实现自我调节、自我恢复,维护生态系统的平衡,使经济发展能在良性循环下,源源不断地获得资源环境的有效供给,实现人与自然的和谐共生、和谐发展,为当代和后代留下天蓝、地绿、水清的美好家园。

人与自然和谐共生这一生态文明理念的确立,是我们党对传统粗放式发展方式的认真反思和深刻总结,昭示出我们党力求改善人与自然的关系,要求我们在发展理念上要牢固树立人与自然和谐发展的思想。人与自然和谐共生的生态文明理念体现了唯物辩证法的普遍联系观点。任何事物都与周围其他事物相联系,都不可能孤立存在。马克思很早就以其敏锐的智慧和洞察力揭示了人与自然的关系,他把自然界比作"人的身体",以此来说明人与自然的不可分割性,人与自然和谐共生的辩证法。他还指出:"人本身是自然界的产物,是在自己所处的环境中并且和这个环境一起发展起来的。"②我们生存的世界是一个普遍联系的有机整体,无论是无机界还是有机界,自然界之中的所有生物相互作用构成了立体的网络,每一物种都是这一网络中的有机环节,并且环环相扣、彼此关联。人类作为世界的一个有机组成部分,也包含在这个普遍联系的网络之中。人类的生存与发展依赖于对这个有机联系的网络的维护,依赖于同自然保持一种和睦相处的关系。恩格斯在《自然辩证法》一书中已经对人与自然的关系作过经典的表述,"我们不要过分陶醉于我们人类对自然界的胜利。对于每一次这样的胜利,自然界都对我们进行报复"③。在这里,恩格斯认为人类改造自然必须以尊重客观规律为前提,只有在充分把握客观规律的基础上,才能更好地善待自然,与自然和平共处、和谐共荣。人类违背客观规律,就会破坏生态系统的平衡,人类将最终自食其恶果。长期以来,我国经济高速发展过程中存在的突出问题就是把经济发展简单化为

---

① 习近平:《在省部级主要领导干部学习贯彻党的十八届五中全会精神专题研讨班上的讲话》,《人民日报》2016 年 5 月 10 日。

② 《马克思恩格斯选集》第 3 卷,人民出版社 1995 年版,第 374－375 页。

③ 《马克思恩格斯文集》第 9 卷,人民出版社 2009 年版,第 559 页。

GDP决定一切,盲目追求发展的高速度,导致环境污染加剧,资源透支严重。习近平指出:"你善待环境,环境是友好的;你污染环境,环境总有一天会翻脸,会毫不留情地报复你。这是自然界的规律,不以人的意志为转移。"①自然为人类的生产和生活提供了广阔的空间,人类要遵循自然规律,合理开发自然。在开发利用自然过程中坚持节约优先、保护优先、自然恢复为主的方针。

二、生态文明建设与经济、政治、文化和社会建设密切相关

世界上任何事物都与其他事物处于相互关联之中,事物自身诸要素之间也相互关联,通过相互作用形成一个有机整体。习近平善于运用普遍联系观点去观察分析问题,他认为环境问题同经济问题、社会问题和政治问题密切相关,要"把生态文明建设融入经济建设、政治建设、文化建设、社会建设各方面和全过程"②,把生态文明建设与经济建设、政治建设、文化建设、社会建设紧密结合起来。五大建设虽然各自的定位不同,侧重点不同,发挥的功效也不同,但它们任何一个都不是孤立存在的,而是相互联系、相互影响、相互作用的。党的十八大强调要把生态文明建设放到更加突出的位置,表明生态文明建设是中国特色社会主义事业"五位一体"总布局的一个重要要素。

首先,生态文明建设与经济建设密切相关,要把生态文明建设融入经济建设。随着我国经济的高速发展,环境问题十分突出,可以说,生态文明建设严重滞后于经济的发展。经济发展了,环境却恶化了。习近平在《之江新语》中《发展不能走老路》一文中指出:"粗放型增长的路子,'好日子先过',资源环境将难以支撑。"我们坚决反对以破坏资源、牺牲环境为代价换取经济发展,经济发展必须融入生态文明理念,走绿色发展道路。其次,生态文明建设和政治建设密切相关,要把生态文明建设融入政治建设。生态文明建设离不开制度建设,建设生态文明要以法律为根本保障,以体制机制的生态化建设为主要抓手。要建立和完善生态环境保护制度,建立和完善领导干部生态绩效考核评价与责任追究制度。习近平指出,我们不能把加强生态文明建设、加强生态环境保护、提倡绿色低碳生活方式等仅仅作为经济问题。这里面有很大的政治③。再次,生态文明建设和文化建设密切相关,要把生态文明建设融入文化建设。习近平在《之江新语》中《让生态文化在

---

① 《习近平与"十三五"五大发展理念·绿色》,《石油和化工节能》2015年第6期。

② 中共中央文献研究室:《习近平关于全面深化改革论述摘编》,中央文献出版社2014年版,第103页。

③ 中共中央文献研究室:《习近平关于全面深化改革论述摘编》,中央文献出版社2014年版,第103页。

全社会扎根》一文中强调,要"加强生态文明建设,在全社会确立起追求人与自然和谐相处的生态价值观"。保护生态环境,建设生态文明需要文化的引导,就是要倡导生态文化,在全社会范围内宣传生态文明理念,强化公民的生态意识,形成良好的绿色风尚。最后,生态文明建设和社会建设密切相关,要把生态文明建设融入社会建设。习近平指出:"环境就是民生,青山就是美丽,蓝天也是幸福。"①人们的健康权、生存和发展权与生态文明建设密切相关。如果不能及时解决影响和威胁人民生活的环境问题,人民的健康不能得到保障,就会影响社会和谐、稳定。把生态文明建设融入社会建设,将人与自然的和谐同人与人的和谐统一起来,实质就是要构建一种人与自然和谐发展、共生共荣的社会形态。

三、以系统工程的思路抓生态文明建设

习近平善于运用系统思维方式分析问题,主张运用系统思维方法来推进生态文明建设。"环境治理是一个系统工程"②,"在生态环境保护上,一定要树立大局观、长远观、整体观,不能因小失大、顾此失彼、寅吃卯粮、急功近利"③,这些论断深刻体现了他的生态文明建设系统观。习近平指出:"山水林田湖是一个生命共同体,人的命脉在田,田的命脉在水,水的命脉在山,山的命脉在土,土的命脉在树。"④自然生态系统中各种生物之间(包括人在内)及其与环境之间相互联系、相互影响、相互制约,进行各种形式的物质、能量和信息的交换,形成有机的统一整体。习近平把山、水、林、田、湖作为一个有生命的系统的各个要素,把它们之间的相生相伴、互为依存的关系生动地刻画出来,阐明了自然生态系统的整体性与复杂性。

习近平非常注重运用整体性思维谋划生态文明建设。他指出,生态文明建设要坚持标本兼治和专项整治并重、常态治理和应急减排协调、本地治污和区域协作相互促进原则,多策并举,多地联动,全社会共同行动⑤,"如果种树的只管种

① 习近平:《在省部级主要领导干部学习贯彻党的十八届五中全会精神专题研讨班上的讲话》,《人民日报》2016 年 5 月 10 日。

② 《立足优势深化改革勇于开拓在建设首善之区上不断取得新成绩》,《人民日报》2014 年 2 月 27 日。

③ 习近平:《在省部级主要领导干部学习贯彻党的十八届五中全会精神专题研讨班上的讲话》,《人民日报》2016 年 5 月 10 日。

④ 中共中央文献研究室:《习近平关于全面深化改革论述摘编》,中央文献出版社 2014 年版,第 109 页。

⑤ 中共中央文献研究室:《习近平关于全面深化改革论述摘编》,中央文献出版社 2014 年版,第 111 页。

树、治水的只管治水、护田的单纯护田,很容易顾此失彼,最终造成生态的系统性破坏"①。系统是由若干个要素按照一定的结构形成的有机整体,并不是部分简单地罗列和相加,而是通过要素之间的非线性相互作用形成整体效应产生整体大于部分之和的效果。用系统的观点考察生态文明建设就是通过研究生态文明建设系统的结构、功能、特征,达到整体最优解的效果,即让生态文明建设系统的整体功能得到最大发挥。当前生态环境问题十分严峻,造成环境污染、生态破坏的因素既有自然因素也有人为因素,既有观念因素也有经济、制度因素,从世界观和方法论的角度来看,这是由于忽视生态系统的整体性引发的生态危机。"以治河来说,有的地方只重视治理水环境,却忽视山体保护、植被恢复,造成水土流失;有的地方只进行干流治理,支流却照常排污;有的地方只在下游治理,而上游却在开发破坏,导致边治理、边污染、边破坏的现象普遍存在。"②生态文明建设是一个涉及方方面面的系统工程,只有通过各种有效的形式做多方面、多角度、多层次的生态文明建设工作,按照系统思维的思路方法推进,提高生态文明建设系统各组成要素的素质,才能提高生态文明建设整体水平。

四、辩证分析经济发展与环境保护之间的矛盾

当前我国大力发展生产力,推动经济发展不容迟疑,同时资源环境压力日益凸显,保护环境、节约资源刻不容缓。经济发展与环境保护之间的矛盾贯穿于我国经济社会发展历程始终。大力推进生态文明建设必须解决好经济发展与环境保护之间的关系。习近平明确指出,"要正确处理好经济发展同生态环境保护的关系"③,"我们既要绿水青山,也要金山银山。宁要绿水青山,不要金山银山,而且绿水青山就是金山银山"④。习近平深刻阐释了经济发展与环境保护辩证关系,为我们正确处理经济发展与环境保护的矛盾指明了方向。习近平在《之江新语》中《破解经济发展和环境保护的"两难"悖论》一文中指出,经济发展和环境保护是传统发展模式中的一对"两难"矛盾,是相互依存、对立统一的关系。只有经济发展与环境保护的"两难"向两者协调发展的"双赢"转变,才能既培育好"金山

---

① 中共中央文献研究室:《习近平关于全面深化改革论述摘编》,中央文献出版社 2014 年版,第 109 页。

② 李军:《走向生态文明新时代的科学指南——学习习近平同志生态文明建设重要论述》,中国人民大学出版社 2014 年版,第 45 页。

③ 《坚持节约资源和保护环境基本国策努力走向社会主义生态文明新时代》,《人民日报》2013 年 5 月 25 日。

④ 《绿水青山就是金山银山》,《人民日报》2014 年 7 月 11 日。

银山",又保护好"绿水青山"。在我国全面建成小康社会、实现伟大复兴中国梦的进程中,既要坚持以经济建设为中心不动摇,又要努力保护资源环境,实现经济发展与环境保护协调并进。经济发展与环境保护是矛盾的两个方面,两者都要抓,都要兼顾。既要发展经济,但同时也要注意到,发展经济不能以牺牲环境为代价,"杀鸡取卵、竭泽而渔式的发展是不会长久的"①。以牺牲生态环境为代价换取经济的高速发展必然导致资源能源的透支,环境的承载能力不足,经济发展动力受阻,这时人们回过头来投入大量的资金、资本和技术修复治理生态环境,这样我们付出的成本和代价就会更大。因此,当经济发展与生态环境的保护发生冲突时,一定要舍弃"金山银山"换取"绿水青山",让子孙后代享有更加舒适、更加美好、更加宜人、更加幸福的生存空间。以牺牲环境换来的"金山银山"终将还会为环境的修复和治理付出更为惨重的代价。"宁要绿水青山,不要金山银山""留得青山在,不怕没柴烧",当鱼和熊掌不可兼得的时候,一定要守住绿水青山,这也是我们从长远考虑,走可持续、不危及子孙后代的科学发展之路。发展经济就是让老百姓的口袋拥有更多的"金山银山",实现经济兴、百姓富的目标;保护好生态就是让老百姓更好地享受蓝天白云、绿水长流、青山常在的"绿水青山",实现生态美、环境好的美好前景。随着人民群众生活水平的提高,人民群众对生态环境质量的要求越来越高,对青山绿水、晴空万里、风和日丽、鸟语花香般的生态环境越来越向往。要实现经济的持续发展需要以良好的生态环境为依托。过去人们单纯追求经济单方面的发展,走唯 GDP 至上的污染老路,虽然我们在一定程度上提高了社会生产力,但却没有很好地把发展经济与保护环境协调好、统筹好。

经济发展与环境保护作为矛盾双方二者相互联系、相互渗透,既对立又统一,并在一定条件下相互转化,即"绿水青山就是金山银山"②。绿水青山作为自然财富,是人类经济发展所离不开的、不可或缺的,它作为一种自然生产力,无形中带给人们宝贵的物质财富。生态环境良好的地区能够集中大量的人力物力财力,把生态优势转化为经济优势,推动社会生产的发展和人类文明的进步。科学技术和经济发达的地区又能够凭借资金、技术优势,推动生态产业、绿色产业的升级和转型。因此,只有把环境优势转化为经济优势,把经济优势转化为环境优势,二者相互配合,在发展中有保护,在保护中又有发展,才能构建蓝天白云常在、绿水长流、青山常在、经济发展、百姓富裕、造福后代的美丽家园。

只有发展好经济才能有效改善人民的生活质量,只有保护好资源环境才能实

---

① 习近平:《深化改革开放共创美好亚太》,《人民日报》2013 年 10 月 8 日。
② 周宏春:《绿水青山就是金山银山》,《中国经济时报》2015 年 6 月 12 日。

现经济社会的可持续发展。重视经济建设,不能轻视环境保护。习近平通过辩证分析"绿水青山"与"金山银山"之间的关系,生动地揭示了经济发展中加强环境保护的重要意义。经济发展不能以牺牲环境为代价,在这个意义上说,环境保护具有优先发展的地位,环境保护是经济发展的前提。

五、生态红线的辩证法意蕴

生态红线是维护一定生态环境质量所必须坚持的控制线,是不能超出的界限、不能逾越的防护底线。生态红线规定了环境保护的底线原则,彰显了环境保护制度的不可逾越性。生态红线的划定是保障国家生态安全的必然选择,是改善人口资源环境不协调的状态、发展经济和保护生态的重大举措,更是实现经济社会永续发展,建设美丽中国,走向天蓝、地绿、水清的绿色时代的必由之路,是加强生态文明的重要举措。通过划定生态红线,有利于更好地保护耕地。耕地保护好与否,直接关系到未来国家发展的命运,更是制约子孙后代能否延续生命的屏障。

长期以来我国资源能源严重不足,滥砍滥伐现象严重,生态系统严重退化,生态环境问题长期不能得到妥善解决,这直接与我国生态文明制度建设不到位、长期缺乏生态红线的观念有关。习近平指出:"要牢固树立生态红线的观念。在生态环境保护问题上,就是要不能越雷池一步,否则就应该受到惩罚。"①"要严格按照优化开发、重点开发、限制开发、禁止开发的主体功能定位,划定并严守生态红线"②,"把不损害生态环境作为发展的底线"③。习近平的生态红线思维是一种底线思维,具有深刻的辩证法底蕴。

生态红线观念体现了底线思维。保护好人类的"眼睛"——生态,必须具备底线思维能力。"底线思维能力,就是客观地设定最低目标,立足最低点,争取最大期望值的能力。"④生态红线就好比不可逾越的鸿沟,一旦"底线"守不住,就会触及和突破生态系统的自身承载力,成为人类生存和建设事业的"绊脚石"。为此,习近平多次强调:"善于运用'底线思维'的方法,凡事从坏处准备,努力争取最好

---

① 中共中央宣传部:《习近平总书记系列重要讲话读本》,学习出版社、人民出版社 2016 年版,第 237 页。

② 《坚持节约资源和保护环境基本国策努力走向社会主义生态文明新时代》,《人民日报》2013 年 5 月 25 日。

③ 中共中央宣传部:《习近平总书记系列重要讲话读本》,学习出版社、人民出版社 2016 年版,第 233 页。

④ 中共中央宣传部:《习近平总书记系列重要讲话读本》,学习出版社、人民出版社 2016 年版,第 288 页。

的结果。"①现今,一幕幕不断上演的环境恶化、生态破坏、资源危机、能源危机、雾霾天气等环境污染态势已经威胁到人们的生命健康安全,如果我们对此形势置之不理,不采取有效措施控制生态恶化的局面,一旦越过生态底线,将会给国家事业和人民的利益造成无法挽回的损失。"这个红线不能突破,一旦突破必将危及生态安全、人民生产生活和国家可持续发展。"②2015 年 6 月习近平在贵州调研时强调,"要守住生态和发展两条底线"。从《中共中央关于全面深化改革若干重大问题的决定》中提出划定的生态保护红线,到新修订的《环境保护法》体现的底线思维,说到底都是为了解决生态环境恶化的难题,保障国家生态安全,让民众共享生态幸福。对于生态难题,我们要充分估计、整体谋划,早点入手,做好最坏的打算,做到防患于未然。建设美丽中国,全面建成小康社会,生态环境保护底线、经济发展的环境承载底线和国家安全底线一定要做到位,否则,社会的和谐就得不到保障,中国梦就难以实现。生态社会是当代人和后代人共享的社会,发展也是为了子孙后代的绿色、可持续发展。环境承载能力这个底线处理不好,不仅当代人的身体安全不能保障,给后代子孙留下"金山银山""绿水青山"的和谐中国更是成为天方夜谭。

生态红线划定体现了矛盾的观点。划定生态红线不是对经济社会发展的限制,而是为了更好地实现发展,保证发展的健康性、持续性,这是矛盾对立统一性的体现和运用。生态保护红线重在对自然的优先保护,并在新环保法中以法律的形式为环境的优先发展创造良好的环境。只有确保我们的活动能将资源环境的承载力限制在一定范围内,我们才能充分利用自然资源实现又好又快的发展。从这里我们也可以清楚地看到,生态红线的划定和认清环境保护与经济发展的关系在本质上是一致的,因此生态环保红线是开启科学发展、健康发展的一把"钥匙",它的划定为环境问题的解决提供了制度保障,为同时兼得"绿水青山"和"金山银山"赢得了光明未来。但是,这绝不意味着只要生态红线划定了,就没有环境污染、生态破坏的后顾之忧了,矛盾的普遍性已经科学地向我们说明了矛盾是无处不在、无时不有的。生态保护红线是根据当前国内外环境局势做出的界定,但生态环境的态势是不断运动变化的,可能旧的资源、环境与发展的矛盾解决了,新的生态问题矛盾又会出现。况且生态红线的划定要综合分析我国各地区生态特

---

① 中共中央宣传部:《习近平总书记系列重要讲话读本》,学习出版社,人民出版社 2016 年版,第 288 页。

② 中共中央宣传部:《习近平总书记系列重要讲话读本》,学习出版社,人民出版社 2016 年版,第 237 页。

征的复杂性和特殊性,根据不同地区生态环境保护的力度和程度,以及当地生态的脆弱程度和敏感程度具体问题具体分析、归类管理,而不能搞"一刀切"。

生态红线体现了质量互变规律的适度原则。唯物辩证法的度作为质和量的统一,是事物保持自己质的量的限度,超出了度,事物的属性就会发生改变。度这一准则要求经济社会的发展必须控制在生态良好发展的范围之内。建设"两型"社会,要求走绿色发展道路,要彻底转变"高消耗、高投入、高污染"的粗放型发展模式,充分考虑生态环境的承载力。因此,人类的一切生产实践活动,包括改造自然,就要"注意分寸""掌握火候",做到"适度"。从当前我国生态环境的现实状况来看,经过改革开放近四十年飞速猛进地发展,资源能源濒临枯竭、环境污染严重超标、雾霾等极端天气急速恶化,生态系统的调节能力难以支撑。更何况我国又是世界上最大的发展中国家,在落后发达国家先进的管理水平和技术条件下,当前进入全面建成小康的攻坚阶段,还要抓好经济和环境的"双赢",解决好一亿人口的脱贫问题,绝非一朝一夕就能顺利实现此目标,难度空前。再加上新的生态环境问题的不断涌现,新旧环境问题层叠相现、映入眼帘,更成为严重制约和影响我国经济社会发展的瓶颈。这说明我国生态环境的承载能力已严重超限,达到了"临界点""极值点",如何在新阶段从根本上应对环境污染、资源匮乏及解决经济发展与资源环境的矛盾,是一个极大的难题。因此,在追求经济发展的过程中,必须坚持适度原则,把环境污染和生态破坏控制在合理的范围之内,从而实现经济、社会、资源环境的可持续发展。

(原载于《学术论坛》2016 年第 12 期)

习近平生态文明建设理念探析

——正确处理生态文明建设中的"四对关系"*

无论是在地方工作期间,还是任职党的总书记之后,习近平对于生态文明建设工作始终给予高度关注和重视,并结合不断发展着的实践,提出了一系列新思想新观点新论断。习近平关于生态文明建设的系列重要论述,涉及面广,内涵丰富,创新性强,特别是其中蕴含的关于正确处理生态文明建设中的"四对关系"思想,具有重大的理论和实践指导意义。

一、正确处理思想先导和行动至上的关系,以"滴水穿石"的精神努力走向社会主义生态文明新时代

任何新事业的顺利推进,都需要首先处理好思想认识和行动实践的关系。没有与时俱进的思想认识做先导,生态文明建设之路就会曲折难行;没有扎实细致的行动实践做积淀,先进的生态文明理念也很难在现实生活中落地生根。在大力推进生态文明建设方面,习近平既强调思想对于行动的先导作用,又倡导行动至上,他尤其赞赏"滴水穿石"的精神,认为生态文明建设工作必须要靠一点一滴量的积累,才能最终涓滴成流,聚沙成塔,成功走向社会主义生态文明新时代。

习近平十分重视思想认识对于行动实践所具有的先导作用。他指出:"磨刀不误砍柴工,思想是行动的先导。在思想认识上的收获,比我们在发展上的收获更有长远意义"①。时代在进步,实践在发展,习近平认为,随着我国经济社会发展的不断深入,生态文明建设已经到了必须要大力推进的阶段,人们对于生态文

* 本文作者:张乐民,男,哲学博士,山东大学马克思主义学院副教授,研究方向为马克思主义生态哲学。

基金项目:本文系教育部人文社会科学研究专项任务项目(中国特色社会主义理论体系研究)"中国特色社会主义生态文明建设保障机制研究"(项目编号:14JD710004)的阶段性成果。

① 习近平:《之江新语》,浙江人民出版社2007年版,第83页。

明建设的思想认识也必须要与时俱进,不断有新的收获和提高。

在走向社会主义生态文明新时代的征途中,思想认识层面新的收获和提高主要体现在:一是要保持足够的清醒认识。在主持中共中央政治局第六次集体学习时,谈及如何看待我国当前的生态文明建设新形势,习近平明确提出了"两个清醒认识",他强调指出:"要清醒认识保护生态环境、治理环境污染的紧迫性和艰巨性,清醒认识加强生态文明建设的重要性和必要性"①。"两个清醒认识"既指明了当前我国生态环境所面临的严峻现实,也为生态文明建设实践指明了发展方向。进入新世纪的第二个十年之后,面对资源相对短缺、生态环境脆弱、环境容量不足的现实困境,总结长时间以来我国环境保护工作所取得的成就,虽然说有效遏制了环境质量快速恶化的趋势,但在环境改善方面却难言取得了成功,生态文明建设事业依然任重而道远,对此,我们在思想认识上必须保持足够的清醒。二是要不断推进思想新解放。对于我国当前的生态文明建设形势,有了清醒的思想认识及对人民群众、子孙后代高度负责的态度和责任,就需要进一步打破束缚生态文明建设工作手脚的各种旧有的思想观念,冲破固有的各种利益藩篱,改革阻碍生态文明建设顺利推进的各种体制机制障碍,真正下决心为人民群众创造出良好的生产生活环境,在不断实现思想新解放中开拓出我国生态文明建设的广阔道路。否则,"思想不解放,我们就很难看清各种利益固化的症结所在,很难找准突破的方向和着力点,很难拿出创造性的改革举措"②。三是要牢固坚守应有的思想认识"定力"。习近平多次强调,建设生态文明是关乎民族未来,关系人民福祉的伟大事业,是实现"中国梦"的重要组成部分,我们应当像保护眼睛一样保护生态环境,像对待生命一样对待生态环境,要"牢固树立环境就是民生、青山就是美丽、蓝天也是幸福的理念"③。在全面建成小康社会的历史关键性时刻,在经济发展进入"新常态"的新形势下,面对依然复杂多变的发展局面,必须要有加强生态文明建设的坚定意志和坚强决心,保持应有的思想认识"定力",坚定绿色化发展方向不动摇,只有这样,才能真正彻底地把环境污染治理好,把"美丽中国"建设好。

古语讲:"知者行之始,行者知之成"。在生态文明建设方面仅仅拥有与时俱进的思想认识还远远不够,还必须要付诸实实在在的行动。习近平历来高度重视

---

① 《习近平在中共中央政治局第六次集体学习时强调坚持节约资源和保护环境基本国策努力走向社会主义生态文明新时代》,《人民日报》2013 年 5 月 25 日。

② 《习近平谈治国理政》,人民出版社 2014 年版,第 87 页。

③ 《习近平在参加首都义务植树活动时强调坚持全国动员全民动手植树造林把建设美丽中国化为人民自觉行动》,《人民日报》2015 年 4 月 4 日。

实践和行动,认为中国共产党人建功立业应当遵循在实践中获得成功这一重要原则。在宁德工作期间,习近平就指出:"马克思说过,'一步实际行动比一打纲领更重要。'我不主张多提口号,提倡行动至上"①。

　　直面严峻的生态环境形势,通过扎实细致的实践行动,大力推进生态文明建设,让广大人民群众切实享受到生态文明建设成果。一是要注重量的积累。"不积跬步,无以至千里;不积小流,无以成江海。"习近平强调,工作不从一点一滴做起,缺乏愚公移山的精神,不在量的积累上多下功夫,被破坏了的生态环境是不可能突然达到质的改善的。绿化祖国,人人有责,迫切需要"从见缝插绿、建设每一块绿地做起,从爱惜每滴水、节约每粒粮食做起"②。只有积少成多,积量变而达到质变,天蓝、地绿、水净的美丽中国梦才能最终得以实现。二是要注重长期努力。在浙江创建生态省建设期间,习近平曾经形象地把生态环境治理形容为是诊治一种"社会生态病"。他认为,这种病病源很复杂,有不合理的经济结构的原因,有传统的生产方式的原因,也有不良的生活习惯等原因,这种病的表现形式也多种多样,既有环境污染带来的"外伤",又有生态系统被破坏造成的"神经性症状",还有资源过度开发带来的"体力透支"。"总之,它是一种疑难杂症,这种病一天两天不能治愈,一副两幅药也不能治愈,它需要多管齐下,综合治理,长期努力,精心调养"③。生态文明建设是一项长期而艰巨的战略任务,涉及经济社会发展多个方面,面临的困难和矛盾也很复杂,绝不能寄希望"毕其功于一役",而是需要付出长期艰苦的实践努力。三是要注重自觉自为。生态文明建设既需要外在约束和外在激励的行为,更需要源自内心的自觉自为的行动。只有生态文明建设成为自觉行动,每个人才能主动担当起应尽的环保责任,才能齐心协力共走人与自然和谐的发展之路。在参加首都义务植树活动时,习近平就指出,植树造林等保护环境的工作是最普惠的民生工程,要坚持全国动员、全民动手,"努力把建设美丽中国化为人民自觉行动"④。

---

① 习近平:《摆脱贫困》,福建人民出版社1992年版,第77页。
② 《习近平在参加首都义务植树活动时强调坚持全国动员全民动手植树造林把建设美丽中国化为人民自觉行动》,《人民日报》2015年4月4日。
③ 习近平:《之江新语》,浙江人民出版社2007年版,第49页。
④ 《习近平在参加首都义务植树活动时强调坚持全国动员全民动手植树造林把建设美丽中国化为人民自觉行动》,《人民日报》2015年4月4日。

二、正确处理经济发展和环境保护的关系,在科学发展中实现从"两难"到"双赢"的根本转变

改革开放以来,如何在实现经济快速增长的同时又避免对环境造成过度破坏,一度成为我国经济社会发展中比较棘手的难题。虽然西方发达国家"先污染、后治理"的前车之鉴,时刻给我们以警醒和思考,但全民对物质富足的热切渴望和加快成为世界性经济大国的现实压力,使我们在很长一段时间内把追求高效率和经济快增长放在了优先位置,走了一条"边污染、边治理"之路,实际上污染的速度和规模远远超过治理的速度和规模,这也是造成当前我国生态环境"局部改善、总体恶化"的一个极为重要的根源。上述局面形成的原因,从深层次看,与一直以来缺乏对经济发展和环境保护关系的正确处理有直接关联。在很长一段时间里,一些人特别是一些地方领导干部在经济发展和环境保护关系的处理上产生了误区,或者把经济发展直接等同于经济增长和单纯的高速度发展,认为经济发展和环境保护不可能"鱼和熊掌"两者兼得,高速度的经济发展必然会以牺牲掉部分生态环境利益为代价;或者以生产力尚不发达,经济发展还处于初级阶段为挡箭牌,认为随着物质财富的不断增长,人均收入的进一步提高,环境改善的拐点自然会到来,环境污染和生态破坏也自然会消失。习近平指出,这些认识和做法都是片面的和有害的,人无远虑,必有近忧,不和谐的单一发展理念,不但不能带来经济的可持续发展,而且还会遭到自然的报复,"这种错误认识将使我们不得不重蹈'先污染后治理'或'边污染边治理'的覆辙,最终将使'绿水青山'和'金山银山'都落空"①。因此,必须破解经济发展和环境保护的"两难"困境,实现两者协调发展的"双赢"转变。

首先,要坚持在辩证统一中认识经济发展和环境保护的关系。在看待经济发展和环境保护的关系时,人们过去往往只看到二者之间的对立和冲突,因此常常陷入要经济发展还是要环境保护的"两难"困境,没有看到经济发展和环境保护既会产生矛盾,又可辩证统一,能够实现"双赢"。习近平形象地把经济发展和环境保护形容为"两座山",他指出,在实践中人们对"两座山"之间关系的认识大体经历了三个阶段:第一个阶段表现为用绿水青山去换金山银山,只知道一味索取资源;第二个阶段是既要金山银山,但是也要保住绿水青山,人们开始意识到环境是我们生存发展的根本;第三个阶段是认识到绿水青山本身就是金山银山,生态优势会变成经济优势。其中,只有第三阶段体现了科学发展的要求,体现了发展循环经济、建设资源节约型和环境友好型社会的理念,是一种应该努力达到的更高

---

① 习近平:《之江新语》,浙江人民出版社2007年版,第223页。

的境界。因此，我们必须深刻意识到："绿水青山可带来金山银山，但金山银山却买不到绿水青山。绿水青山与金山银山既会产生矛盾，又可辩证统一。……在选择之中，找准方向，创造条件，让绿水青山源源不断地带来金山银山"①。

其次，要着力打破唯经济增长论英雄的传统思维和做法。长期以来，我国的经济高速增长建立在高消耗、高排放、高污染和低循环的基础之上，唯经济增长论英雄的思维和做法是其形成的最为重要的因素。时至今日，"三高一低"的非绿色的经济发展方式已走入死胡同。以民众最为关心的空气污染为例，2014 年的统计显示，在第一批实施国家新标准的 74 个城市中，达到国家标准的只有 8 个城市。京津冀仍然是污染最重的区域之一。而在一些非重点省份，PM10 浓度不降反升②。频繁出现的漫天雾霾、不时爆出的食品安全和水安全等生态环境事件，与民生息息相关，正引起越来越多民众的关注和担忧，也日益凸显出唯经济增长论英雄的思维和做法的局限和危害。针对一些干部把"发展是硬道理"片面地理解为"经济增长是硬道理"，把经济发展简单化为 GDP 决定一切，而一些地方则出现以经济数据、经济指标论英雄的片面政绩观，甚至搞"形象工程"、"政绩工程"，给地方发展带来包袱和隐患，并由此引发诸多社会矛盾和问题的诸种现状，习近平指出："要改进考核方法手段，既看发展又看基础，既看显绩又看潜绩，把民生改善、社会进步、生态效益等指标和实绩作为重要考核内容，再也不能简单以国内生产总值增长率来论英雄了"③。

最后，在经济发展和环境保护发生矛盾冲突时要把环境保护放在优先位置。环境保护和经济发展不是必然对立的，强调环境保护也并不是不要发展。科学发展首先还是要发展，发展依然是硬道理，是第一要务，关键在于什么样的发展才是科学的？我们应当走什么样的经济发展之路？面对日益严峻的生态环境问题，习近平强调，发展特别是经济发展再也不能走粗放型增长的老路，必须探索出一条人与自然和谐的可持续发展新路，这条新路应当是科技先导型、资源节约型和生态保护型的经济发展之路。在实践发展中，经济发展和环境保护有时的确会发生矛盾冲突，当遇到这些矛盾冲突时，当下中国已经到了必须要把环境保护放在优先位置的阶段了。2013 年 9 月 7 日，在哈萨克斯坦纳扎尔巴耶夫大学发表演讲后回答学生们提出的关于环境保护的问题时，习近平指出，建设生态文明是关系人

① 习近平：《之江新语》，浙江人民出版社 2007 年版，第 153 页。
② 《去年 74 城仅 8 城空气达标（在国务院政策吹风会上）》，《人民日报》2015 年 2 月 14 日。
③ 《习近平在全国组织工作会议上强调　建设一支宏大高素质干部队伍　确保党始终成为坚强领导核心》，《人民日报》2013 年 6 月 30 日。

民福祉和民族未来的大计,中国要实现工业化、城镇化、信息化和农业现代化,必须要走出一条新的发展道路,中国已经明确把生态环境保护摆在更加突出的位置,"我们既要绿水青山,也要金山银山。宁要绿水青山,不要金山银山,而且绿水青山就是金山银山。我们绝不能以牺牲生态环境为代价换取经济的一时发展"①。"宁要绿水青山,不要金山银山"回答了经济发展的底线,回答了当经济发展和环境保护一旦发生矛盾时我们应有的明智选择。2015 年 5 月 6 日,中共中央、国务院通过并发布了《关于加快推进生态文明建设的意见》,明确提出要把环境保护放在优先位置作为一条重要的基本原则,"在环境保护与发展中,把保护放在优先位置,在发展中保护、在保护中发展"②。

三、正确处理顶层设计和"摸着石头过河"的关系,在深化改革中加快推进美丽中国建设

在我国改革开放初期,邓小平提出了著名的"摸着石头过河"的改革方法。通过倡导"摸着石头过河",鼓励基层群众大胆探索、勇于创新,为包括环境保护在内的诸多建设积累了丰富而宝贵的实践经验。习近平对这一方法在各项改革历程中所发挥的作用给予了充分肯定:"改革开放是前无古人的崭新事业,必须坚持正确的方法论,在不断实践探索中推进。摸着石头过河,是富有中国特色、符合中国国情的改革方法"③。然而,在改革进入"攻坚期"和"深水区"之后,旧思想观念的束缚和利益固化的藩篱所带来的消极影响日趋严重,各种老问题和新问题出现了叠加效应,"摸着石头过河"的传统改革方法日益呈现出缺乏科学规划性和系统设计性等缺陷,难以有效解决上述种种深层次矛盾和问题。进一步全面深化改革和提高改革决策的科学化水平,迫切需要加强顶层设计,为此,习近平提出了辩证统一的改革方法论:"摸着石头过河和加强顶层设计是辩证统一的,推进局部的阶段性改革开放要在加强顶层设计的前提下进行,加强顶层设计要在推进局部的阶段性改革开放的基础上来谋划。要加强宏观思考和顶层设计,更加注重改革的系统性、整体性、协同性,同时也要继续鼓励大胆试验、大胆突破,不断把改革开放引向深入"④。

既更加注重顶层设计又继续鼓励"摸着石头过河",在深化改革中大力推进美

---

① 习近平:《弘扬人民友谊共同建设"丝绸之路经济带"》,《人民日报》2013 年 9 月 8 日。
② 《中共中央国务院关于加快推进生态文明建设的意见》,人民出版社 2015 年版,第 3 页。
③ 《习近平谈治国理政》,人民出版社 2014 年版,第 67～68 页。
④ 《习近平在中共中央政治局第六次集体学习时强调　坚持节约资源和保护环境基本国策努力走向社会主义生态文明新时代》,《人民日报》2013 年 5 月 25 日。

丽中国建设，以习近平同志为总书记的党中央自十八大以来，多次强调要着重做好以下几方面的工作。

一是加强整体谋划。生态文明建设是一项艰巨而复杂的系统工程，深化生态文明改革离不开其他领域改革的密切配合，因此在顶层设计上必须坚持整体谋划，正如习近平所指出的，"经济、政治、文化、社会、生态文明各领域改革和党的建设改革紧密联系、相互交融，任何一个领域的改革都会牵动其他领域，同时也需要其他领域改革密切配合。如果各领域改革不配套，各方面改革措施相互牵扯，全面深化改革就很难推进下去，即使勉强推进，效果也会大打折扣"①。从党的十八大报告强调将生态文明建设融入经济建设、政治建设、文化建设、社会建设各方面和全过程，到十八届三中、四中全会倡导全面深化包括生态文明在内的各个领域改革，再到中共中央、国务院《关于加快推进生态文明建设的意见》中围绕生态文明建设提出的系统性行动纲领，以习近平同志为总书记的党中央整体谋划生态文明建设和改革的顶层设计日臻成熟。

二是注重制度保障。习近平认为："深化生态文明体制改革，关键是要发挥制度的引导、规制、激励、约束等功能，规范各类开发、利用、保护行为，让保护者受益、让损害者受罚"②。应当说，我国生态文明建设中存在的一些突出问题，在一定程度上与缺乏健全的体制机制等制度做强有力保障密切相关，制度上的缺失已经成为制约生态文明建设加快推进的短板。因此，在大力推进生态文明建设过程中，必须把健全生态文明制度体系作为重点和突破口，促使生态文明建设的各项重大制度基本确立。比如，针对现实生活中一些企业污染严重、屡禁不止的问题，建立健全生产行为源头预防、过程控制，以及最为严格的生态环境损害赔偿和责任追究制度；针对一些领导干部不顾生态环境盲目决策、造成严重后果的行为，建立健全领导干部自然资源资产离任审计和终身追究制度；针对一些地方政府长期以来以生产总值增长率论英雄的做法，建立健全经济社会发展考核评价体系和政绩考核标准制度；针对贯彻中央决策部署不力、环境问题突出和环境保护主体责任不落实的情况，建立健全环境保护督察工作制度，等等。

三是树立生态红线。党的十八大以来，习近平总书记多次强调，"要牢固树立生态红线的观念。在生态环境保护问题上，就是要不能越雷池一步，否则就应该

---

① 习近平：《习近平谈治国理政》，人民出版社2014年版，第88页。
② 《习近平主持召开中央全面深化改革领导小组第十四次会议强调　把"三严三实"贯穿改革全过程努力做全面深化改革的实干家》，《人民日报》2015年7月2日。

受到惩罚"①。从观念到行动，促使生态红线发挥其应有威力，首先，需要善于运用底线思维。善于运用底线思维，就是要直面环境破坏严重、环境污染治理紧迫而艰巨的现实，不掩盖问题，不回避矛盾，增强忧患意识，敢于啃硬骨头，在促使生态环境向善向好方面牢牢把握主动权。其次，需要实行最严密的法治。"立善法于天下，则天下治；立善法于一国，则一国治。"生态环境的保护和有效治理同样需要高度重视法治问题，"只有实行最严格的制度、最严密的法治，才能为生态文明建设提供可靠保障"②。最后，需要主体责任的严格落实。只有依法依规、客观公正的严格落实各级各类主体生态保护的责任，对于无视甚至践踏生态红线的行为严肃追责，才能促使各级各类主体头脑中时刻悬有生态保护之剑，无论在思想上还是行动上，都不愿、不敢和不能轻易触碰生态保护"高压线"。

四是夯实群众基础。美丽中国建设是亿万人民自己的事业，人民群众中蕴含着无穷无尽的力量和智慧，而"摸着石头过河"的实质就是要重视群众力量，尊重群众的首创精神，因此，要"加强顶层设计与鼓励基层探索相结合，持之以恒全面推进生态文明建设"③。其一，夯实群众基础，需要到群众中去。只有到群众中去，才能真正了解群众的生态环境保护现状，全面掌握"一手资料"。习近平在宁德工作期间，就提出"四下基层"的理念，即："宣传党的路线、方针、政策下基层，调查研究下基层，信访接待下基层，现场办公下基层"④。认为，只有贴近基层，才能了解基层，了解群众的真实想法和行为。其二，夯实群众基础，需要加强宣传教育。加强生态文明宣传教育，使每一个人都意识到，绿化祖国，人人有责，从而增强全民的节约意识、环保意识和生态意识，促使每一个人都能从我做起，身体力行的推动美丽中国建设。其三，夯实群众基础，还要牢记良好生态环境是最普惠的民生福祉。为此，必须下大力气解决好损害群众健康的突出环境问题，保护好人民群众的生态权和健康权，"抓民生要抓住人民最关心最直接最现实的利益问题，抓住最需要关心的人群，一件事情接着一件事情办、一年接着一年干，锲而不舍向前走"⑤。

---

① 《习近平在中共中央政治局第六次集体学习时强调坚持节约资源和保护环境基本国策努力走向社会主义生态文明新时代》，《人民日报》2013年5月25日。

② 习近平：《习近平谈治国理政》，人民出版社2014年版，第87页。

③ 《中共中央国务院关于加快推进生态文明建设的意见》，人民出版社2015年版，第4页。

④ 习近平：《摆脱贫困》，福建人民出版社1992年版，第43页。

⑤ 《习近平在海南考察时强调　加快国际旅游岛建设谱写美丽中国海南篇》，《人民日报》2013年4月11日。

四、正确处理国内发展需求和国际大国义务的关系,充分展现中国特色社会主义生态文明建设的良好形象

在全球化的时代大背景下,中国发展与世界发展已经高度融合,世界好,中国才会好,反之亦然。因此,在大力加强生态文明建设的进程中,还需要处理好国内发展需求和国际大国义务的关系,"统筹国内国际两个大局,以全球视野加快推进生态文明建设,树立负责任大国形象,把绿色发展转化为新的综合国力、综合影响力和国际竞争新优势"①。

第一,大力加强生态文明建设应立足现实国情。从生态文明建设角度看,我国现实国情突出表现在两个方面:一是发展任务重。在十八大上,我国明确了未来一个时期的发展蓝图,即:到 2020 年时,我国国内生产总值和城乡居民人均收入要在 2010 年的基础上翻一番,全面建成惠及十几亿人口的小康社会;到 2049 年新中国成立 100 年时,建成富强民主文明和谐的社会主义现代化国家,实现中华民族伟大复兴的中国梦。这一发展蓝图无疑是令人振奋并备受鼓舞的,但同时也要清醒地意识到,社会主义初级阶段仍然是当代中国的最大国情和最大实际,实现这两大目标,需要牢牢抓好发展是第一要务,紧紧扭住经济建设这一中心任务,继续强有力推动国家经济社会发展。二是生态压力大。改革开放以来我国经济年均增长率高达百分之十左右,经济发展成就巨大,但同时也付出了沉重的生态环境代价。中共中央、国务院在《关于加快推进生态文明建设的意见》中指出,虽然经过不懈努力,近年来我国生态文明建设取得了重大进展和积极成效,"但总体上看我国生态文明建设水平仍滞后于经济社会发展,资源约束趋紧,环境污染严重,生态系统退化,发展与人口资源环境之间的矛盾日益突出,已成为经济社会可持续发展的重大瓶颈制约"②。面对环境与发展矛盾日益突出的现实国情,尽快突破制约经济社会可持续发展的瓶颈制约,唯一可行之路只能是加快推进生态文明建设,以壮士断腕的决心,坚决摈弃粗放型增长的老路,开拓出一条绿色发展新路,在经济发展方式绿色化转型中找到新的经济增长点,"现在,我国发展已经到了必须加快推进生态文明建设的阶段。生态文明建设是加快转变经济发展方式、实现绿色发展的必然要求"③。

第二,大力加强生态文明建设应树立负责任大国形象。20 世纪下半叶以来,

---

① 《中共中央国务院关于加快推进生态文明建设的意见》,人民出版社 2015 年版,第 27 页。

② 《中共中央国务院关于加快推进生态文明建设的意见》,人民出版社 2015 年版,第 1 页。

③ 《习近平主持召开中央全面深化改革领导小组第十四次会议强调把"三严三实"贯穿改革全过程努力做全面深化改革的实干家》,《人民日报》2015 年 7 月 2 日。

生态危机迅速在全球蔓延,一系列世界性环境公害事件的发生,特别是气候的持续变暖,表明人类赖以生存和发展的地球家园已经被置于危险可怕的境地。被称为有史以来最全面的联合国政府间气候变化专门委员会第五次评估报告指出,人类对气候系统的影响是肯定而明确的,温室气体排放以及其他人为驱动因子是自20世纪中期以来气候变暖的主要原因,如果人类再不采取共同行动而是任其发展,气候变化将会对人类和生态系统造成严重的和不可逆转的影响。气候变化作为全球性生态环境问题,仅靠一个国家的力量是难以解决的,需要各个国家携手应对。作为最大的发展中国家,积极应对气候变化,主动承担与自身国情、发展阶段和实际能力相符的国际义务,并深度参与全球气候治理、推动建立公平合理的全球应对气候变化格局是中国倡导的责任担当。在生态文明贵阳国际论坛2013年年会的贺信中,习近平就强调指出:"保护生态环境,应对气候变化,维护能源资源安全,是全球面临的共同挑战。中国将继续承担应尽的国际义务,同世界各国深入开展生态文明领域的交流合作,推动成果分享,携手共建生态良好的地球美好家园。"[1]为了体现这一国际责任担当,中国确定了到2030年的自主行动目标:二氧化碳排放2030年左右达到峰值并争取尽早达峰;单位国内生产总值二氧化碳排放比2005年下降60%－65%,非化石能源占一次能源消费比重达到20%左右,森林蓄积量比2005年增加45亿立方米左右[2]。中国所提出的应对气候变化的这一国家自主贡献目标,向世界宣告了中国大力加强生态文明建设的强有力信号,同时,其负责任大国的形象也赢得了世界各国的赞赏。

第三,大力加强生态文明建设应统筹国内国际两个大局。中国的生态文明建设面临国内国际两个大局,从国内方面看,经过30多年的改革开放,中国已经成为世界第二大经济体,综合国力和国际影响力显著增强,但自身国情和发展阶段决定了生态文明建设任务依然艰巨而繁重;从国际方面看,随着世界多极化和经济全球化的深入发展,中国与其他国家之间相互联系、相互依存的程度空前加深,世界潮流愈加清晰地展现出这样一幅图景:人类只有一个地球,生活在同一个地球村里的各国人们,越来越形成你中有我、我中有你的发展局面。习近平深刻把握中国和世界发展局面,多次强调,在应对气候变化和维护生态安全等全球性问题上,"我们生活在同一个地球村,应该牢固树立命运共同体意识"[3]。深刻认识

---

① 《习近平向生态文明贵阳国际论坛2013年年会致贺信强调携手共建生态良好的地球美好家园》,《人民日报》2013年7月21日。

② 《强化应对气候变化行动——中国国家自主贡献》,http://news. xinhuanet. com/2015－06/30/c_1115774759. htm。

③ 习近平:《习近平谈治国理政》,人民出版社2014年版,第330页。

国内国际发展形势,顺应时代前进潮流,统筹国内国际两个大局,既要坚持独立自主,从我国客观实际出发,坚定不移地开拓自己的生态文明建设之路,同时又要传递中国声音和发挥中国力量,使生态文明建设成为展现中国特色社会主义良好形象的发力点,从而更好地与各国人民一道携手共建美丽新世界。

(原载于《理论学刊》2016 年第 1 期)

以"四个全面"为指引走向生态文明新时代

——深入学习贯彻习近平总书记关于生态文明建设的重要论述[*]

党的十八大以来,习近平总书记适应经济发展新常态,着眼人民群众新期待,就生态文明建设的重大理论和实践问题发表了一系列重要论述,为生态文明建设提供了根本遵循和行动纲领。全面认识、系统把握习近平总书记关于生态文明建设重要论述的基本内容、思想方法,辩证分析"四个全面"战略布局与生态文明建设之间的内在联系,切实做到学深悟透、融会贯通、指导实践,对于开创社会主义生态文明新时代,实现中华民族伟大复兴中国梦,具有深远意义。

一、建设美丽中国的科学指南

习近平总书记关于生态文明建设的重要论述,内容博大精深,涉猎十分广泛。他以高远的历史眼光、开放的国际视野、深邃的辩证思维,全面把握人与自然的关系,深刻阐述人类社会发展的根本意义,是对马克思主义自然观和生产力理论的丰富和发展,是对人类文明发展规律的再认识,是对中国共产党执政理念和执政方式的再探索。

丰富发展了马克思主义自然观和生产力理论。马克思认为,"不以伟大的自然规律为依据的人类计划,只会带来灾难。"恩格斯指出:"我们每走一步都要记住,我们统治自然界,绝不像征服者统治异族人那样,决不是像站在自然界之外的人似的——相反地,我们连同我们的肉、血和头脑都是属于自然界和存在于自然之中的"。在这里,马克思和恩格斯强调了自然、环境对人具有客观性和先在性,人们对客观世界的改造,必须建立在尊重自然规律的基础之上。习近平总书记关于"尊重自然、顺应自然、保护自然"的生态文明理念和强调人与自然、人与人、人与社会的全面和谐统一,既是对马克思主义关于人与自然关系理论的继承和发展,又是对多年改革开放实践经验的精辟总结。生产力是一切社会发展的最终决定力量。马克思指出,不仅自然界是劳动者的生命力、劳动力和创造力的最终源

  ＊ 本文作者:山东省生态文明研究中心,执笔黄承梁。

泉,而且是"一切劳动资料和劳动对象的第一源泉"。习近平总书记指出:"牢固树立保护生态环境就是保护生产力、改善生态环境就是发展生产力的理念。"这一科学论断把自然生态环境纳入到生产力范畴,深刻阐明了生态环境与生产力之间的关系,揭示了生态环境作为生产力内在属性的重要地位。这在马克思主义生态理论史上,还是第一次。

深刻揭示了人类文明发展规律。习近平总书记指出:"生态兴则文明兴,生态衰则文明衰。"人类社会的发展史,从根本上说就是人类文明的演进史、人与自然的关系史。历史上,作为西亚最早文明的美索不达米亚文明,"为了得到耕地,毁灭了森林",文明自此光辉不复。而东方文化积淀了丰富的生态智慧,"天人合一""道法自然"等哲理思想让中华文明亘古绵延 5000 多年。习近平总书记指出,人类经历了原始文明、农业文明、工业文明,生态文明是工业文明发展到一定阶段的产物,是实现人与自然和谐发展的新要求。这说明,生态文明是相较于工业文明更高级别的文明形态,符合人类文明演进的客观规律。习近平总书记对生态与文明关系以及人类发展阶段的深刻阐释,彰显了中国共产党人对自然规律、经济社会发展规律和人类文明发展规律的深刻认识。

进一步深化了党的执政理念和执政方式。保护生态环境已成为全球共识,但把生态文明建设纳入一个执政党的行动纲领,使它与经济建设、政治建设、文化建设和社会建设一道形成"五位一体"总布局,是中国共产党执政方式的鲜明特色。2013 年联合国环境规划署第 27 次理事会上,我国倡导的生态文明理念被正式写入决定草案,获得世界认可。"五位一体"总布局,使生态文明建设在社会主义建设事业中的地位发生了根本性和历史性的变化。这表明中国共产党的执政理念和执政方式已经进入一个新境界。

二、马克思主义立场观点方法的集中体现

习近平总书记关于生态文明建设的重要论述,是我们党对生态环境认识发展到一定阶段的产物,是马克思主义普遍原理与中国实际相结合的重要成果,集中体现了马克思主义的立场观点方法。

人民主体性思想。"良好生态环境是最公平的公共产品,是最普惠的民生福祉。"习近平总书记对生态文明建设始终饱含深厚的民生情怀和强烈的责任担当。他关于"生态环境问题是利国利民利子孙后代的一项重要工作""为子孙后代留下天蓝、地绿、水清的生产生活环境"等重要论述,把党的根本宗旨与人民群众对良好生态环境的现实期待、对生态文明的美好憧憬紧密结合在一起,是"一切为了人民,一切依靠人民"的人民主体性思想在生态文明建设领域的生动诠释。

辩证思维。"我们既要绿水青山,也要金山银山。宁要绿水青山,不要金山银山,而且绿水青山就是金山银山。"习近平总书记是自觉运用唯物辩证法的典范,他关于生态文明建设的许多论述饱含着辩证思维的鲜明特点。他形象地将经济发展与生态环境保护的关系比喻成金山银山与绿水青山之间的辩证统一关系,主张在保护中发展,在发展中保护。他用鲜活的语言指出,脱离环境保护搞经济发展,是"竭泽而渔";离开经济发展抓环境保护,是"缘木求鱼"。

系统思维。"山水林田湖是一个生命共同体"。习近平总书记从方法论的角度深刻阐明了生态文明建设的系统性和复杂性。生态文明是人类为保护和建设美好生态环境而取得的物质成果、精神成果和制度成果的总和,是贯穿经济建设、政治建设、文化建设、社会建设全过程和各方面的系统工程,单独从某一个或几个方面推进,难以从根本上解决问题。

底线思维。"要牢固树立生态红线的观念","在生态环境保护问题上,就是要不能越雷池一步,否则就应该受到惩罚"。习近平总书记坚持底线思维,不回避矛盾,不掩盖问题,凡事从好处着眼,从坏处准备,努力争取最好的结果。坚持底线思维,是党的十八大以来习近平总书记不断告诫全党的基本思想方法,是我们应对错综复杂形势必须具备的科学方法,是推动新一轮改革的治理智慧。生态红线是不能超出的界限、不能逾越的底线。生态文明建设要以底线思维为指导,设定并严守资源消耗上限、环境质量底线、生态保护红线,将各类开发活动限制在资源环境承载能力之内。

三、以"四个全面"战略布局为指引推动生态文明建设

习近平总书记关于生态文明建设的重要论述,是中国特色社会主义理论体系的组成部分。"四个全面"战略布局确立了新形势下党和国家各项工作的战略目标和战略举措,是指导经济建设、政治建设、文化建设、社会建设、生态文明建设以及党的建设的战略抓手,是生态文明建设的发展动力、根本保障和前进指引。

以全面建成小康社会引领生态文明建设。物质文明、精神文明、政治文明和生态文明,共同构成全面建成小康社会的理想追求。"小康全面不全面,生态环境质量是关键。"大力推进生态文明建设,让老百姓喝上干净的水、呼吸新鲜的空气、吃上放心的食物、生活在宜居的环境中,满足城乡广大人民群众的生态产品需求,是全面建成小康社会的应有之义。从现实看,生态产品短缺已经成为"木桶定律"中影响我国生态文明建设的"短板"。我们要加快推进生态文明建设,到2020年,资源节约型和环境友好型社会建设取得重大进展,主体功能区布局基本形成,经济发展质量和效益显著提高,保护生态的理念在全社会得到认同,生态文明建设

水平与全面建成小康社会目标相适应。

以全面深化改革推进生态文明建设。当前从总体上看,我国生态文明建设水平仍滞后于经济社会发展,资源约束趋紧,环境污染严重,生态系统退化,发展与人口资源环境之间的矛盾日益突出。解决这些问题关键在深化改革。最近发布的《中共中央国务院关于加快推进生态文明建设的意见》,明确提出把深化改革作为加快推进生态文明建设的基本动力,要求充分发挥市场配置资源的决定性作用和更好发挥政府作用,建立系统完整的生态文明制度体系,抓紧制定生态文明体制改革总体方案,深入开展生态文明先行示范区建设,研究不同发展阶段、资源环境禀赋、主体功能定位地区生态文明建设的有效模式。

以全面依法治国保障生态文明建设。习近平总书记指出,保护生态环境必须依靠制度、依靠法治;只有实行最严格的制度、最严密的法治,才能为生态文明建设提供可靠保障。以全面依法治国保障生态文明建设,要在科学立法、严格执法、公正司法、全民守法上下大功夫。科学立法,要更加注重生态文明建设法律制度体系的完备,尤其要加强和完善能够推动绿色发展、循环发展、低碳发展的前瞻性、现代性生态文明立法工作。推进严格执法,重点是解决执法不规范、不严格、不透明、不文明以及不作为、乱作为等突出问题,彻底摒弃"先发展、后治理""先上车、后买票""特事特办"等传统执法方式。公正是法治的生命线,要改变环境保护案件取证难、诉讼时效认定难、法律适用难、裁决执行难等"老大难"问题,增强环境公益诉讼的比重。全民守法,要充分调动人民群众依法维护自身环境权益的积极性和主动性,使尊法、信法、守法、用法、护法成为全体人民的共同追求。

以全面从严治党促进生态文明建设。习近平总书记强调,全党上下要把生态文明建设作为一项重要政治任务,以抓铁有痕、踏石留印的精神,真抓实干、务求实效,把生态文明建设蓝图逐步变为现实,努力开创社会主义生态文明新时代。党的领导是中国特色社会主义最本质的特征。全面从严治党是实现社会主义现代化的根本保障,也是社会主义生态文明建设最根本的保证。要坚持党总揽全局、协调各方的领导核心作用,统筹生态文明建设各领域工作,确保党的主张贯彻到生态文明建设的全过程和各方面。为了生态文明建设大局,为了中华民族的永续发展,当前和今后一个时期,各级党委和政府要持续深入改进工作作风,严格按照"三严三实"的要求,努力做到忠诚干净担当,坚决杜绝以污染环境、破坏生态为代价,搞"形象工程""面子工程",坚决摒弃拍脑袋做决策,脱离实际贪大求洋,对环保领域的腐败和不作为现象零容忍,切实还百姓更多的碧水蓝天。

(原载于《求是》2015 年第 16 期)

实现人与自然和谐发展新境界

——认真学习领会习近平总书记生态文明建设理念[*]

生态文明建设理念,是党的十八大以来以习近平同志为总书记的党中央认真分析国际国内形势,从中国发展实际出发提出的十分重要的治国理政思想,是对中国特色社会主义理论的丰富和发展。党的十八届五中全会强调,必须牢固树立并切实贯彻创新、协调、绿色、开放、共享发展理念。筑牢生态安全屏障,坚定走生产发展、生活富裕、生态良好的文明发展道路。这是对习近平生态文明建设理念在发展问题上的应用和实践。建设中国特色社会主义,离不开中国的江河山川,离不开神州大地这片热土。生态文明建设就是美丽中国建设,就是锦绣河山建设。在推进"四个全面"战略布局,实现"两个一百年"奋斗目标的实践中,认真学习领会习近平生态文明建设理念,有着重要而深远的现实意义。

一、习近平生态文明建设理念的形成和主要内涵

习近平生态文明建设理念,是他在长期的领导工作实践中亲身感悟和深刻思考的结晶。2004 年,习近平在浙江省工作时就提出要把浙江建成生态省,并指出:"加强生态文明建设,在全社会确立起人与自然和谐相处的生态价值观,是生态省建设的重要前提。"[①]2005 年 8 月,习近平在浙江安吉余村考察时,提出了"绿水青山就是金山银山"的科学论断。他指出:"我们追求人与自然的和谐,经济和社会的和谐,通俗地讲,就是既要金山银山,又要绿水青山。"[②]党的十八大以来,以习近平同志为总书记的党中央把生态文明建设摆在突出、重要的地位。立足我国社会主义初级阶段的基本国情和新的阶段性特征,提出把坚持节约资源和保护环境作为基本国策,坚持节约优先、保护优先、自然恢复为主的生态文明建设方针。以

---

[*] 本文作者:田学斌,中华人民共和国水利部,管理学博士,研究方向为产业经济、制度经济学。

[①] 习近平:《之江新语》,浙江人民出版社 2007 年版,第 48 页。

[②] 习近平:《之江新语》,浙江人民出版社 2007 年版,第 153 页。

建设美丽中国为目标,以正确处理人与自然关系为核心,以解决生态环境领域突出问题为导向,保障国家生态安全,改善环境质量,提高资源利用效率,推动形成人与自然和谐发展的现代化建设新格局。2013 年 4 月 2 日,习近平在参加首都义务植树活动时指出:"我们必须清醒地看到,我国总体上仍然是一个缺林少绿、生态脆弱的国家,植树造林,改善生态,任重而道远。"①他号召全社会要按照党的十八大提出的建设美丽中国的要求,切实加强生态意识,切实加强生态环境保护,把我国建设成为生态环境良好的国家。2013 年 5 月 24 日,习近平在主持中央政治局第六次集体学习时指出:"生态环境保护是功在当今、利在千秋的事业。要清醒认识保护生态环境、治理环境污染的紧迫性和艰巨性,清醒认识加强生态文明建设的重要性和必要性,以对人民群众、对子孙后代高度负责的态度和责任,真正下决心把环境污染治理好、把生态环境建设好,努力走向社会主义生态文明新时代,为人民创造良好的生产生活环境。"他要求:"要正确处理好经济发展和生态保护的关系,牢固树立保护生态环境就是保护生产力,改善生态环境就是发展生产力的理念,更加自觉地推动绿色发展、循环发展、低碳发展,决不以牺牲环境为代价去换取一时的经济增长","要牢固树立生态红线的观念。在生态环境保护问题上,就是要不能越雷池一步,否则就应该受到惩罚",②等等。习近平的这一系列重要论述,系统地、全面地阐述了生态文明建设在中国特色社会主义伟大事业中的重要地位,形成了科学的、完整的生态文明建设理念。习近平生态文明建设理念,概括起来主要有:

(1)尊重自然、顺应自然,人与自然和谐相处的理念

历史唯物主义认为人是自然界的组成部分,是存在于自然界之中,不是在自然界之外的。如果我们把人和自然的关系对立起来,凌驾于自然界之上去统治自然、主宰自然,那么就会造成人类对生态资源的贪婪索取和无情掠夺,结果将会既破坏自然界,又破坏人类自己的生存环境。中国传统文化要求人们与自然进行交流时要顺应天地自然而然的状态。一方水土养一方人,自然界养育了人类。正如习近平在重庆调研时的讲话中强调,长江、黄河都是中华民族的发源地,都是中华民族的摇篮。通观中华文明发展史,从巴山蜀水到江南水乡,长江流域人杰地灵,陶冶历代思想精英,涌现无数风流人物。自然为人类提供了生命活动的外部环境,人类因此离不开自然界,应该像对待自己的身体一样对待自然界,树立应有的生态保护意识。生态文明建设不仅影响经济持续健康发展,也关系政治和社会建

---

① 《习近平谈治国理政》,外文出版社 2014 年版,第 207 页。

② 《习近平谈治国理政》,外文出版社 2014 年版,第 208 - 209 页。

设,必须放在突出地位,融入经济建设、政治建设、文化建设、社会建设各方面和全过程。

(2)发展和保护内在统一、相互促进的理念

唯物史观告诉我们,一方面人类作为受动的自然存在物,受到自然界的制约和限制;另一方面人类作为能动的自然存在物,能够正确认识世界和通过实践改造世界。能动性决定了人不是为了其他自然存在物的存在而存在着,而是为了自身的存在而存在着;受动性决定了人类不能脱离自然规律肆意妄为,必须服从自然界的发展规律,按客观规律办事。要坚持发展是硬道理的战略思想,发展必须是绿色发展、循环发展、低碳发展,平衡好发展和保护的关系,控制开发强度,调整空间结构,给子孙后代留下天蓝、地绿、水净的美好家园,实现发展与保护的内在统一,相互促进。习近平关于保护长江流域生态环境的指示鲜明地体现了这一点。他指出,长江拥有独特的生态系统,是我国重要的生态宝库。当前和今后相当长一个时期,要把修复长江生态环境摆在压倒性位置,共抓大保护,不搞大开发。要把实施重大生态修复工程作为推动长江经济带发展项目的优先选择,实施好长江防护林体系建设、水土流失及岩溶地区石漠化治理、退耕还林还草、水土保持、河湖和湿地生态保护修复等工程,增强水源涵养、水土保持等生态功能。在谈到青海三江源保护时,习近平指出,要像保护眼睛一样保护三江源,像对待生命一样对待三江源,保护好三江源这一中国水塔。

(3)自然价值和自然资本的价值理念

习近平指出,绿水青山就是金山银山,冰天雪地也是金山银山。清新的空气、清洁的水源、美丽的山川、肥沃的土地、晶莹的雪峰、神奇的冰川、多样的生物是人类生存必需的生态环境。早在19世纪中叶,英国经济学家穆尔就指出,美丽自然的幽静和博大是思想和信念的摇篮,有其自然的价值,不能破坏。坚持发展是第一要务,同时必须保护森林、草原、河流、湖泊、湿地、海洋等自然生态。中国传统文化认为自然界的万事万物都有其之所以为此物的独特价值。自然界的无机物和有机物也都有尊严。自然是有价值的,保护自然就是增值自然价值和自然资本的过程,就是保护和发展生产力,就应得到合理回报和相应的经济补偿。

(4)资源承载和环境容量的空间均衡理念

历史上的有识之士都倡导对大自然不能采取杀鸡取卵、涸泽而渔的态度,一旦这些资源枯竭,人类也会灭亡,提倡自然资源的永续利用。工业革命以来,对自然资源粗放型的开发利用,带来了大量的废渣、废气、废水,不但浪费了宝贵的自然资源,而且污染了自然环境,破坏了生态平衡。正如习近平所指出的:"你善待环境,环境是友好的;你污染环境,环境总有一天会翻脸,会毫不留情地报复你。

这是自然界的客观规律,不以人的意志为转移。"①20世纪70年代以后,伴随着新科技革命和经济全球化的加快推进,世界各国普遍感觉到,在经济高速增长的背后,隐藏着日益严重的人口、资源、环境等问题,威胁着人类的生存和发展。由于过度开发和消费,淡水、森林、矿产、耕地、生物物种等宝贵资源日益枯竭。在人口增加和经济增长的双重压力下,人类所居住的环境越来越不堪重负,生态平衡遭到破坏。气候变化、大气污染、水污染以及生产、生活中产生的核废料污染、光污染、电磁污染、噪声污染使人类处在一个非常危险的环境之中。为了引起人们的重视,1972年联合国环境与发展大会明确提出"可持续发展"的思想,这标志着人类在处理人与自然的关系方面发生了一次重大飞跃。要把握人口、经济、资源、环境之间的平衡点。推动发展,人口规模、产业结构、增长速度不能超出当地水土资源承载能力和环境容量。

(5)山水林田湖是一个生命共同体的理念

人与自然既是对立的,又是统一的。人与自然在实践基础上的统一,是马克思主义人化自然思想的核心。人类要实现自己的价值,首先就要尊重自然、爱护自然,维护生态系统的稳定性和完整性。中国传统文化把天地这个大自然系统看成是有生命活力的有机整体。天地万物和人之间的关系如同父母和子女的关系,人作为子女应承担起照顾好天地自然这个父母的义务。要按照生态系统的整体性、系统性及其内在规律,统筹考虑自然生态各要素、山上山下、地上地下、陆地海洋以及流域上下游,进行整体保护、系统修复、综合治理,增强生态系统循环能力,维护生态平衡。习近平关于长江经济带的指示就充分体现了这一思想。他指出,长江经济带作为流域经济,涉及水、路、港、岸、产、城和生物、湿地、环境等多个方面,是一个整体,必须全面把握、统筹谋划。

习近平生态文明建设理念,是对我国60多年来社会主义建设实践经验和沉痛教训的总结,是我们在人与自然关系认识上由必然王国进入自由王国的一大飞跃。它回答了我们究竟要建设一个什么样的社会主义这一根本问题,标志着我们党在如何建设社会主义认识上日益走向成熟。

二、习近平生态文明建设理念开拓了中国特色社会主义新境界

习近平生态文明建设理念,体现了新发展理念的本质内涵,表明人和自然的和谐是人的全面发展的最高境界,这一理念丰富和发展了中国特色社会主义理论,为人类的生存和发展贡献了宝贵智慧。

① 习近平:《之江新语》,浙江人民出版社2007年版,第141页。

　　什么是社会主义？如何建设社会主义？建设一个什么样的社会主义？这些问题的答案在马克思主义经典著作中是找不到的，马克思主义创始人也没有这方面的实践。世界上第一个社会主义国家的缔造者列宁曾把社会主义表述为"布尔什维克政权＋电气化"。这是一个极其简单的概括。

　　中国社会主义建设道路的探索也经过了十分艰难的历程。新中国成立以后，以毛泽东为核心的党的第一代中央领导集体带领全党全国各族人民，在迅速医治战争创伤、恢复国民经济的基础上，不失时机地提出了过渡时期总路线，经过社会主义改造，建立起社会主义的基本制度。但是，如何建设社会主义，对于我们党来说是一个崭新的课题。毛泽东当时说，我们要实现马克思列宁主义基本原理同我们具体实际的"第二次结合"，找出在中国进行社会主义建设的正确道路。由于我们党缺乏建设社会主义的经验，当时主要是学习苏联的做法。毛泽东曾经说，"前八年照抄外国的经验。但从1956年提出十大关系起，开始找到自己的一条适合中国的路线"，"开始反映中国客观经济规律"①。毛泽东的《论十大关系》《关于正确处理人民内部矛盾的问题》等著作，以及党的八大文献，集中反映了探索中的初步思考和认识，提出了许多关于中国社会主义建设的重要观点，涉及政治、经济、文化、国防、外交等各个方面，标志着我们党开始独立自主地探索适合我国国情的社会主义建设道路。在党和毛泽东的领导下，我国逐步建立了独立的、比较完整的工业体系和国民经济体系，积累了进行社会主义建设的重要经验。由于在中国这样一个落后的东方大国建设社会主义，是马克思主义和社会主义发展史上从未遇到的新课题，人们对如何走出适合中国国情的社会主义道路还缺少规律性认识，加上当时严峻复杂的国际环境的影响，我们党在探索社会主义道路的过程中发生了失误，遇到了挫折，付出了沉重代价，留下了深刻的历史教训。

　　历史的经验教训使我们深刻认识到，建设社会主义没有固定的模式，必须结合中国实际，在实践中不断探索和回答什么是社会主义、怎样建设社会主义这一基本问题。改革开放历史新时期的开辟，中国特色社会主义道路的开创，正是与邓小平对什么是社会主义、怎样建设社会主义这个基本问题的不断提出、反复思考紧密联系在一起的。邓小平指出，问题是什么是社会主义，如何建设社会主义。我们的经验教训有许多条，最重要的一条，就是要搞清楚什么是社会主义，如何建设社会主义这个问题。他深刻总结我国和其他社会主义国家的经验教训，指出"社会主义是一个很好的名词，但是如果搞不好，不能正确理解，不能采取正确的

---

　　① 中共中央文献研究室：《建国以来毛泽东文稿》第9册，中央文献出版社1996年版，第213页。

政策,那就体现不出社会主义的本质","不解放思想不行,甚至于包括什么叫社会主义这个问题也要解放思想,经济长期处于停滞状态总不能叫社会主义,人民生活长期停止在很低的水平总不能叫社会主义"①。邓小平紧紧抓住这个基本问题进行深入探索,响亮地提出了走自己的路、建设有中国特色社会主义的伟大号召。他深刻地揭示了社会主义的本质,指出贫穷不是社会主义,发展太慢也不是社会主义;平均主义不是社会主义,两极分化也不是社会主义;僵化封闭不能发展社会主义,照搬外国也不能发展社会主义;没有民主就没有社会主义,没有法制也没有社会主义;不重视物质文明搞不好社会主义,不重视精神文明也搞不好社会主义。以邓小平同志为核心的党的第二代中央领导集体集中全党智慧创立了邓小平理论,从时代特征和我国社会主义的发展阶段,从我们党的立党宗旨和治国目标,从我国面临的国际机遇和挑战,全面、系统、深刻地把握我国社会主义初级阶段的根本任务、战略目标、战略步骤、战略布局、战略重点等,第一次比较系统地初步回答了究竟什么是社会主义以及在中国这样的经济文化比较落后的国家如何建设社会主义的问题。

改革开放以来,经过 30 多年的快速发展,我国经济社会发展保持着良好势头,但发展过程中也出现了一些必须引起高度重视并应抓紧解决的突出矛盾和问题。尤其是实现什么样的发展、怎样发展的问题。我们党在深刻分析和把握我国发展的阶段性特征,在应对和战胜各种突如其来的严重困难和挑战中收获启示,在理论创新和实践创新中探索新的发展理念,创造性地提出了科学发展观这一战略思想。科学发展观提出要坚持以人为本、全面协调可持续发展,提出要统筹城乡发展、区域发展、经济社会发展、人与自然和谐发展、国内发展和对外开放,提出要正确认识和妥善处理中国特色社会主义事业中的重大关系,努力实现科学发展、和谐发展、和平发展,把社会主义现代化建设的理论提高到一个新的境界。

问题的提出总是在解决问题的条件同时具备时才成为可能。在贯彻落实科学发展观的实践中,我们逐渐摸索出坚持生产发展、生活富裕、生态良好的文明发展道路,关系广大人民群众的切实利益,关系实现又好又快发展要求,关系中华民族的生存发展,是坚持全面协调可持续基本要求的重要体现,是贯彻落实科学发展观的必然选择。生态良好是走文明发展道路的应有之义。遵循经济规律和自然规律,合理利用自然资源,保护和优化生态环境,坚持可持续发展,实现人与自然和谐相处,人类文明才能持久永续发展。

党的十八大明确提出了"全面落实经济建设、政治建设、文化建设、社会建设、

---

① 《邓小平文选》第 2 卷,人民出版社 1983 年版,第 312 页。

生态文明建设五位一体"总体布局的思想,在这一思想的指导下不断开拓生产发展、生活富裕、生态良好的文明发展道路。"五位一体"思想是中国共产党对中国特色社会主义的本质内涵深入理解和准确把握,更加凸显了生态文明建设的重要作用。十八届三中、四中全会进一步将生态文明建设提升到制度层面,提出"建立系统完整的生态文明制度体系","用严格的法律制度保护生态环境"。《中共中央国务院关于加快推进生态文明建设的意见》提出"协同推进新型工业化、信息化、城镇化、农业现代化和绿色化",把绿色化作为生态文明建设的手段和标准。在实践中提出"节约优先、保护优先、自然恢复为主"的尊重和顺应自然的方针,明确了绿色、低碳、循环发展的路径。党的十八届五中全会提出"创新、绿色、协调、开放、共享"的新发展理念,把生态文明建设放在了更加突出的位置。习近平生态文明建设理念,是中国共产党人探索如何建设社会主义这一重大问题的智慧结晶,是对中国特色社会主义在认识上的深化,它和毛泽东思想、邓小平理论、"三个代表"重要思想和科学发展观是一脉相承的。包括生态文明建设理念在内的新发展理念和"四个全面"的战略布局共同构成习近平治国理政思想的重要内容。

生态文明建设理念展示了中国特色社会主义建设的新时代特征。马克思说:"哲学家们只是以不同的方式解释世界,而问题在于改造世界。"①习近平生态文明建设理念是马克思主义与中国优秀传统文化在时代土壤里相结合的产物,具有很强的实践性,它给我们描绘了一个人类文明的新时代,是建设中国特色社会主义的行动指南。

坚持生态文明建设理念,是根据我国国情做出的正确抉择。我国人口众多,人均资源占有量少,人均水资源占有量仅为世界平均水平的四分之一,人均耕地不到世界平均水平的二分之一,总体上资源紧缺是我国的一个基本国情。改革开放以来,我国经济社会发展取得了举世瞩目的成就,但由于经济增长过度依赖资源消耗的传统发展模式,一些地区的发展以牺牲环境为代价,造成了比较严重的环境污染和生态破坏。发达国家上百年工业化过程中分阶段出现的环境问题,在我国已经集中体现。特别是随着我国工业化、信息化、城镇化、市场化、国际化深入发展和人口不断增加,能源、水、土地、矿产等资源不足的问题越来越突出。坚持生态文明建设理念,是应对资源环境问题,实现可持续发展的必然要求,是关系中华民族生存和长远发展的根本大计。正如习近平所指出的,党的十八大之后,我们强调不能简单以国内生产总值增长率论英雄,提出加强生态文明建设,都是针对一些深层次矛盾去的。如果我们不迎难而上、因势利导,逢山开路,遇水架

---

① 《马克思恩格斯文集》第 1 卷,人民出版社 2009 年版,第 502 页。

桥,这些矛盾不断积累,就有可能进一步向不利方面转化,最后成为干扰因素甚至破坏性力量。

坚持生态文明建设理念,就是要在经济社会发展过程中,把推进生产发展、实现生活富裕、保持生态良好有机统一起来。坚持以生产发展为基础,以生活富裕为目的,以生态良好为条件,努力实现社会经济系统和自然生态系统的良性循环。要按照绿水青山就是金山银山的标准和全面协调可持续的基本要求,全力推进中国特色社会主义事业,使社会生产力特别是先进生产力不断发展,国家的经济实力和综合国力不断增强,人们生活质量和富裕程度持续提高,享有的民主权利和法制保障更加充分,精神生活和精神追求更加丰富高尚,社会更加和谐稳定和充满活力,人们在良好生态环境中生产生活。

坚持生态文明建设理念,就必须把经济的发展、生活水平的提高和实现可持续发展有机统一起来。正确处理经济建设、人口增长与资源利用、生态环境保护的关系,坚决禁止掠夺自然、破坏自然的做法,坚决摒弃先破坏后治理、边治理边破坏的做法,实行最严厉的环境保护措施,为子孙后代留下充足的发展条件和发展空间。要把节能减排作为促进科学发展的重要抓手,发展环保产业,加大节能环保投入,开发和推广节约、替代、循环利用和治理污染的先进适用技术,发展清洁能源和可再生能源,建设科学合理的能源资源利用体系。努力解决影响经济社会发展特别是严重危害人民健康的突出问题,重点抓好水污染防治、城乡饮用水源安全屏障、城市大气污染治理、土壤污染治理等,改善城乡人居环境,促进生态修复。进一步完善有利于节约能源资源和保护生态环境的法律和政策,加快形成可持续发展的体制机制。增强公众保护生态环境的自觉意识,在全社会形成爱护生态环境、保护生态环境的良好风尚。加强应对气候变化能力建设,为保护全球气候做出新贡献。

坚持生态文明建设理念,还有一个十分重要的问题就是要重视发展农业和农村。从自然地理条件来看,我国有百分之八十的地区是农村,有百分之六七十的国土面积是山区,这既是生态文明建设的重点,也为生态文明建设提供了良好条件。江河、山川、湖泊、草原、湿地是生态文明建设的天然有利条件。从历史传统来看,我国是传统的农耕文明国家,辽阔的田园风光就是最大的人工植被和亮丽景色。大力发展农业,建设山川秀美的社会主义新农村,是实现生态文明的重要途径。加强生态文明建设,应当把农业现代化放在突出重要的地位。早在2005年,习近平就指出:"提高农业综合生产能力,建设现代农业的主攻方向是:以绿色消费需求为导向,以农业工业化和经济生态化理念为指导。"①从目前我国发展的现实来看,城镇的发展水平并不低,发展的不均衡、不协调问题,主要表现为农村的发展滞后。全国要实现现代化,没有农村的现代化就是一句空话。另外,农村人口占中国总人口的一半以上,农村发展起来了,农业实现了现代化,农民就可以就地实现就业,这是解决农民问题的现实途径。增加农民收入,就可以扩大农村消费,形成一个大市场,拉动整个国民经济的发展。因此,加强生态文明建设,努力实现农业、农村现代化,是符合当前中国国情的发展道路,是建设中国特色社会主义的突出特征和必然选择。我们一定要从这样的战略高度和长远眼光来认识生态文明建设理念对于中国发展的重大历史意义。

三、习近平生态文明建设理念是人类优秀文化成果丰厚积淀和交流融合的结晶

生态文明建设理念的产生是一个辩证发展的历史过程,是对以往生态思想的继承、发展和创新。习近平生态文明建设理念继承了中国传统文化中的精华、马克思主义理论中的生态思想和当代西方先进生态理论中的优秀成果,是全人类优秀文化积淀融合的结晶。在此基础上,结合中国的具体国情,实践扎根于中国大地,它既深刻,具有先进的现代性;又接地气,具有可行的现实性。这体现了中国特色社会主义理论开放包容、与时俱进的品格。

1. 吸收了中国传统文化中的生态思想

中国传统文化是人类文化的瑰宝。它博大精深、灿烂辉煌,其深邃思想中包含着丰富的生态思想。这些思想是习近平生态文明建设理念的重要思想来源之一,其伦理基础源于古代道法自然的哲学思想,注重公正、人与自然和谐的观点。

老庄哲学主张自然无为、天地父母。"自然无为"是老庄哲学的要义,是人类"复归其根"自然属性的反映。它要求人们以"自然无为"的方式与自然界进行交流。"人法地,地法天,天法道,道法自然"(《老子》第二十五章)。道法自然蕴含着人与自然和谐的积极理念。老子把天与地比作父与母。"一生天地,然后天下有始,故以为天下母。既得天地为天下母,乃知万物皆为子也"。"地者,乃大道之子孙也。人物者,大道之苗裔也"(《老子》第五十二章)。借用父母和子女的关系来比喻道与天地、万物的关系。天地生养万物,是人类衣食之源、生存之本。人类对天地应该始终抱有感恩之心。

儒家主张天人合一、仁民爱物。"天人合一"是"天人合德""天人相交""天人

---

① 习近平:《之江新语》,浙江人民出版社 2007 年版,第 109 页。

感应"等众多表现形式的统称,是人与自然和谐共处的终极价值目标。自然资源的有限性要求人们节制地开发利用。孔子主张"钓而不纲,弋不射宿"(《论语·述而》),反对使用灭绝动物的工具,含有"取物不尽物"的生态道德思想。《易经》中"君子以厚德载物"的思想启发人们应该效法大地,把仁爱精神推广到大自然中。张载"民胞物与"思想主张以宽厚仁慈之德包容、爱护宇宙万物,践行"与天地合其德""与四时共其序"的价值观。

2. 弘扬了马克思主义的生态文明观

在马克思、恩格斯关于经济政治问题的大量论述中,蕴含着丰富的生态思想。这些生态思想成为习近平生态文明建设理念的重要理论来源之一。马克思主义生态文明思想的核心是人与自然的辩证统一。马克思和恩格斯创立的辩证唯物主义自然观,承认自然界的客观实在性及其对人类的优先地位,确立了从实践出发去考察人与自然关系的视角,从而真正揭示了人与自然关系的全部实质。

马克思认为,人类是自然界中的一员,而不是外来的征服者。马克思指出,人是自然界发展到一定历史阶段的产物。"历史本身是自然史的一个现实部分,即自然界生成为人这一过程的一个现实部分"①,自然界对于人类来说具有先在的物质性,是不依赖于人,存在于人之外的"先在"。人作为"受制约的、受限制的、受动的存在物"是第二性的。在《自然辩证法》一书中,恩格斯又从生物进化的角度论证了人类是自然界发展到一定历史阶段的产物这一命题。人是自然进化的产物,从无机到有机,从低级到高级,最后从类人猿当中分化出来,通过用手使用工具从事生产劳动,使人类从动物界提升出来。不只人的身体、器官,人的思维意识也是自然界的产物,因为思维和意识是人脑的产物,人脑本身就是自然界的产物。所以,恩格斯在《反杜林论》中明确指出:"人本身是自然界的产物,是在自己所处的环境中并且和这个环境一起发展起来的。"②从马克思和恩格斯的论证可以看出,他们认为人和自然是不能分离的,人是自然界发展到一定程度的产物,这也是人的自然属性。

马克思认为自然是人类生存和发展的基础,是人类实践活动的对象。人是有生命的存在,需要靠自然来维持自己的生存,对自然有高度的依赖性。离开自然的人就失去了获取物质生活资料以及与自然之间进行物质、能量、信息交换的可能性。马克思将自然界称为人的"无机身体","自然界,就它自身不是人的身体而言,是人的无机的身体。这就是说,自然界是人为了不致死亡而必须与之处于持

---

① 《马克思恩格斯文集》第 1 卷,人民出版社 2009 年版,第 194 页。
② 《马克思恩格斯文集》第 9 卷,人民出版社 2009 年版,第 38 – 39 页。

续不断的交互作用过程的、人的身体"①。自然界不仅为人类提供赖以生存、发展的物质资料,而且还给人类提供丰富的精神食粮。自然界也是人的精神的无机界,马克思认为,"从理论领域来说,植物、动物、石头、空气、光等,一方面作为自然科学的对象,一方面作为艺术的对象,都是人的意识的一部分,是人的精神的无机界,是人必须事先进行加工以便享用和消化的精神食粮",②即人的感情、意志、智慧和灵气都是大自然赋予的。因此,人类的生存和发展无论是从物质的层面还是精神的层面上讲,都要依赖自然界。

马克思把人类和自然界的关系看成受动性和能动性的统一。在《1844年经济学哲学手稿》中马克思明确提出:"人作为自然存在物,而且作为有生命的自然存在物,一方面具有自然力、生命力,是能动的自然存在物;这些力量作为天赋和才能、作为欲望存在于人身上;另一方面人作为自然的、肉体的、感性的、对象性的存在物,同动植物一样,是受动的、受制约的和受限制的存在物,就是说,他的欲望的对象是作为不依赖于他的对象而存在于他之外的。"③恩格斯在《自然辩证法》中警告人类:"我们不要过分陶醉于我们人类对自然界的胜利,对于每一次这样的胜利,自然界都对我们进行报复。每一次胜利,起初确实取得了我们预期的结果,但是往后和再往后却发生完全不同的、出乎预料的影响,常常把最初的结果又消除了。"④忽视自然界对人类的制约作用,就会导致对自然界的破坏,最终人类只能自食其果,产生"复仇效应",从而限制甚至是取消社会发展。

马克思认为,人类和自然界的辩证关系决定了人类要与自然界共同进化、协调发展。马克思和恩格斯将自然界分为"自在的自然"和"人化自然",人化自然就是在人的实践活动的基础上,自在自然不断被认识、加工、改造的自然界。人化的自然界是作为人的认识活动和实践活动对象的自然界,而不是脱离人、脱离人的实践活动和人的历史发展,仅仅从客体的、直观的意义上去理解的纯粹自在的自然界。人化后的自然才是真正的适合人类生存的自然,这种"人化自然"的思想,一方面强调了人对自然界存在、发展的参与,另一方面强调了实践作为人的存在方式,是人类有目的的对象化活动。

3. 指明了人类摆脱发展困境的方向

习近平生态文明建设理念,抒发了人们对赖以生存的大地母亲的忧思,反映

---

① 《马克思恩格斯文集》第1卷,人民出版社2009年版,第161页。
② 《马克思恩格斯文集》第1卷,人民出版社2009年版,第161页。
③ 《马克思恩格斯文集》第1卷,人民出版社2009年版,第209页。
④ 《马克思恩格斯文集》第9卷,人民出版社2009年版,第559－560页。

了人类要求正确对待人与自然关系的强烈愿望,具有很强的现实性和时代性。资本主义的自由竞争使得资产阶级贪婪地榨取自然财富和工人的剩余劳动,必然造成对自然环境的破坏和对工人阶级的盘剥。正如马克思所阐述的:"只有在资本主义制度下自然界才真正是人的对象,真正是有用物;它不再被认为是自为的力量,而对自然界的独立规律的理论认识本身不过表现为狡猾,其目的是使自然界(不管是作为消费品,还是作为生产资料)服从于人的需要。"①然而,人类统治自然界,绝不像征服者统治异民族一样,绝不像站在自然界以外的人一样;相反,人连同人的肉、血和头脑都是属于自然界、存在于自然界的。人们出于集团或个人局部的、眼前的私利去占用、征服自然,必定要遭到自然力量的报复。

美国著名学者托夫勒在分析人类思想的演变时,做出了这样一个论断:旧观念的崩溃,最明显地表现在我们改变了对自然形象的认识。进入20世纪60年代,资源枯竭和环境污染问题迫使人们考虑工业化和经济增长的边界问题。美国经济学家鲍尔丁提出了"宇宙飞船经济",戴利提出了"稳态经济"。但是这些理论要么过于偏颇,要么存在方法论困境,因而都无法实现,更难以指导实践。时至今日,根本性矛盾和问题并没有得到解决,理论、方法和实践依然面临诸多困惑和困境。在过去10年间,由于地球生物圈发生了根本性的、潜在的危险变化,出现了一场世界范围的环境保护运动。它迫使我们去重新考虑关于人类对自然界的依赖问题,使我们产生了一种新的观点:强调人与自然和谐相处,可以改变以往对抗的状况。1972年,联合国人类环境会议把环境同发展问题联系起来,通过了《联合国人类环境宣言》,提出要保护环境、控制人口和节约资源。同年,联合国环境与发展大会又通过了《里约热内卢宣言》和《21世纪议程》。现在,世界有识之士高度关注生态问题,呼唤建设生态文明,是对现代工业文明和资本主义生产方式的局限性进行深刻反思的结果,是对人类文明进步思想的继承和发展。最近30多年来,中国工业化进程突飞猛进,但资源环境瓶颈制约加剧,环境承载能力已接近上限。在这一背景下,习近平生态文明建设的理念促进形成了生态文明建设的中国模式,成为引领人类文明走出困境,走向光明未来的思想火炬。

习近平生态文明建设理念思想深邃、内涵丰富,既是对优秀文化的继承,又反映了人们环境思想的觉醒。生态文明建设理念,赋予人类的不仅是外在的舒适惬意,是客观上的幸福,而且是内心的恬淡宁静,是精神上的怡悦。我们不难看出,大自然不仅给予人类可消耗的资源、可栖息的环境等物质财富,也给予人类文化伦理价值。良好的生态环境无论对人的情操的陶冶、心灵的净化,还是对人的精

---

① 《马克思恩格斯文集》第8卷,人民出版社2009年版,第90页。

神层次的提高都是极为有利的。人类需要重新认识人、自然、社会之间的辩证发展关系,需要把人自身的全面发展以及社会的文明进程置于自然界的承受力和可控范围之内,在尊重自然界发展演化规律的前提下,实现人与自然协调发展、人类绿色意识的养成、生态伦理的变革与成熟,这将预示着一个新的文明——生态文明时代的到来。

四、习近平生态文明建设理念揭示了人类文明进步的客观规律

习近平生态文明建设理念代表了人类文明进步的高级形态——生态文明社会。文明是反映社会发展蒙昧和开化程度的概念,它表征着一个社会的政治、经济、文化、社会、生态以及它们之间的发展水平和整体状态。纵观人类社会文明发展史,大体上经历了原始文明、农业文明、工业文明几个阶段,每一段文明的跨越,都离不开科技进步和生产力的极大提高,也离不开人们对人与自然关系认识的不断深化。不同历史时期的文明形态都是当时人与自然关系的现实写照,是当时社会状况的自然表现。

在原始文明阶段,由于生产力水平极其低下,人类的生存主要依赖大自然的赐予,人们必须依靠集体的力量才能够生存,加上物质生产活动的单一,采集渔猎就成为当时人们的主要活动,因而人们对自然界的认识也是非常有限的。原始社会中的人与自然的关系体现出一种盲目性与自发性的特点,这是一种原始的“人地依赖关系”,是低等的“和谐共处”,这种和谐更多地表现为人对自然的敬畏和被动服从,占据主导性地位的因素是自然。因此,原始社会的文明是一种以自然为中心的文明,“自然界起初是作为一种完全异己的、有无限威力的和不可制服的力量与人们对立的,人们同自然界的关系完全像动物同自然界的关系一样,人们就像牲畜一样慑服于自然界,因而,这是对自然界的一种纯粹动物式的意识(自然宗教)”①。自然界的异己力量使人们对它的依赖、顺从、迷惑转变成了恐惧、神话、崇拜,自然界成为自然神,人成了自然界的奴隶。人们可以直接从自然界中获取食物,但是一个地区的食物往往是有限的,不能够满足人们的持续性需要,因此带来的经常性迁移使得当时的人们不会对自然环境造成较大的破坏,世界仍然绿意融融。虽然人们已经具备了自我意识,成为具有自我能动性的主体,但由于缺乏强大的物质手段和精神手段,人类支配自然的能力有限,必须依赖于、慑服于自然界,从自然母体中获得馈赠才能够生存发展,人与自然之间也就形成了一种混沌共生的和谐状态。虽然这一时期的文明只是初级形式的文明,但其实质是自然中

---

① 《马克思恩格斯文集》第 1 卷,人民出版社 2009 年版,第 534 页。

心主义的。

历史的车轮转到了大约一万年前,人类社会进入了农业文明阶段。随着生产工具的完善,农业社会的生产力水平远远高出了采集渔猎社会,社会上出现了以驯养和耕种为主的生产方式,人们基本上能够自给自足。畜牧业和种植业的发明,使人们不再主要从大自然中直接获取食物,而是转向种植五谷杂粮,饲养牲畜和禽类,获得必需的生活用品。固定居所的出现,为人类应付自然提供了强大屏障,自然也不再是人们威力无穷的主宰。在人与自然的矛盾斗争中,人类显示出了特有的主观能动性,在一定程度上学会了支配自然,增强了改造自然的能力,也加快了自然的人化过程。这时,人们开始力图挣脱自然的庇护和依赖,利用自然的同时试图改造自然,而这种改造又往往带有很大的随意性、盲目性和破坏性。人们活动范围的扩大,导致了对自然资源的过度开发和破坏。但是这时人对自然的破坏还只是局部性、阶段性的,没有对自然形成根本的伤筋动骨的伤害,人与自然之间仍然能达到初级的平衡状态。

进入工业文明阶段之后,蒸汽机的发明及其在工农业生产中的广泛使用,使人类占有和利用自然资源的能力大大提高,创造了农业社会无法比拟的社会生产力和舒适便捷的生活方式。马克思和恩格斯在《共产党宣言》中指出:"资产阶级利用强大的技术手段,在不到一百年的时间里就创造出比以往一切世代创造的全部生产力还要多、还要大的生产力"①物质财富的极大丰富、生活范围的不断扩大、人口数量的增加和寿命的延长等,激起了人类进一步征服和改造自然的雄心壮志。人们对自然的征服和统治变成了掠夺和破坏,无节制资源消耗带来了无节制的环境污染,以至于形成了自然资源迅速枯竭和生态环境日趋恶化的双重恶果,环境污染、能源短缺、气候变暖、土壤沙化、物种灭绝等灾难性恶果活生生地摆在了人们面前。农业文明时期人与自然环境之间的协调关系遭到严重破坏,自然界承受着来自人类的巨大压力,人对自然界进行着伤筋动骨的改造,导致了人与自然关系越来越紧张。也正是在这样的形势下,人们找到了一条可以克服生态危机的道路,这就是生态文明之路。

"生态文明"作为一个概念出现在人们的视野中,大约可以追溯到20世纪80年代中期。随着经济社会的不断发展以及越来越多的环境问题的出现,人们在思考人与自然关系时,迫切需要构建一种可以影响甚至改变人们生产生活方式的思想观念。生态文明正是人类为建设美好生态环境而取得的物质成果、精神成果和制度成果的总和。生态文明建设主要涵盖先进的生态伦理观念、发达的生态经

---

① 马克思、恩格斯:《共产党宣言》,人民出版社1949年版,第28页。

济、完善的生态制度、可靠的生态安全、良好的生态环境。它以把握自然规律、尊重和维护自然为前提,以人与自然、人与人、人与社会和谐共生为宗旨,以资源环境承载力为基础,以建立可持续的产业结构、生产方式、消费模式以及增强可持续发展能力为着眼点,强调人的自觉与自律,人与自然的相互依存、相互促进、共处共融。人与自然和谐是生态文明的本质特征。人与自然是不可分割的有机整体,与自然和谐相处、协调发展是人类文明的题中应有之义。人类的生存和发展依赖于自然,同时文明的进步也影响着自然的结构、功能和演化。传统工业文明导致人与自然关系的对立,而生态文明建设则首先要重构人与自然的和谐。这种和谐不是回归农业文明的和谐,而是在继承和发展人类现有成果的基础上,达到自觉的、长期的、更高水平的和谐。这时的人道主义等于自然主义,人的本质等于自然的本质。存在和本质、自由和必然实现了和谐统一。这样的社会是马克思和恩格斯设想的理想社会形态。在这时,人与自然界在社会中实现了真正的、本质的统一。自然界的真正的复活,在社会中就表现为自然界的人格化的复活,即人的复活。当人的自然主义特性和自然的人道主义特性合而为一,即当自然主义等于人道主义、人道主义等于自然主义的时候,共产主义社会就会在这两者的融合当中实现。共产主义社会是自然主义和人道主义相结合的社会,这一点应该是共产主义社会的主要特征之一。

习近平生态文明理念,为实现人的全面发展描绘了崇高远景。一切社会的发展,最终取决于人的发展。正如马克思、恩格斯在《共产党宣言》中所指出的:“每个人的自由全面发展,是一切社会发展的前提和基础。”[1]历史唯物主义认为,人对自然的认识和改造是人获得自由和发展的实践基础。人的全面发展是人类社会发展的最终归宿和目标,而这一目标的实现离不开人之外的自然界这个“无机的身体”,人与自然协调发展的程度和状态是人能否全面发展的有力保障。人的全面发展是在人与自然、人与社会、人与自身的和谐相处中实现的,是在一定的时间和空间中展开和完成的,它既包含历史的形成和发展的人文素质,又包含在现实的生态环境中形成和发展的生态要素。作为集自然性和社会性于一体的人,既具有社会性要求,又具有自然性要求。如果一个人不能把自己融入多姿多彩的大自然中,承认与大自然的从属关系,并像对待母亲那样对待大自然,就不能真正发挥他的本性。只有在优质、和谐、自由的环境中,人的脑力和体力才能得到较好的恢复和发展,从而为充分发挥人的主体性和各种潜能创造出更好的条件。因此,人应该深刻理解自然的发展演化过程,努力协调好与自然的关系,在丰富大自然

---

① 马克思、恩格斯:《共产党宣言》,人民出版社1949年版,第46页。

的同时理智地利用它。以往谈及人的全面发展,更多的是从社会制度、社会关系等方面入手,而较少关注自然环境在人的全面发展中的地位、价值和作用,没有把人的全面发展与自然环境的健康发展协调起来,从而造成了经济社会发展与资源环境倒退并存的现象,结果是经济社会的发展被恶化的资源环境所抵消,并带来了一系列经济、政治与社会问题。生态文明理念要求人们在生产生活中,应该给资源环境以应有的位置和价值,加强生态文明教育,形成良好的生态理念,在人与自然的良性互动中促进人的全面发展。

人首先是自然界的产物。地球是人类共同的家园和唯一的栖息地,人不能脱离地球母亲而独立存在。马克思认为,作为类存在的人本身就是自然存在物,而且是"直接的""有生命的"自然存在物。我们的祖先自从以"人"的面目出现在地球上,就一刻不停地与大自然进行着物质、能量、信息交换,从大自然中得到食物、水源、栖息地,与大自然中的水、大气、土地、生物等亲密接触。所以,人与自然生态环境是须臾不可分离的,良好的生态环境是人生存和发展的必要前提。马克思认为,人是无机身体和有机身体的结合体,有机身体是指人的血肉之躯,无机身体是指外部的自然界。损害自然就等于损害了人的无机身体,人类对自然的过度索取在许多方面已超过生态系统的自我修复能力,资源的枯竭、气候的恶化、日益加剧的环境污染已成为影响人的全面发展的全球性问题。人们对自然的改造,应当遵循自然界自身发展演化的规律,在从自然界中索取自身所需的物质生活资料的同时,也把建设美好家园的爱心和行动展现出来,以期创造可持续的更适合人类生存和发展的生态环境。

生态文明是促进人的全面发展的重要前提和标志。马克思说:"人作为自然存在物,而且作为有生命的自然存在物。从人降生的那一天起,就与自然相依存。"①人类的生存发展需要适宜的自然环境。我们可以通过生态环境这面镜子,来判断人们生存发展的大环境,以及这个大环境对人的全面发展的影响。人们要学会尊重、理解自然界的客观独立性,认识、利用好自然界的本质、属性及发展规律,在获得更多更好的发展物料时,建设生态文明,为人的全面发展创造可持续的自然环境。我们还要看到,良好的自然环境,不仅给人类提供了优质的物质生活,也极大地丰富了人们的精神生活,培养和陶冶了人的道德情操。人与自然和谐相处,自然环境就会有利于社会人文环境的优化,在健康有序的社会环境中,人们的行为举止容易受到社会公认的价值标准和规范的有益影响,从而使人的精神境界得到升华。

---

① 《马克思恩格斯文集》第 1 卷,人民出版社 2009 年版,第 209 页。

五、真正把生态文明理念变为全社会的行动

1. 加强生态文明建设，要深刻认识和引领经济发展新常态

党的十八大后，中央从我国经济发展的现实状况出发，立足于遵从自然规律和经济规律，对今后一段时期经济发展的形势做出科学判断，提出我国经济发展进入了新常态。新常态的一个基本内涵就是在新的历史条件下，经济发展按照自然规律和经济规律，在持续健康的轨道上正常运行。生态文明思想的一个显著特征是要有历史的自然的积淀意识，要保护和珍惜先人创造并留给我们的自然成果。浑然天成、精致而严密的自然生态系统，是人类赖以生存的自然支撑，是沧海桑田、物换星移长期发展积淀的成果，我们一定要尊重和珍惜。生态建设的特点就是要遵循自然规律，顺应自然规律。在生态文明建设中践行新常态理念，就是要尊重生态规律，立足于保护和涵养，而不能期望于一夜之间改天换地。在生态建设中一定要慎重行事，三思而行，不能打速决战，毕其功于一役，而必须久久为功，积土成山，积木成林，积水成渊。生态环境有着极强的效应扩散性、修复长期性和趋势恶化性。一桶硫化物倒入江河，污染的就是一江春水，一家工厂冒出的浓烟就会造成一片天空的雾霾，一个地方的植被被破坏了，要阻止和修复需要几十年甚至上百年的时间，一个地方一旦森林砍伐过量开始沙漠化，就会很快扩散蔓延，我国的罗布泊、腾格里沙漠和石羊河就是最典型的例子。要注意保护大自然的天然风貌，保护生物的多样性。

长期以来的粗放式增长方式，不仅透支了大量的宝贵资源，更使许多地方的经济被锁定在产业链低端。因此，下决心转型升级是我们的唯一出路。习近平指出，如果仍是粗放发展，即使实现了国内生产总值翻一番的目标，那污染又会是一种什么情况？届时资源环境恐怕完全承载不了。经济上去了，老百姓的幸福感大打折扣，甚至强烈的不满情绪上来了，那是什么形势？所以，我们不能把加强生态文明建设、加强生态环境保护、提倡绿色低碳生活方式等仅仅作为经济问题，这里面有很大的政治。

习近平在谈到水时说，原油可以进口，世界石油资源用光后还有替代能源顶上，但水没有了，到哪儿去进口？习近平在谈到森林时指出，森林是国家、民族最大的生存资本，是人类生存的根基，关系生存安全、淡水安全、国土安全、物种安全、气候安全和国家外交大局。必须从中华民族历史发展的高度来看待这个问题。

早在2010年4月，习近平就鲜明地指出："绿色发展和可持续发展是当今世

界的时代潮流。"①从全球范围来看,如今,这一个大趋势表现得越来越明显:美国奥巴马政府提出了"绿色新政",欧盟制定了"欧盟 2020 战略",日本推出了"绿色发展战略",韩国提出了"国家绿色增长战略(至 2050 年)"。以印度、巴西等为代表的新兴市场国家也迅速加入了"绿色大军"行列,制订各自的"国家行动计划"并着手大力推进。当前绿色工业革命正在蓬勃兴起,我们必须抓住机遇,乘势而上,积极主动认识和引领经济新常态,将绿色工业革命视为新的经济发展引擎,把战略性绿色新兴产业作为新的经济增长点,实现产业结构升级,抢占未来世界市场竞争的制高点。

2. 加强生态文明建设,必须贯彻落实新发展理念

新常态下经济发展应该坚持创新、协调、绿色、开放、共享的新发展理念。在生态文明建设上,关键是要抓住三个重点问题。

(1)坚持节约利用资源,实现永续发展

资源是人类赖以生存和发展的物质基础,是人们生产生活的源泉和条件。党的十八届五中全会提出实行能源和水资源消耗、建设用地等总量和强度双控行动,以切实的措施破解我国资源环境面临的难题,推动建设资源节约型社会。要实行最严格的水资源管理制度。守住用水总量、用水强度、节水标准"三条红线",咬定最严格的水资源管理制度不放松,合理制定水价,编制节水规划,实施雨洪资源利用、再生水利用、海水淡化工程,建设国家地下水监测系统,开展地下水超采区综合治理。坚持以水定产、以水定城,建设节水型社会,确保到 2020 年全国用水总量控制在 6700 亿立方米以内。要坚持最严格的节约用地制度。我国虽幅员辽阔,但人均土地资源占有量小,而且各类土地所占的比例不尽合理,主要是耕地、林地少,难利用土地多,后备土地资源不足,人与耕地的矛盾尤为突出。要缓解这一矛盾,必须通过优化土地使用,调整建设用地结构,降低工业用地比例,推进城镇低效用地再开发和工矿废弃地复垦,严格控制农村集体建设用地规模。积极探索实行耕地轮作休耕制度试点,坚持产能为本、保育优先、保障安全,实现"藏粮于地""藏粮于技",让耕地休养生息,保持可持续发展。要倡导全民节约社会风尚。节约资源人人有责。如果我们平均每人每年节约 1 度电,全国每年可节约 13 亿多度电,相当于节约了 52 万吨标准煤、520 万吨净水,减少了 35.36 万吨碳粉尘、129.61 万吨二氧化碳等污染物排放。"十三五"规划建议提出实施全民节能行动计划,提高节能、节水、节地、节材、节矿标准,开展能效、水效领跑者引领行

---

① 《博鳌亚洲论坛 2010 年年会开幕习近平出席并发表主旨演讲》,《人民日报》2010 年 4 月 11 日,第 1 版。

动,倡导合理消费,力戒奢侈浪费,推动形成勤俭节约的良好社会习惯。

市场是实现资源高效利用最有效的手段。长期以来,由于用能权、用水权、排污权、碳排放权等权限模糊,以市场为导向的初始分配制度不健全,造成资源使用价格严重扭曲。为此,"十三五"规划建议提出要建立健全用能权、用水权、排污权、碳排放权初始分配制度,创新有偿使用、预算管理、投融资机制,培育和发展交易市场,发挥市场机制的作用,让资源得到高效合理的利用。

(2)切实珍惜保护环境,提高人类的生活质量

空气、水、土壤是人们赖以生存的物质条件。要坚决打好大气、水、土壤三大污染防治战役。力争到2020年,全国空气质量总体改善,重污染天气较大程度减少;水环境得到阶段性改善,污染严重水体较大幅度减少;全国土壤污染加重趋势得到遏制,土壤环境质量总体稳定。要推进多污染物综合防治。环境治理需要联防联控、齐抓共管,跨区域、跨流域、跨领域联合作战,充分发挥多污染物综合治理的协同效应和区域流域的共治效应,推动形成改善环境质量的整体效果。要用好污染减排这一重要手段,在继续实施化学需氧量、氨氮、二氧化硫、氮氧化物排放总量控制的基础上,增加重点行业挥发性有机物排放量等约束性指标,实施区域性、流域性、行业性差别化总量控制指标。深入实施工业污染源全面达标排放计划,到2020年,全国所有县城和重点镇具备污水收集处理能力,地级及以上城市建成区污水基本实现全收集、全处理,县城、城市污水处理率分别达到85%、95%左右。治理环境必须在完善制度上下功夫。只有完善的制度才能管根本、管长远,要改革环境治理基础制度。"十三五"规划建议提出,建立覆盖所有固定污染源的企业排放许可制,建立全国统一的实时在线环境监控系统,健全环境信息公布制度,建立和完善生态环境损害责任终身追究制度,实施领导干部自然资源资产离任审计试点,通过扎紧制度的笼子,更好地保证天蓝地绿水净。要深化环保管理体制改革,从体制上增强环境执法的统一性、权威性、有效性,让环保执法队伍真正强起来。

(3)创新生态建设的体制机制,完善生态补偿的制度保障

要努力实现生态文明体制改革的目标。到2020年,构建起自然资源资产产权制度、国土空间开发保护制度、空间规划体系、资源总量管理和全面节约制度、资源有偿使用和生态补偿制度、环境治理体系、环境治理和生态保护市场体系、生态文明绩效评价考核和责任追究制度等。要重视标准化建设。生态保护必须有全面的、具体的和科学的标准,并且从制度上切实保证行业标准得到认真执行。要完善生态补偿。按照"谁受益谁补偿"的原则,引导和鼓励开发受益地区与生态保护地区、流域上游与下游通过自愿协商,采取资金补偿、对口帮扶、人才支持、协

作开发等措施,实施横向生态补偿。完善生态保护财力转移支付制度,增加公共财政对生态补偿的投入,积极探索社会化、市场化生态补偿模式,使生态环境建设得到回报。山水林田湖是一个生命共同体,是保护中华民族永续发展的生态屏障。在全面建成小康社会的道路上,只有筑牢生态安全屏障,让山更绿、水更清、林更密、田更肥、湖更美,我们建设美丽中国的梦想才不再遥远。

3. 加强生态文明制度建设要积极推进供给侧结构性改革

加强生态文明制度建设的一个重要手段,就是推进供给侧改革。生态文明建设与供给侧改革有着密切关系。生态文明建设的本质是推动绿色发展,而绿色发展的关键是以尽可能少的能源资源消耗和环境破坏来实现经济社会发展。绿色发展的核心是提高单位能源资源消耗或单位污染排放的产出率。而供给侧改革的重要目的也是通过制度改革提高全要素生产率,以实现经济可持续发展。

建设生态文明的重点是从源头控制和减少能源资源消耗和污染排放。做到这一点必须提高全要素生产率,这正是供给侧改革的要义所在。"供给侧结构性改革"是指从供给侧入手、针对造成经济结构性问题的制度性矛盾推进的改革。改革的目的在于从源头上减少能源资源消耗和环境污染。要积极推进政府职能转变和国有企业改革。一方面要制定激励政策,另一方面要推进各个主体自身的改革,消除其浪费资源、破坏环境的制度根源。改革重点是国有企业改革和政府改革。要通过改革减少和抑制垄断,促进市场公平竞争,优化资源配置,减少资源消耗和浪费。要通过改革,转变职能。精简机构和人员,强化公共服务,减少对市场的直接干预,降低企业成本,激发企业创新活力,减少企业和政府对资源环境的依赖,促进生态文明建设。要大力推进生产要素的改革。通过推进科技、教育、金融、土地、环境制度改革,促进绿色低碳技术进步和绿色低碳产业发展,降低能源资源消耗率,发展绿色金融,提高土地利用效率,减少资源消耗和浪费,遏制环境污染恶化趋势。要大力推进关系体制机制的结构性改革。结构优化可提高效率、减少能源资源消耗和环境污染。加快推进户籍制度改革,推进农业转移人口市民化,让更多农民共享现代城市文明;加快推进城乡社会保障制度改革,尽快形成城乡统一的养老、医疗卫生、低保、公共服务等制度;加快推进土地制度改革,建设城乡统一的建设用地市场,优化土地资源配置;推进行政区划制度改革,减少管理层级,实现责权利对称。通过这些结构性改革,可以促进结构优化,减少能源资源消耗和环境污染,推进生态文明建设。

"理念"要造福人类,就必须转变成人们的生活方式。生活方式是一种理念的体现,理念也会塑造一种生活方式。习近平生态文明建设理念,正是给中华民族乃至全人类建立一种人与自然和谐共存、共同发展的最合宜的生活方式点亮了心灯、指明了道路。如果说工业文明是西方社会对人类发展的革命性创新,那么生态文明建设则是东方智慧对全球可持续发展的根本性贡献。生态文明建设既是人类实践活动的指向,也是人类实践活动的结果。人的全面发展是生态文明建设的终极目标。只有在人的全面发展中,人们才能构建起与生态文明相适应的价值观、生活方式和消费方式,形成尊重自然、善待自然的健康人格,最终实现生态文明。生态文明建设不仅需要改变自然环境等浅层次的东西,更重要的是要改变人的消费方式、价值理念和思想道德素质。如果每个人在处理人与自然关系的问题上都能高瞻远瞩、胸怀广阔、以身作则,生态文明建设的目标就能实现。在世界多极化、经济全球化、社会信息化的今天,面对有限的空间、有限的资源,不同社会制度、不同宗教信仰、不同利益诉求、不同发展阶段的国家如何平衡相互间的关系,协调此起彼伏的矛盾和冲突,使我们这个地球村的生民得到安宁和秩序,是摆在全人类面前的一个现实而紧迫的问题。历史已经证明,靠强权和武力是解决不了问题的,人类也不希望由任何一个大国来充当世界警察。解决的办法只有靠不同的国家的人民对人类面临的共同问题在理念的高度上达成共识,这就是人类只有一个地球,我们应该共同珍惜而不是毁灭自己赖以生存的家园。生态文明建设理念正是反映了人类的共同价值,体现了人类生存发展的必然选择和人类文明进步的客观规律。

（原载于《社会科学战线》2016 年第 8 期）

习近平生态文明建设理念的内涵体系、理论创新与现实践履*

党的十八大以来,习近平站在人类文明演进的高度,对当代中国的生态文明建设发表了系列重要讲话。2013 年 4 月 2 号习近平在参加首都义务植树活动时强调"为建设美丽中国创造更好生态条件";2013 年 5 月 24 日在主持十八届中央政治局第六次集体学习时强调"努力走向社会主义生态文明新时代";2013 年 7 月 18 日习近平在致生态文明贵阳国际论坛 2013 年年会的贺信中指出"为子孙后代留下天蓝、地绿、水清的生产生活环境";2013 年 9 月 7 日,习近平在哈萨克斯坦纳扎尔巴耶夫大学发表演讲并回答学生们问题时提出了"绿水青山就是金山银山"的论断;2014 年 2 月,习近平提出"环境治理是个系统工程";2015 年 1 月,习近平在云南大理市湾桥镇古生村考察工作时提出了"山水林田湖是一个生命共同体"的论述。这些讲话集中解析了生态兴衰与文明变迁、生态文明建设与中华民族伟大复兴之间的耦合关系,形成了其生态文明建设思想。那么,习近平生态文明建设思想的核心基点是什么? 其实践指向是什么? 如何认识习近平生态文明建设思想的理论创新价值? 如何在实践中贯彻落实习近平生态文明建设思想? 本文将对这些问题进行探析。

一、习近平生态文明建设思想的内涵体系

1. 习近平生态文明建设思想的问题指向

(1)生态兴衰与文明变迁的关系问题:生态兴则文明兴,生态衰则文明衰

人类文明在经历原始文明、农业文明、工业文明的变迁中,生态因素是不可忽视的重要因素。回顾历史不难发现,"古巴比伦、古埃及、古印度等文明古国无不

---

* 本文作者:李全喜(1981—),男,河南新乡人,副教授,博士,从事马克思主义与当代社会发展研究。

　基金项目:国家社会科学基金重大项目(14ZDA002)。

起源于水量丰沛、森林茂密、生态良好的大河平原,也无不是因为生态遭到严重破坏而导致了文明衰落,或者文明中心的转移"①。对此,习近平提出了"生态兴则文明兴,生态衰则文明衰"②重要论断。该论断一方面揭示了生态兴衰与文明变迁的内在统一关系,另一方面从人类社会发展的高度对生态环境所承载的历史价值进行了战略定位,体现出他对"人类生态文明趋势的清醒认识和理性把握"③。

(2)当代中国的重大现实问题:生态文明是实现中华民族伟大复兴中国梦的重要内容

进入21世纪以来,人口问题、环境污染、资源短缺等生态环境问题已经影响到社会经济的持续发展和人们的健康生存。习近平站在最广大人民群众的立场上,依据历史唯物主义原理对生态文明建设的时代意义进行高度概括。他强调"生态环境保护是功在当代、利在千秋的事业"、"建设生态文明,关系人民福祉,关乎民族未来"④。这些论述揭示了生态文明建设与实现"中国梦"之间的"内容"与"目标"的关系,即"走向生态文明新时代,建设美丽中国,是实现中华民族伟大复兴的中国梦的重要内容"⑤。

2. 习近平生态文明建设思想的核心基点

(1)生态环境本质的历史唯物主义界定:生态环境就是生产力

习近平强调"保护生态环境就是保护生产力、改善生态环境就是发展生产力"⑥、"要牢固树立保护生态环境就是保护生产力、改善生态环境就是发展生产力的理念"⑦。这些论述揭示出生态环境保护的生产力本质属性,充分体现了他对经济发展与生态保护之间辩证关系的思考,这是对传统生产力概念的重要创新。"我们既要绿水青山,也要金山银山。宁要绿水青山,不要金山银山,而且绿水青山就是金山银山"⑧。习近平认为经济发展与环境保护能够实现双赢,其本

---

① 陶良虎:《建设生态文明打造美丽中国:学习习近平总书记关于生态文明建设的重要论述》,《理论探索》2014年第2期,第10-11页。

② 习近平:《生态兴则文明兴:推进生态建设打造绿色浙江》,《求是》2003年第13期,第42-44页。

③ 刘希刚,王永贵:《习近平生态文明建设思想初探》,《河海大学学报》哲学社会科学版2014年第4期,第27-31页。

④ 习近平:《坚持节约资源和保护环境基本国策努力走向社会主义生态文明新时代》,《人民日报》2013年5月25日01版。

⑤ 习近平:《携手共建生态良好的地球美好家园》,《人民日报》2013年7月21日01版。

⑥ 习近平:《加快国际旅游岛建设谱写美丽中国海南篇》,《人民日报》2013年4月11日011版。

⑦ 习近平:《绿水青山就是金山银山》,《人民日报》2014年7月11日12版。

⑧ 习近平:《共建丝绸之路经济带》,《人民日报海外版》2013年9月9日01版。

质是相同的,因为"保护生态环境就是保护生产力,绿水青山和金山银山绝不是对立的,关键在人,关键在思路"①。

(2)生态文明建设的终极价值取向:良好的生态环境是最公平的公共产品与最普惠的民生福祉

良好的生态环境是人健康生存与持续发展的重要基础。习近平认为生态文明建设的终极价值在于为人们提供优良的生态环境。在他看来,"良好生态环境是最公平的公共产品,是最普惠的民生福祉"②。这一论断清晰指出生态文明建设的主体指向是"人",即"人"的利益是生态文明建设的出发点和落脚点;同时指出了生态文明建设的社会公共性,即生态文明建设成果应人人共享,惠及最广大人民群众,"这里面有很大的政治"③。

3. 习近平生态文明建设思想的实践指向

(1)生态文明建设的理念思路:尊重自然、顺应自然、保护自然与确立生态红线观念

习近平认为在生态文明建设实践中应该树立"尊重自然、顺应自然、保护自然的生态文明理念"④。人的生存环境是自然环境、社会环境的复合体。因此人要实现可持续生存发展,首先就需要了解自然规律、尊重自然地位、顺应自然秩序、保护自然资源。相反,在蔑视自然规律、违背自然秩序、破坏自然资源基础上盲目发挥人的主观能动性,其结果必然遭到自然的报复。对此,恩格斯早就提醒过我们:"我们不要过分陶醉于我们人类对自然界的胜利。对于每一次这样的胜利,自然界都对我们进行报复"⑤。习近平把自然自我修复的"度"的界线称为"生态红线",他认为"要牢固树立生态红线的观念。在生态环境保护问题上,就是要不能越雷池一步,否则就应该受到惩罚"⑥。

---

① 习近平:《心里更惦念贫困地区的人民群众》,http://news. xinhuanet. com/politics/2014 –
   03/07/c_119658991. html,2014 年 3 月 7 日。
② 习近平:《坚持节约资源和保护环境基本国策努力走向社会主义生态文明新时代》,《人民
   日报》2013 年 5 月 25 日 01 版。
③ 习近平:《习近平谈生态文明》,http://cpc. people. com. cn/BIG5/n/2014/0829/c164113 –
   25567379. html,2014 年 8 月 29 日。
④ 习近平:《坚持节约资源和保护环境基本国策努力走向社会主义生态文明新时代》,《人民
   日报》2013 年 5 月 25 日 01 版。
⑤ 马克思,恩格斯:《马克思恩格斯选集》第 4 卷,中共中央马克思恩格斯列宁斯大林著作编
   译局译,人民出版社 1995 年版,第 383 页。
⑥ 习近平:《坚持节约资源和保护环境基本国策努力走向社会主义生态文明新时代》,《人民
   日报》2013 年 5 月 25 日 01 版。

(2)生态文明建设的切入点:着力解决损害群众健康的突出环境问题

在生态文明建设过程中,需要我们抓住其主要矛盾,选择合适的问题切入点。那么,判断生态文明建设过程中主要矛盾的依据和标准是什么? 习近平认为人民群众的健康是判断生态文明建设过程中主要矛盾的重要依据。"良好生态环境是人和社会持续发展的根本基础。人民群众对环境问题高度关注。环境保护和治理要以解决损害群众健康突出环境问题为重点"①。他以北京的雾霾天气为例,指出"北京雾霾严重,可以说是'高天滚滚粉尘急',严重影响人民群众身体健康,严重影响党和政府形象。""这个问题引起了广大干部群众高度关注,国际社会也关注,所以我们必须处置"②。

(3)生态文明建设的制度后盾:最严格的制度和最严密的法治是生态文明建设的可靠保障

习近平认为"只有实行最严格的制度、最严密的法治,才能为生态文明建设提供可靠保障"③。首先,"最严格的制度"表现在对制度不打折扣的执行力。这就是说要把现有的制度真正落到实处、不走样,真正做到以制度规范生态文明建设。其次,"最严格的制度"表现在制度作用对象的公平性。在生态文明建设实践中,不论是普通群众还是领导干部,只要其存在"破坏自然生态环境"、"损害群众生态权益"的行为,都要受到法律的制裁。而"最严密的法治"体现的是制度的不可缺位性。因此,迫切需要根据生态文明建设的实际情况,与时俱进地更新和完善相应的制度体系,使生态文明建设真正做到"有法可依"。

(4)生态文明建设的系统合作:生态文明建设是复杂的系统工程

生态文明建设是"一项复杂的系统工程"④,它与经济建设、政治建设、文化建设、社会建设之间存在着相互影响、相互制约的关系。建设生态文明需要坚持系统思维和工程思维,需要各子系统之间的通力合作。生态文明建设的系统性体现在4个方面:首先,在生态系统内部的相关性方面,习近平以"山水林田湖生命共同体"为例,认为"山水林田湖是一个生命共同体,人的命脉在田,田的命脉在水,

---

① 习近平:《坚持节约资源和保护环境基本国策努力走向社会主义生态文明新时代》,《人民日报》2013 年 5 月 25 日 01 版。

② 习近平:《建立体现生态文明要求的目标体系、考核办法、奖惩机制》,http://henan. people. com. cn/n/2014/0813/c351638 –21973707. html,2014 年 8 月 13 日。

③ 习近平:《坚持节约资源和保护环境基本国策努力走向社会主义生态文明新时代》,《人民日报》2013 年 5 月 25 日 01 版。

④ 周生贤:《走向生态文明新时代:学习习近平同志关于生态文明建设的重要论述》,《求是》2013 年第 17 期,第 17 – 19 页。

水的命脉在山,山的命脉在土,土的命脉在树"①。该论断展现了生态文明建设系统内部的相互关系,体现出生态文明建设协调统一的思想。其次,在生态保护对象的多面性方面,习近平以森林为例,高度评价森林在生态文明建设中的地位,认为"森林是陆地生态系统的主体和重要资源,是人类生存发展的重要生态保障"②。再次,在生态保护困境的多重性方面,习近平认为生态环境问题"有的来自不合理的经济结构,有的来自传统的生产方式,有的来自不良的生活习惯等"③。最后,在生态保护主体的多元性方面,他认为生态文明建设"要按照系统工程的思路,强化党的领导、国家意志和全民行动"④。这说明生态环境问题的治理离不开党和政府、市场和公众的通力合作。

二、习近平生态文明建设思想的理论创新

1. 习近平生态文明建设思想丰富发展了马克思恩格斯人与自然和谐的思想

首先,马克思恩格斯高度评价了自然界在人类社会发展中的地位和作用,他们认为"人本身是自然界的产物,是在自己所处的环境中并和这个环境一起发展起来的"⑤。习近平继承了这一思想,认为"人与自然的关系是人类社会最基本的关系。自然界是人类社会产生、存在和发展的基础和前提"⑥。其次,马克思恩格斯从实践角度论证了生态环境与人的发展之间的双向互动关系,他们认为在处理人与自然关系过程中,应该注重"改造自然、建设自然、美化自然"有机结合。习近平根据新时期生态文明建设的需要,主张树立"尊重自然、顺应自然、保护自然"理念。尊重自然的核心是尊重自然自身的规律,顺应自然的关键是与自然和谐一致,保护自然的重心是维系自然的自我修复能力。习近平的这些理念不仅是对马克思恩格斯生态思想"解释世界"功能的继承,而且是对马克思恩格斯生态思想"改造世界"内涵的拓展。再次,马克思恩格斯论证了自然生产力与社会生产力的

---

① 习近平:《关于〈中共中央关于全面深化改革若干重大问题的决定〉的说明》,《人民日报》2013 年 11 月 16 日 01 版。

② 习近平:《把义务植树深入持久开展下去为建设美丽中国创造更好生态条件》,《中国林业产业》2013 年第 4 期,第 9 页。

③ 习近平:《生态省建设是一项长期战略任务》,《西部大开发》2013 年第 3 期,第 5 页。

④ 周生贤:《走向生态文明新时代:学习习近平同志关于生态文明建设的重要论述》,《求是》2013 年第 17 期,第 17 - 19 页。

⑤ 马克思,恩格斯:《马克思恩格斯选集》第 3 卷,中共中央马克思恩格斯列宁斯大林著作编译局译,人民出版社 1995 年版,第 374 - 375 页。

⑥ 中共中央宣传部:《习近平总书记系列重要讲话读本》,学习出版社、人民出版社 2014 年版,第 121 页。

关系,认为自然生产力是社会生产力的基础。习近平继承马克思恩格斯的这一思想,认为在追求社会生产力的过程中,应该高度重视生态环境与生产力关系的处理。他提出"保护生态环境就是保护生产力,改善生态环境就是发展生产力的理念"①。这是对马克思恩格斯的生产力理论的丰富。最后,马克思恩格斯阐述了人与自然和谐的目标是人要与自然和谐一致,共产主义是实现人与自然和谐的社会。在他们看来,"共产主义,作为完成了的人道主义=自然主义,而作为完成了的人道主义=自然主义,它是人和自然界之间,人和人之间的矛盾的真正解决"②。这就意味着只有实现"自然主义—人道主义—共产主义"的三位一体的内在统一,才能从根本上破解人与自然矛盾的困境。然而,实现人与自然的和解"仅仅有认识还是不够的。为此需要对我们到目前为止的生产方式,以及同这种生产方式一起对我们的现今的整个社会制度实行完全的改革"③。习近平同样高度重视制度建设在生态文明建设中的功能和地位,他明确指出:"建设生态文明是一场涉及生产方式、生活方式、思维方式和价值观念的革命性变革。实现这样的根本性变革,必须依靠制度和法治。"④

2. 习近平生态文明建设思想继承升华了中国传统文化中的生态智慧

一直以来,人与自然关系都是传统文化关切的核心问题,人与自然关系经历了"天人合一——天人分离—人定胜天—人与自然和谐共存"的历史演变。在这个漫长的历史演变中,中国儒家、道家、佛教等对人与自然关系给出许多经典解释,告诫世人尊重自然,注重人与自然的和谐统一。首先,体现在《周易》与儒家的生态直觉:天人合德。其次,体现在《老子》和《庄子》的生态智慧:自然无为。第三,体现在佛教和禅学的生态伦理观:生命与慈悲。这些生态智慧是中国古人留给我们宝贵的精神财富。习近平在一系列论述中高频率引用传统的经典诗句,充分说明他对优秀传统文化的继承和弘扬。其中关于生态文明建设,他曾提到"'天人合一''道法自然'的哲理思想,'劝君莫打三春鸟,儿在巢中望母归'的经典诗

① 中共中央宣传部:《习近平总书记系列重要讲话读本》,学习出版社、人民出版社2014年版,第121页。
② 马克思:《1844年经济学哲学手稿》,中共中央马克思恩格斯列宁斯大林著作编译局译,人民出版社2000年版,第81页。
③ 马克思,恩格斯:《马克思恩格斯选集》第4卷,中共中央马克思恩格斯列宁斯大林著作编译局译,人民出版社1995年版,第383页。
④ 中共中央宣传部:《习近平总书记系列重要讲话读本》,学习出版社、人民出版社2014年版,第129页。

句"①。这些经典诗句是对古代朴素自然观的高度凝练,对当前的生态文明建设具有重要的启迪价值。

3. 习近平生态文明建设思想深化了对社会发展规律的认识

当代中国的生态国情整体情况是怎么样的? 对此,习近平给出总体判断:"我国总体上仍然是一个缺林少绿、生态脆弱的国家"②。"缺林少绿、生态脆弱"是对当代中国生态国情的准确定位。在此基础上,他认为在社会发展过程中应该更加重视生态环境这一生产力要素,为实现中国梦切实走出一条新的发展道路。所谓新的发展道路,最大的亮点就是更加关注绿色 GDP 的发展,关注经济社会发展与生态环境保护的共赢。今天进行生态文明建设"不是要放弃工业文明,回到原始的生产生活方式,而是要以资源环境承载能力为基础,以自然规律为准则,以可持续发展、人与自然和谐为目标,建设生产发展、生活富裕、生态良好的文明社会"③。这说明"停止发展""忽视发展""畸形发展""不均衡发展""不公正发展"都不符合广大人民群众的根本利益。

4. 习近平生态文明建设思想创新拓展了新时期党的执政理念

中国共产党是中国特色社会主义事业的领导核心,代表中国最广大人民群众的根本利益。只有深深植根于人民,倾听人民心声,切实造福人民,党的执政基础才能坚实稳固。进入新时期以来,"生态环境在群众生活幸福指数中的地位不断凸显,环境问题日益成为重要的民生问题。"④这说明习近平已经清晰洞察到人民群众的诉求已经从"温饱"转向"环保",从"生存"转向"生态"。因此保护生态环境、维护人民群众的生态权益,符合当前最广大人民群众的利益诉求。这迫切要求在党的执政理念中增加生态理念,突出绿色生产力的概念。习近平的这些论述实际上指出"应对生态问题成为党新的执政重点、生态优先成为党新的执政导向,生态利益成为党新的执政价值"⑤。这些思想为新时期党的执政工作增添了新的发展理念,为构建生态型政府奠定坚实的思想基础。

---

① 中共中央宣传部:《习近平总书记系列重要讲话读本》,学习出版社、人民出版社 2014 年版,第 122 页。
② 《习近平谈治国理政》,外文出版社 2014 年版,第 207 页。
③ 中共中央宣传部:《习近平总书记系列重要讲话读本》,学习出版社、人民出版社 2014 年版,第 121 页。
④ 中共中央宣传部:《习近平总书记系列重要讲话读本》,学习出版社、人民出版社 2014 年版,第 123 页。
⑤ 刘希刚,王永贵:《习近平生态文明建设思想初探》,《河海大学学报》哲学社会科学版 2014 年第 4 期,第 27 - 31 页。

三、习近平生态文明建设思想的现实践履

1. 做好顶层设计与部署,构建生态文明战略框架

①要抓好空间结构的生态规划,切实注重主体功能区的构建。主体功能区的构建要"按照人口资源环境相均衡、经济社会生态效益相统一的原则,整体谋划国土空间开发,科学布局生产空间、生活空间、生态空间,给自然留下更多修复空间"①。②要做好产业结构的生态调整,大力发展循环经济。"产业结构的生态调整"实际上是产业结构生态化的过程,使产业结构的调整趋向经济效益、社会效益与生态效益的协调统一。产业结构生态化的核心是要大力发展循环经济,高度关注资源的回收和循环再利用。③要关注生产方式的生态转型,实现粗放转向节约集约。改革开放以来,"由于未能处理好经济发展与环境保护的关系,以无节制消耗资源、破坏环境为代价换取经济发展,导致能源资源、生态环境问题越来越突出"②。这种发展思路带来沉重的发展代价,因此要创新发展思路,彰显出节约集约的理念。④要助推生活方式的生态转向,践行绿色消费方式。当前人们的消费存在异化消费的倾向。异化消费背离了消费的本质,混淆了人类对消费的"需求"和"欲求",容易造成自然资源的严重浪费。因此在建设生态文明的过程中,需要助推人类生活方式的生态转向,践行绿色消费方式。最后,加强国际交流与合作,拓展中国生态安全的国际空间。习近平指出"保护生态环境、应对气候变化,维护能源资源安全,是全球面临的共同挑战。中国将继续承担应尽的国际义务,同世界各国深入开展生态文明领域的交流合作,推动成果分享,携手共建生态良好的地球美好家园"③。这一论述表明中国的生态文明建设不仅能为世界经济增长注入新的活力,而且也为世界环境保护提供中国智慧。

2. 完善制度体系建设,强化生态制度保障

(1)需要在生态文明建设初期建立健全源头保护制度体系

首先需要构建归属清晰、权责明确的自然资源资产产权制度。产权不清晰、权责不明确往往容易增加交易成本,诱发腐败行为,导致市场资源的盲目配置。因此,构建归属清晰、权责明确的自然资源资产产权制度能够为自然资源的节约集约使用提供参考依据。其次应该继续抓好主体功能区制度建设,切实建立国土

---

① 习近平:《习近平谈治国理政》,外文出版社 2014 年版,第 209 页。

② 中共中央宣传部:《习近平总书记系列重要讲话读本》,学习出版社、人民出版社 2014 年版,第 124 页。

③ 《习近平谈治国理政》,外文出版社 2014 年版,第 212 页。

空间开发保护制度,使生态文明建设真正建立在尊重自然、顺应自然和保护自然的基础上。再次是切实完善经济社会发展考核评价体系,把"资源消耗、环境损害、生态效益等体现生态文明建设状况的指标纳入经济社会发展评价体系,使之成为推进生态文明建设的重要导向和约束"①。

（2）需要在生态文明建设过程中建立健全治理制度体系

在生态文明建设过程中,建立健全资源生态环境管理制度。首先,应该高度重视资源有偿使用制度建设。自然资源不是无主对象,使用自然资源不是吃免费午餐。其次,应该努力推行生态补偿制度,尤其是跨区域的生态补偿制度。多年来,由于中西部地区自然资源和人力资源的"孔雀东南飞",铸就东南沿海地区的率先发展。因此在建设生态文明过程中,有必要从源头上构建跨区域的生态补偿制度,为中西部地区发展提供支撑。第三,继续贯彻落实生态红线制度,切实为维护国家和区域生态安全、经济社会可持续发展、保障人民群众健康做出实质性努力。

（3）需要在生态文明建设终端建立健全奖惩制度体系

在生态文明建设取得阶段性进展后,有必要对该阶段的生态文明建设成效进行综合评估,注重生态文明建设后果奖惩制度体系的公平反馈。首先需要完善新媒体时代的社会举报与监督制度。要充分发挥信息网络技术对生态文明建设的支撑作用,建立健全社会举报和监督机制,降低公众举报和监督成本。其次要实现责任追求制度常态化运行。"对那些不顾生态环境盲目决策、造成严重后果的领导干部,必须追究其责任,而且应该终身追究②。

3. 加强生态环境保护教育,培育弘扬生态文化

环境保护绝不是一个纯粹的技术问题,要想从根本上有效推进生态文明建设,必须从增强人内心生态保护观念着手。首先,需要培养人的生态意识。生态意识是人类对工业文明时期所造成的自然资源、环境污染和生态失衡等实际问题所产生的反映③。笔者认为"培养人的生态意识",关键是要切实树立"尊重自然、顺应自然和保护自然"④的生态文明理念。其次,要坚持节约意识。习近平认为

① 中共中央宣传部:《习近平总书记系列重要讲话读本》,学习出版社、人民出版社2014年版,第129页。
② 中共中央宣传部:《习近平总书记系列重要讲话读本》,学习出版社、人民出版社2014年版,第129页。
③ 钱俊生,余谋昌:《生态哲学》,中共中央党校出版社2004年版,第418页。
④ 《习近平谈治国理政》,外文出版社2014年版,第208－209页。

"节约资源是保护生态环境的根本之策"①,要求在生态文明建设中坚持节约优先的原则。在生态文明建设中弘扬环保意识,要关注人们思维方式的生态转向,人的实践行为应遵循生态规律,为自然界自我修复和自我净化留出足够空间。

4. 密切注重系统协调,凝聚生态保护合力

首先,需要发挥政府主导的助推力。党和政府一方面要做好生态文明建设总方向的指引、总要求的思考、总措施的制定;另一方面要做好生态文明建设系统的体系维护工作,源源不断地为生态文明建设系统输入"物质流、能量流、信息流、人力流、科技流"等,确保生态文明建设从低级有序向高级有序演化。其次,需要激发市场阵地的牵引力。当前,如何把市场配置资源的"决定性"作用充分彰显出来直接关系到生态文明建设的效果。因此,在生态文明建设中,人们应该高度重视市场牵引力功能的发挥。第三,要调动公众参与的主体力。从整体上看,当前人们的生态意识还比较薄弱,生态素养还比较欠缺。因此增强人们的生态意识、节约意识、环保意识,有效引导人们生活方式的生态化在当前显得尤为重要。

综上所述,习近平生态文明建设思想内容丰富,是总结了中国共产党在长期的社会主义革命和建设经验得出的结论,是马克思主义生态思想在中国化过程中的发展和创新②,具有重要的现实指导意义。只有真正把习近平生态文明建设思想落到实处,我们才能够保得住青山绿水,守得住碧海蓝天,留得住浓浓乡愁,使"APEC蓝"常在。需要指出的是,落实习近平生态文明建设思想是一个复杂的系统工程,离不开"党和政府""市场""社会公众"的通力合作。因此,需要我们携起手来,共同为社会主义生态文明新时代的到来和建设美丽中国目标的实现而努力奋斗!

(原载于《河海大学学报》哲学社会科学版2015年第17卷第3期)

① 习近平:《习近平谈治国理政》,外文出版社2014年版,第209页。
② 方浩范:《中国共产党领导人对生态文明建设理论的贡献》,《延边大学学报》社会科学版2013年第5期,第66-71页。

"两山"重要理念是中国化的马克思主义认识论[*]

  习近平同志关于"绿水青山就是金山银山"的科学论断,以老百姓能理解的通俗而且形象的语言,揭示了马克思主义关于人与自然关系的时代变迁,揭示了从"经济人"到"理性经济人"的精神升华,揭示了"绿水青山就是金山银山"的转化驱动。"绿水青山就是金山银山",是一种发展理念,是一种由"绿水青山"到"金山银山"的转化,是可持续的发展方式和路径,是一种制度安排和发展的必然结果。

"两山"重要思想深层次地揭示了人与自然关系

  习近平同志关于"两山理论"的科学论断,揭示了人与自然关系的变化,也对应于发展的初级阶段、中期阶段和中后期阶段。从发展的角度来考察,人们对"绿水青山"价值的认识大致要经历三个阶段。如果将发展比作一次登山的过程;那么,人们对"绿水青山"价值的认识用"倒 S 型曲线"理论来解释就成为:在登山之前的山脚下(平台阶段),人们想到的是"砍柴烧",认为绿水青山"不能当饭吃";在登山过程中,由于饿怕了会乱砍滥伐、破坏生态环境;翻过山顶、蓦然回首,发现绿水青山的美轮美奂,因而采取环境友好的途径将"绿水青山"转变为"金山银山"。

  绿水青山的生态价值,还可以做进一步分析。在不同的发展阶段,绿水青山在人们心中的价值是不同的。换句话说,山还是那座山,在不同的发展阶段,人们愿意付出的资金、也就是支付意愿(WTP)是不同的,对自然的开发和保护的态度和做法也不尽相同。

  "既要绿水青山,也要金山银山",强调经济发展与环境保护的兼顾。中国的古话说得好:"留得青山在不怕没柴烧"。从发展的角度来看,强调的是发展的后劲,立足当前,着眼于长远;在发展中保护生态环境,在保护生态环境中发展经济。

---

  * 本文作者:周宏春,国务院发展研究中心社会发展研究部主任、研究员。

这一表述与可持续发展含义一致。如果将可持续发展比作"接力赛"，每一代人是接力赛中的一位"运动员"，人类社会可持续发展如"接力棒"从前一位运动员手中递到后一位运动员手中；每位运动员不仅要跑到终点，还要将"接力棒"顺利传到下一位运动员手中、不能掉了或为下一位运动员带来不必要麻烦。我国有大量反映可持续发展思想的词汇，如"但存方寸地，留与子孙耕"、"细水长流"、"前人栽树、后人乘凉"等。

"宁要绿水青山，不要金山银山"，强调把生态建设和环境保护放在优先位置，宁愿不开发也不能破坏生态环境；因为生态环境一旦遭到破坏，恢复起来很难，甚至导致人类文明的湮灭。由于人类不合理利用自然致使文明消失，国内外有大量的例子。如古埃及文明、两河流域的古巴比伦文明湮灭等。从国外发展历程看，一些国家在发展到一定阶段后，提出了通过环境标准优化发展的理念，通过环境保护"倒逼"产业结构升级优化的过程。

"绿水青山就是金山银山"，代表了生态环境价值的本来面貌，反映了人对自然生态价值的认识回归。其核心是，人们要尊重自然规律，采用集约、高效、循环、可持续的利用方式开发利用自然资源、环境容量和生态要素，体现了保护"绿水青山"就是做大"金山银山"、破坏"绿水青山"就是损耗"金山银山"的价值观和政绩观。从投资的角度看，今天的投资不仅要产生短期的效益，更要为明天的发展奠定基础。

用"两山"重要思想指导"资源优势变成经济优势"的实践

马克思有一句名言，问题是时代的口号。人类自诞生以来，就从自然界索取资源、享受生态系统服务；当人类活动超过生态系统的承载能力，会导致文明的湮灭。复活节岛文明消失是一个经典例子。这座位于南美洲以西约3500公里，面积约165平方公里的小岛，曾有过高度发达的文明，而今只剩下一堆遭受不同程度破损的石像，诉说着一个文明因过度开发而消亡的悲剧。恩格斯曾经告诫："我们不要过分陶醉于我们人类对自然界的胜利，对于每一次这样的胜利，自然界都报复了我们"。那么，现在技术这么发达，还造不出一个适宜人生存的空间？答案是否定的。美国科学家曾做过一项名为"生物圈2号"计划，在亚利桑那州图森市北的沙漠中建了一座微型人工生态系统，最后由于二氧化碳升高等原因科学家走出了实验室，试验失败了。试验失败揭示了一个真理，在现有技术经济条件下人还不能造出适应自己生存的环境，地球是唯一的家园，人类必须保护地球——我们唯一的家园！

"两山理论"覆盖了产业绿色化和生态经济化两层含义。从现实出发，工业绿色化对我国尤为重要。工业绿色化，包括"传统工业的绿色化"和"发展绿色产业"两方面。工业绿色化是过程，也是结果。工业绿色化，需要从产业布局、结构调整、全生命周期资源环境管理、技术促进和创新，以及激励和约束机制等方面动脑筋、下力气，实施品牌战略，发展生产性服务业，以降低产品的资源重量和污染物排放强度。

优化产业布局可以收到节能减排之效。工业园区是产业集聚空间，驱动力是靠近原料（如资源型城市分布在矿产资源富集区）、靠近市场或靠近企业（即企业"扎堆"），以降低运输成本或进行配套生产。企业集群可以是自发的，浙江义乌的小商品市场、"前店后厂"就是如此；也可能是政府规划的。我国一些地方的工业园区，圈了地、建了厂房，就是没有生产线，也需要盘活。

优化工业结构可以收到最大的节能减排效果。"十一五""十二五"期间产业结构调整对我国节能减排的贡献非常有限，与"土木工程"阶段不无关系。需要按"关小建大、等量置换、减量置换"原则，把新增产能布局与淘汰落后产能紧密结合，抑制产能过剩盲目扩张。大力推进能源革命，控制制造业煤炭消费总量，推进煤炭的清洁高效安全可持续利用；提高制造业可再生能源使用比率，加大新能源技术工艺装备研发力度，形成资源节约型和环境友好型的产业结构和生产方式。

生态设计是遵循自然循环规律，从源头提高资源效率、减少污染物排放；清洁生产则是过程控制污染物产生和排放的重要途径。两者既密切相关，也各有侧重；目的均是系统考虑原材料的选用，产品的生产、销售和使用，以及报废后的回收、处理等环节对资源环境的影响，力求产品生命周期中资源消耗最小化、尽可能少用或不用有毒有害物质，变废为宝，实现生产过程集约化、清洁化和智能化，实现污染物"近零"排放；推进企业绿色发展、绿色标准、绿色管理、绿色生产，引领制造业走上绿色发展道路。

推行绿色制造是实现工业绿色化的重要举措。国务院批准出台了"中国制造2025"，应统筹规划，以市场为导向、企业为主体，循序渐进加以推进；坚持创新驱动、智能转型、强化基础，把构建高效、清洁、低碳、循环绿色制造体系放在更加突出的位置，从制造大国迈向制造强国；并带动智慧城市、智能物流、智能电网等设施建设。应推进传统制造的绿色改造，用高效绿色生产工艺技术装备改造传统制造流程。要赢得工业绿色发展的主动权，最根本的要靠科技的力量，最关键的是要在创新驱动上有所作为。

"两山理论"付诸实践，需要可行的转化途径。总体上看，没有"放之四海而皆准"的模式，需要各地从实际出发，积极探索，发展形成自己的特色和发展模式。尊重自然、顺应自然、保护自然是生态文明建设的原则，十八大文件中已经明确提出;我们还需要利用自然造福人类。随着我国人口和经济规模的不断扩大、工业化和城镇化快速推进,自然资源和环境容量变得越来越稀缺,"绿水青山"价值凸现。对于相对发达的地方而言,周边城乡居民在吃穿无忧、有剩余时间和资金时,愿意花钱到"绿水青山"的地方去旅游、去养生,从而构成有利的"就是金山银山"的外部因素。实现"就是金山银山"的现实转化,外因还需要通过内因的变化而起作用;需要创新思路和发展模式,吸引周边的群众来养生、来消费。

对那些"生态环境好、经济欠发达"的地区而言,将"资源优势转变成经济优势"、将生态优势转变为发展优势,更需要创新思路,摒弃不可持续的自然资源开发利用方式;如果不改变粗放的发展方式,资源支撑不了,环境难以容纳。国家生态文明先行示范区应先行先试,尊重自然规律和市场经济规律,按照人口资源环境相均衡、经济社会生态效益相统一的原则,给自然留下更多修复空间,给农业留下更多良田,给子孙后代留下天蓝地绿水净的美好家园,为全国生态文明建设提供可以复制、可推广的经验。

将"两山理论"付诸实践,使生态环境保护者得到相应的收益,应发挥企业家的积极性和主观能动性,需要企业社会责任。绿水是资源、青山也是资源;将资源优势转化为经济优势,必须转变发展方式,在自然资源和生态环境容量内发展经济。发展富民的旅游产业,提升服务水平,形成新的业态。大力发展生态旅游,并使游人自觉形成"除了照片什么也不要带走,除了脚印什么也不要留下"的好习惯。利用林区负氧离子多、一些地区有好水多等资源特点,积极发展养生、养老等大健康产业。发展林下经济,开发有机农业和生态产品;发展循环经济,延伸产业链条,提高产品附加值,使民生得到不断改善。

完善政策,使"两山"重要思想成为全面小康社会的保障

将"两山"重要思想落实到生态文明建设中,让那些"既有绿水青山又有金山银山"地区群众全面小康,让那些"生态环境好、经济欠发达"地区群众感到生活水平的不断提高,需要创新机制,需要政策引导,需要市场机制。

需要不断完善政策。发挥政府在生态文明建设中的引导作用,依据国家生态功能区规划制定各地的规划计划;划定生态红线,确定产权,加大森林禁伐和生态环境保护力度,尽可能把良好的生态系统保护起来。对生态环境这种公共产品,加大财政转移支付力度,引导居民退出那些按联合国指标评估不宜居住、生态脆弱的地区,以利于自然生态系统的"自然恢复",以利于公共财政的可持续性。将生态产品纳入政府采购清单,培育有机食品和生态产品市场,激励各地留下一泓清水、保住一座座青山的积极性和主观能动性。在消费税中,将导致环境污染的

消费品列入征收范围,对严重污染环境的消费品实行高税率。设立绿色税收制度,推动环境保护费改税工作,开征污染税、垃圾税,为污染治理募集资金;激励第三方开展生态建设和污染治理活动。通过治水、矿山复垦、治理大气污染等行动,还"天蓝地绿水清"的本来美景。逐步开征并不断完善二氧化碳排放税,先行试点,试点内容包括税基的选择、税率的确定以及收入的使用等,在积累经验的基础上逐步推广。

加快法制建设和法律保障。处理好法规之间的衔接,构建起系统、完善、高效的促进生态文明建设的法律法规体系。把生态文明的内在要求写入宪法,在根本大法上保证生态文明建设的健康发展。加强环境保护法、大气污染防治法、清洁生产促进法、固体废物污染环境防治法、环境噪声污染防治法、环境影响评价法等法规的修订,完善配套法规和实施细则,使环境污染损害赔偿有法可依。完善大气、水、海洋、土壤等环境质量标准,完善污染物排放标准中常规污染物和有毒有害污染物排放控制要求,推进环境风险源识别、环境风险评估和突发环境事件应急标准建设。修订或终止那些不适应生态文明建设要求的政策法规和标准,建立清洁生产"领跑者"制度,加大不达标企业的淘汰力度;制定有利于增强节能环保产品生产能力的政策法规。

法律的生命在于执行。落实环境目标责任制,实行一票否决制。继续推进主要污染物总量减排考核,探索开展环境质量监督考核。地方人民政府是规划实施的责任主体,要把规划目标、任务、措施和重点工程纳入本地区国民经济和社会发展总体规划。加大执法检查的力度,切实维护法律的尊严。合理利用司法资源,依法推进生态文明建设。健全执法机构,配套监督、约束和激励机制,加大监督和执法力度,做到有法必依,执法必严,违法必究。

需要发挥市场的决定性作用。让低收入的人群在生态环境保护中得到应有实惠,应加快自然资源及其产品的价格改革,对水、森林、山岭、草原、荒地、滩涂等自然资源资产进行确权;改革资源定价机制,以全面反映市场供求、资源稀缺程度、生态环境损害成本和恢复修复效益。开征资源税,并由从量计征向从价计征转变。利用市场机制,促进"绿水青山就是金山银山"的实现,生态权证交易可能是一种好的形式。改变一些地区存在的"端着绿水青山的金饭碗讨饭吃"问题,就应赋予生态环境一定的价值。具体做法是,以某个年份为起点,将森林蓄积量、二氧化碳吸收量等的变化折算成可交易的生态权证,经第三方监测、认证和市场交易,让保护生态环境者获得收益;完善生态补偿政策,并与财政转移支付挂钩。实施与生态保护绩效挂钩的生态补偿政策,既有利于共同致富,也可以避免财政转移支付中的弄虚作假、养懒汉等弊端;既有利于调动公众积极性,也能收到增加森林覆盖率、改善生态环境的目的,可收一举多得之效。

完善管理体制。按照所有者和管理者分开、一件事由一个部门管理的原则,建立统一行使全民所有自然资源资产所有权人职责的资源管理部门。如果国家设立"资源委员会",就需要明确各级委员会的职能和分工,强化协调和监督功能。鉴于我国自然资源所有制的复杂性,行政管理部门既可以按水、国土、生态、环境保护等要素设置,也可以按经济增长与产业联系的关系设置;既应避免国土空间管理碎片化,也应防止职能交叉,降低行政效率。对山水林田湖海进行统一保护、统一修复和统一监管,需要对国土、环保、农业、水利、林业、海洋等部门管理的生态保护区统筹规划,探索完善国家公园管理体制,减少"九龙治水"现象。应理顺中央和地方关系,按照责任和权利对等的要求,地方根据各自的需要设立管理机构,减少管理层级,提高地方政府对生态文明制度的执行力。

需要转变观念,增强可持续发展能力。加强宣传教育,改变那种"生态环境好不能当饭吃"的传统观念,使各级领导真正认识到"绿水青山就是金山银山",良好生态环境是最公平的公共产品,是最普惠的民生福祉。良好的生态环境已成为我国的稀缺资源,保护生态环境就是保护生产力,改善生态环境就是发展生产力。要完善发展成果的考核评价体系,纠正单纯以经济增长速度评定政绩的做法,建立与生态文明建设相适应的干部评价考评体系,发挥政绩考核对生态文明建设的"指挥棒"作用,提高生态文明建设的治理能力。对领导干部实行自然资源资产离任审计,建立生态环境损害责任终身追究制,切实改变发展不平衡、不协调、不可持续等问题,解决"形象工程"、"政绩工程"以及不作为、乱作为问题。要将生态文明理念体现在每一天的日常生活中,形成节约资源、保护环境的产业结构、生产方式和消费模式。

总之,有了理念引导,有了转化途径,有了生态自觉,有了居民富裕,才能有"绿水青山就是金山银山"的现实。

（原载于《中国生态文明》2015 年第 3 期）

"绿水青山就是金山银山"理念的
价值意蕴和实践指向*

就当今人类社会文明演进的整体历程来看,生态文明建设和绿色发展无疑是其中至关重要的发展任务之一。而对于正处于大力推进新型工业化、信息化、城镇化和农业现代化进程的当代中国社会而言,如何选择妥当的发展方式,确保整体发展的质量,保持经济社会发展的可持续性,自然也是一项重要的发展议题。

党的十八届五中全会明确提出了创新、协调、绿色、开放、共享的发展理念,五大发展理念必将成为引领未来中国社会发展的价值遵循和实践指向。绿色发展是五大发展理念之一,在当代中国社会发展的时代背景下,习近平同志"绿水青山就是金山银山"重要思想的提出,不仅彰显出对人类社会发展规律和人类文明进步趋势的正确把握,而且也充分反映出当代中国共产党人在深刻认识中国特色社会主义建设规律的基础上,赋予了治国理政以全新的价值理念。

一、"绿水青山就是金山银山"思想的正式提出

近代工业文明的迅猛发展,一方面造就了前所未有的辉煌业绩,另一方面人类在生态环境等诸多方面付出了沉重的代价,暴露出既往形成的认知方式和行为方式的问题。回顾工业文明时代的人类发展历程,我们不难发现,许多西方国家在工业化和现代化发展中,形成先开发、后保护,先污染、后治理,过度关注本国发展和当前利益,而忽视他国发展和后代利益的发展模式。这种发展模式本身的缺陷,决定了它在发展中难以维持可持续性。正是因为有了这种"试错的伤痛",人类也才获得了自我反思和自我检讨的机会,开始重新评估和定位文明发展的未来走向,生发出生态文明建设的时代话题。

---

* 本文作者:李一,教授,博士,研究方向为发展社会学、网络社会学。
基金项目:浙江省哲学社会科学规划项目"生态文明社会制度研究"(14YSXK032D – 5YB);
浙江省一流学科"马克思主义理论"建设项目。

　　生态文明作为一种新的社会文明形态,是继渔猎文明、农业文明以及工业文明之后逐渐开始形构的。前有论及,生态文明之价值目标和实践方向的确立,源自于人类在认识和改造主客观世界的过程中,对传统工业文明发展方式的偏失和局限所展开的深刻反思。在内容上,生态文明这一大的范畴,将涵盖物质、精神以及制度层面社会文明进步的各类有益成果。有学者提出,从历时性的角度来看,"生态文明将是工业文明之后新的文明形态",而从共时性角度上讲,"生态文明只是人类文明的一个方面",追求人与自然和谐的生态文明可以看作是物质文明、政治文明和精神文明的基础,"生态文明以生产方式生态化为核心,将制约和影响未来的整个社会生活、政治生活和精神生活的过程,它将促使现实的物质文明、精神文明和政治文明向着生态化方向转变"①。可以认为,作为人类社会文明进步历程中一个新的发展阶段和一种新的文明形态,生态文明的演进,将会同当代信息网络文明紧密融合在一起,对人类社会发展的各个领域提出新的目标要求。

　　我国自 20 世纪 70 年代末起推行改革开放政策以来,工业化与城市化得以快速推进,整个经济与社会发展取得了巨大成就。但在实践中我们不难发现,包括经济快速成长在内的社会发展成就的取得,基本上都是沿袭传统工业化发展的旧有模式,呈现了"粗放式增长"特征,使得资源、生态与环境问题,伴随着经济的快速增长而越来越突出地显现出来,进而演变成为制约和阻碍未来发展的瓶颈。客观上说,我国改革开放以来的经济社会发展进程,尤其是快速推进的工业化和城市化发展过程,是在相当复杂而且也相当脆弱的全球生态环境下展开的,在谋求和推动发展的过程中,又因为发展方式的选择偏差和有失妥当,造成新的生态破坏和环境污染,进而加剧了人与自然关系的紧张程度。由此,我国作为一个发展中的大国,在当前及今后的经济社会发展中,生态文明建设必将具有非常重要的实践地位。

　　2005 年 8 月 15 日,时任浙江省委书记的习近平同志,在考察安吉县天荒坪镇余村时,第一次正式提出"绿水青山就是金山银山"的重要思想。在考察中,习近平从基层干部那里了解到,这个村以往是靠开挖矿产资源走向富裕之路,村级集体经济也积累了一定的实力,但在响应省里号召,开展生态环境整治和推动产业转型升级的过程中,逐步认识到生态环境保护和绿色发展方式的重要性,于是村里下定决心,关停污染环境的矿区,开始探索走生态旅游的绿色发展之路。得知这一情况之后,习近平明确指出:"我们过去讲既要绿水青山,也要金山银山,其实

---

①　徐春:《对生态文明概念的理论阐释》,《北京大学学报》哲学社会科学版 2010 年第 1 期,第 61 - 63 页。

绿水青山就是金山银山。""要坚定不移地走这条路。"可以认为,这是习近平对"绿水青山就是金山银山"这一重要思想的最早表述。

在这次调研考察之后不久的 2005 年 8 月 24 日,习近平就在《浙江日报》正式发表了题为《绿水青山也是金山银山》的专栏文章,明确提出:"我们追求人与自然的和谐,经济与社会的和谐,通俗地讲,就是既要绿水青山,又要金山银山。"对于拥有"七山一水两分田"的浙江省而言,如果能把良好的生态环境优势,转化为生态农业、生态工业、生态旅游等"生态经济的优势",那么,"绿水青山也就变成了金山银山"。他强调说:"绿水青山可带来金山银山,但金山银山却买不到绿水青山。绿水青山与金山银山既会产生矛盾,又可辩证统一。在鱼和熊掌不可兼得的情况下,我们必须懂得机会成本,善于选择,学会扬弃,做到有作为、有所不为,坚定不移地落实科学发展观,建设人与自然和谐相处的资源节约型、环境友好型社会。在选择之中,找准方向,创造条件,让绿水青山源源不断地带来金山银山。"①

接下来,习近平又分别于 2006 年 3 月 23 日和 2006 年 9 月 15 日,在《浙江日报》发表了题为《从"两座山"看生态环境》和《破解经济发展和环境保护的"两难"悖论》的两篇专栏文章,进一步分析和阐述了"绿水青山"和"金山银山"的内在关系。

在《从"两座山"看生态环境》一文中,习近平非常精准地概述了人们在实践中,在认识和把握"两座山"之间关系的问题上,所经历的三个认识阶段。这三个阶段分别是:第一个阶段,"用绿水青山去换金山银山,不考虑或者很少考虑环境的承载能力,一味索取资源";第二个阶段,"既要金山银山,但是也要保住绿水青山,这时候经济发展与资源匮乏、环境恶化之间的矛盾开始凸显出来,人们意识到环境是我们生存发展的根本,要留得青山在,才能有柴烧";第三个阶段,"认识到绿水青山可以源源不断地带来金山银山,绿水青山本身就是金山银山,我们种的常青树就是摇钱树,生态优势变成经济优势,形成了一种浑然一体、和谐统一的关系。这一阶段是一种更高的境界,体现了科学发展观的要求,体现了发展循环经济、建设资源节约型和环境友好型社会的理念"。在这篇专栏文章中,习近平还特别强调说:"以上这三个阶段,是经济增长方式转变的过程,是发展观念不断进步的过程,也是人与自然关系不断调整、趋向和谐的过程。"②

在《破解经济发展和环境保护的"两难"悖论》的文章中,习近平再次强调指出:"经济发展和环境保护是传统发展模式中的一对'两难'矛盾,是相互依存、对

---

① 习近平:《之江新语》,浙江人民出版社 2007 年版,第 153 页。
② 习近平:《之江新语》,浙江人民出版社 2007 年版,第 186 页。

立统一的关系。"如果我们"对环境污染和生态破坏问题采取无所作为的消极态度",就会使我们重蹈"先污染后治理"或"边污染边治理"的覆辙,最终将使"绿水青山"和"金山银山"都落空。我们只有坚持科学发展,贯彻落实好环保优先政策,"走科技先导型、资源节约型、环境友好型的发展之路",才能实现由"环境换取增长"向"环境优化增长"的转变,也才能实现由经济发展与环境保护的"两难",向两者协调发展的"双赢"的转变①。

在这之后,尤其是党的十八大以来,习近平同志又在多个重要场合,对"绿水青山就是金山银山"重要思想的科学内涵和实践意义,做出了深刻的阐释。

党的十八大把生态文明建设列入中国特色社会主义事业"五位一体"的总体布局,进一步凸显了它在经济社会发展整体进程中所处的重要地位。"绿水青山就是金山银山"的发展理念,也得以更加充分地融汇在我国经济社会发展的各个领域和各个层面,成为谋划发展和推动发展的基本价值遵循。

2013年4月2日,习近平在参加首都义务植树活动时发表讲话指出:"森林是陆地生态系统的主体和重要资源,是人类生存发展的重要生态保障。不可想象,没有森林,地球和人类会是什么样子。全社会都要按照党的十八大提出的建设美丽中国的要求,切实增强生态意识,切实加强生态环境保护,把我国建设成为生态环境良好的国家。"②

2013年5月24日,习近平在主持十八届中央政治局第六次集体学习时强调:"要正确处理好经济发展同生态环境保护的关系,牢固树立保护生态环境就是保护生产力、改善生态环境就是发展生产力的理念,更加自觉地推动绿色发展、循环发展、低碳发展,绝不以牺牲环境为代价去换取一时的经济增长。"③

2013年9月7日,习近平在哈萨克斯坦纳扎尔巴耶夫大学发表演讲时,再次阐述了"绿水青山"和"金山银山"这"两座山"的辩证关系。他指出:"我们既要绿水青山,也要金山银山。宁要绿水青山,不要金山银山,而且绿水青山就是金山银山。"演讲后,在回答学生提问时,他坚定地表示,"我们绝不能以牺牲生态环境为代价换取经济的一时发展。"④

2014年3月7日,习近平在参加十二届全国人大二次会议贵州代表团审议时强调:"要创新发展思路,发挥后发优势。正确处理好生态环境保护和发展的关

① 习近平:《之江新语》,浙江人民出版社2007年版,第223页。
② 《习近平谈治国理政》,外文出版社2014年版,第207页。
③ 《习近平谈治国理政》,外文出版社2014年版,第209页。
④ 魏建华,周良:《习近平在哈萨克斯坦纳扎尔巴耶夫大学发表重要演讲》,http://www.gs.xinhuanet.com/zhuanti/2013-10/07/c_117607242.htm,2015年4月15日。

系,是实现可持续发展的内在要求,也是推进现代化建设的重大原则。绿水青山和金山银山绝不是对立的,关键在人,关键在思路。保护生态环境就是保护生产力,改善生态环境就是发展生产力。让绿水青山充分发挥经济社会效益,不是要把它破坏了,而是要把它保护得更好。要树立正确发展思路,因地制宜选择好发展产业,切实做到经济效益、社会效益、生态效益同步提升,实现百姓富、生态美有机统一。"①

习近平同志的"绿水青山就是金山银山"这一科学论断,作为一种重要的思想认识和理论观点,非常清晰地阐明了经济社会发展与生态环境保护之间的辩证统一关系,具有鲜明的辩证思维特征。我们可以在理论层面将"绿水青山就是金山银山"这一重要思想,概括提炼为"两山辩证统一论"思想。而在我国当前及今后的整体发展进程中,"两山辩证统一论"思想,必将为有效推进我国生态文明建设和绿色发展进程,提供宝贵的理念启示和重要的方法论指导。

二、"绿水青山就是金山银山"思想的价值意蕴

人类自身的行为活动,与其所持有和秉承的价值理念紧密相关,后者对前者会产生至关重要的指引作用,同时,人类行为活动的持续开展,也会在不同程度上检视和修正价值理念的某些偏失。在生态文明建设乃至整个经济社会发展的推进过程中,正确的价值理念可以匡正人类实践活动的基本取向,防范其陷入各种误区。

"绿水青山就是金山银山"的思想,有着丰厚的价值意蕴,为我们提供了应予秉持的基本价值理念。具体来说,它主要包含四个方面的内容。

(一)系统整体的社会发展理念

用生态学的基本观点来看,生命世界是一个相互依存的动态系统。包括植物、动物及人类在内的任何有机体的生存,都要受到环境条件的约束,必须不断适应外部环境,而个体之间也要"以更加有效的利用栖息地的方式彼此调适"②。客观上讲,在人类社会发展的历史进程中,人类自身一刻都不能脱离与自然之间的复杂互动关系的约束和影响,只不过在这种关系状态并不那么紧张的情况下,人类并未对其给予足够的关注。在既往工业文明发展带来较为严重的生态环境后果以后,人类经由这种"试错",才开始更加理性地面对人与自然之间的关系状态,

---

① 施菲菲:《习近平参加贵州代表团审议:改善生态环境就是发展生产力》,http://zjnews. zjol. com. cn/system/2014/03/08/019898100. shtml,2015 年 4 月 15 日。

② 侯钧生:《人类生态学理论与实证》,南开大学出版社 2009 年版,第 19 页。

并且逐步认识到人类社会发展不仅需要社会系统内部各个领域之间保持内在的协调与平衡，而且还需要与自然界之间形成良性的互动关系。严格说来，人与自然的关系，其实也就是"人—社会—自然界"的关系。

因此，在社会发展的价值准则上，就应当注意把系统整体的意涵凸现出来，要将人类社会看作是一个贯通自然、人和社会这三个层面基本元素的复合系统，要深入把握自然界的持续运行、人类行为活动展开和社会文明进步这三者的内在联系。

（二）尊重自然的生态伦理理念

西方的生态环境保护运动促成了生态伦理学的诞生与发展。"人类中心主义"和"非人类中心主义"的观点碰撞，逐步为尊重自然的生态伦理理念的形成和传播奠定了认识基础。"人类中心主义"的观点，在基本的价值取向上过于强调人类的主体地位和自身权利，在认识上具有狭隘性和局限性。"非人类中心主义"的观点，则在很大程度上克服和超越了这种狭隘性和局限性，将伦理道德关系的考量对象扩及人类自身以外的整个自然界。这样一来，就使得尊重自然权利的理念得以确立并传播开来，成为人类价值理念的一个至关重要的进步和飞跃。

尊重自然的生态伦理理念提醒并要求人类自身，不仅要对自然权利的价值和意义给予肯定和确认，而且还要通过约束和调控自身的行为活动，承担起协调人与自然的关系和维护生态环境平衡的主体责任。

（三）权利平等的生态正义理念

在社会发展和文明进步的问题上，人类不仅要调适人与自然的关系，而且还要协调人类社会内部的各类关系。在生态正义的价值理念看来，解决生态环境问题的一大根本途径，在于保障生态环境领域的权利平等和社会公平，要在行动层面积极倡导和践行公正公平、利益共享和风险分担的行动准则，让人类能够持久而平等地共同享有和共同珍惜大家所共处的自然环境。对那些在发展进程中为了发展成就的实现而付出了代价和损失的国家、地区乃至群体，给予必要的生态补偿，以此来平衡生态受益者和生态受损者之间权益的对等和均衡。生态补偿可以说是由生态正义理念延伸出来的行动层面的实践要求，同时它又成为实现生态正义的重要保障条件。

（四）自我约制的人类幸福理念

人类在文明进步历程中，还需要正确地认知和处理人与自身的关系问题，即人类应如何看待自己的欲望以及通过什么样的方式或途径满足这种欲望。这就涉及什么是人类幸福，选择什么样的方式去实现它，以及怎样在创造人类幸福生活的过程中妥善处理好人与自然、人与社会、人与人之间的关系等一系列重大问题。既往的西方工业文明时代,人类依仗科学技术进步的巨大威力,过多地干预和破坏了自然生态环境的正常运行,由此带来的大量消耗资源能源的生产方式和过于看重物质要素的消费方式,使人类陷入严重的生态危机、道德危机和社会危机之中。有论者指出,"人与人、人与社会的关系是关键,人类的文明观指导着人与自然的关系",如果人类自身无法处理好人与人、人与社会的关系的话,那也就无法真正建立起与自然的和谐融洽关系①。

人类为了追求自身的幸福,要谋求"金山银山",就必须依赖于"绿水青山"的永续存在,就必须要建构并张扬自我约制的人类幸福理念,不断寻求使自然资源得以合理利用和充分利用的方式和途径,实现物质丰裕和精神富有的有机统一,为人类幸福的长久实现奠定坚实的社会文化基础。

三、"绿水青山就是金山银山"思想的实践指向

我国正处在大力推进新型工业化、信息化、城镇化和农业现代化的发展进程中,"绿水青山就是金山银山"的重要思想,不仅会成为生态文明建设之各项实践行动的重要指导,而且也将融汇在经济社会发展的各大领域,贯穿在整个社会生活的方方面面,成为重要的实践遵循。概括而言,"绿水青山就是金山银山"重要思想的实践指向,主要涵盖以下五个行动领域。

(一)理念传播

价值理念不同于一般的思想认识,它在人们头脑中存在并发挥作用,比后者更为稳固也更为持久。无论是"美丽中国"的建设,还是我国整个经济社会发展进程的推进,"绿水青山就是金山银山"这一价值理念的有效确立和广泛传播,都具有至关重要的实践指向意义。这既是行为转变的先导,同时也可以为人们的积极行动提供持久的内在动力。"不重视生态的政府是不清醒的政府,不重视生态的领导是不称职的领导,不重视生态的企业是没有希望的企业,不重视生态的公民不能算是具备现代文明意识的公民。"②

生态文明和绿色发展的基本宗旨在于,要努力实现人与自然、人与社会、人与人之间的良性互动、和谐相处与共同发展,建立起具有可持续增长空间的经济发展模式、简约绿色的消费模式以及友好融洽的社会关系,积极倡导在遵循人、自然

---

① 廖福霖:《关于生态文明及其消费观的几个问题》,《福建师范大学学报》哲学社会科学版2009年第1期,第11-16页。
② 习近平:《干在实处走在前列——推进浙江新发展的思考与实践》,中共中央党校出版社2006年版,第186页。

与社会和谐发展这一规律的内在要求的基础上谋求社会发展和文明进步,实现人的自身价值,创造和积淀各类文明成果。"建设节约型社会是一场关系到人与自然和谐相处的'社会革命'",要努力建设节约型城市,注重"城市发展和经济发展的有机统一",注重"城市建设和资源综合利用的有机统一",积极倡导文明的消费方式,使城市化更好地适应建设节约型社会的需要①。

(二)规范建构

生态文明和绿色发展的推进,不仅需要正确理念的传播和强化,而且需要建构起必要的制度规范,进而依靠制度规范来发挥导向和规制作用。相应的规范约束,首先涉及的是相对刚性的生态法制建设的工作,同时又涉及相关的政策制度等的建构,以及一些配套机制的确立和完善。生态环境保护领域的相关法律法规,在生态文明建设的推进中可以针对各类行为主体的行为活动,发挥至关重要的支撑、保护、引导和约束作用。生态文明的理念坚守和各项建设行动的推展,如果缺少法律法规层面的制度保障,就难以真正落到实处。同样,政策规定等制度设计和制度规范以及相应的体制机制建构对于生态文明和绿色发展的推展,也具有重要的支撑保障作用。

(三)服务强化

在经济社会发展的进程中,尤其在推动生态文明和绿色发展的问题上,保护好人类赖以生存和发展的自然生态环境,无疑是政府不可推卸的公共责任。政府是提供公共服务的核心机构,它对于事关生态文明与绿色发展的各项工作的谋划和推展,都具有其他社会力量所不能替代与比肩的主导性地位和作用。而且,生态环境和资源本身具有公共物品的属性,这就决定了政府在保护生态环境和自然资源的问题上,必须发挥主导性作用,生态责任不可避免地要成为政府所应承担的重要的公共责任。"破坏生态环境就是破坏生产力,保护生态环境就是保护生产力,改善生态环境就是发展生产力,经济增长是政绩,保护环境也是政绩。"②

各级政府要高度重视生态文明建设工作,要通过规划制定、法律和政策的执行以及利益关系的协调和矛盾的化解等,将生态文明和绿色发展的各项工作推向深入,以有效应对生态环境领域的各种问题,切实保护好生态环境和各类资源要

---

① 习近平:《干在实处走在前列——推进浙江新发展的思考与实践》,中共中央党校出版社2006年版,第183页。

② 习近平:《干在实处走在前列——推进浙江新发展的思考与实践》,中共中央党校出版社2006年版,第186页。

素,充分保障整个国家的生态环境安全。各级政府在承担和履行这一公共责任的过程中,需要不断强化主体责任意识和公共服务意识,针对生态文明和绿色发展的不同领域和各个环节,向社会提供优质的公共服务。

（四）行为转变

客观地说,生态文明和绿色发展要贯穿在整个经济与社会生活的各个领域,它是全社会的事情,因此需要各种社会力量都参与进来,并且成为积极的行动者和有效的推动者。生态文明和绿色发展的动力来源和终极效果,要显现在经济与社会生活中各类行为主体的行为转变上面。政府机构、各类企业、社会团体组织以及社会成员个体等,都应肩负起各自的责任,履行应予承担的义务。要以"绿水青山就是金山银山"的价值理念,引领各类行为主体的行为转变,使其确立起新的行为准则。生态文明和绿色发展所涉及的方方面面工作的开展和效果的取得,都要落实在各类行为主体的行为活动上,都要依赖于他们共同的和不懈的努力。"环境保护和生态建设,早抓事半功倍,晚抓事倍功半,越晚越被动。那种只顾眼前、不顾长远的发展,那种要钱不要命的发展,那种先污染后治理、先破坏后恢复的发展,再也不能继续下去了。"加强环境保护和生态治理,是保障经济和社会持续发展的"当务之急""重中之重"①。

（五）文化涵育

人是经由社会文化的熏陶和塑造而成其为人的。在社会文化变迁与发展的过程中,人自身所展现出来的创造性的力量,又会以各种形态不同的社会文化成果的形式积淀下来,融会在主流与非主流的社会文化长河之中。生态文明和绿色发展重要的起步之举,当从树立社会成员的生态环境保护意识,以及强化生态文明的价值理念上来着手进行,要让"绿水青山就是金山银山"的价值理念深入人心。借由这方面的持久努力,人们就可以把这种意识和理念转化为自觉行动,并将其辐射至社会生活的各个领域当中,使生态文明和绿色发展的各项工作,获得真实而持久的内在动力。

四、结语

"绿水青山就是金山银山"的重要思想,作为习近平同志生态文明建设理论的核心内容,是在思考和破解当代中国社会的发展难题,总结和概括当代中国社会的发展经验,探索和思考人类文明演进规律的过程中提出的。这一重要思想的提

---

① 习近平:《干在实处走在前列——推进浙江新发展的思考与实践》,中共中央党校出版社2006年版,第190页。

出,充分体现出我国发展理念和发展方式的深刻变革。这一重要思想,作为建设美丽中国以及全面建成小康社会的重要指引,必将全面融汇、贯穿在我国经济社会发展进程的各个领域。

（原载于《南京邮电大学学报》社会科学版 2016 年第 18 卷第 2 期）

习近平对邓小平生态治理理念的继承和发展*

习近平高度重视生态文明建设,无论是在中央还是在地方工作期间,都对生态文明建设发表过许多重要论述,党的十八大和十八届三中、四中、五中全会对生态文明建设做出的顶层设计和总体部署,更是对邓小平的生态治理思想进行了继承和发展。生态文明建设不是一朝一夕就能完成的,需要丰厚的历史积淀和人文传承,它源于马克思主义关于人与自然的理论,也源于邓小平反对盲目开荒、主张植树造林、注重经济发展和环境治理协调发展的长期实践和艰苦探索,是我们党历经几十年的发展仍在孜孜追求的目标,符合我国的发展实际和国情基础,是新世纪我国全面建成小康社会和实现中国梦的重要保障。

一、绿水青山就是金山银山

我们追求人与自然以及经济与社会的和谐,通俗地讲就是要"两座山",既要金山银山,又要绿水青山,而且绿水青山就是金山银山。这是 2013 年 9 月 7 日,习近平在哈萨克斯坦纳扎尔巴耶夫大学发表演讲后回答学生提问时提出的。"两座山论"的形成,符合改革开放以来中国经济、社会发展的大逻辑,是对邓小平生态治理中不鼓励垦荒、要保护林木、制止污染思想的继承和发展。

邓小平反对盲目开荒和过量砍伐,认为二者不利于生态环境的保护与建设,不利于环境保护,应该保护林木,协调林木砍伐和环境保护的关系。1950 年,他在西南区新闻工作会议上的报告中指出:"垦荒不要鼓励,开荒要砍树,现在四川最

* 本文作者:曾利(1979),女,四川成都人,成都信息工程大学政治学院副教授,硕士,主要从事马克思主义生态文明建设研究。

基金项目:四川省教育厅重点项目(人文社科)资助项目"新媒体时代高校思想政治理论教学研究——以环境安全教育的慕课开展为例"(16SA0064);国家民委人文社会科学重点研究基地——中国西南少数民族研究中心资助项目"乌蒙山区(四川)精准扶贫与生态文明建设互动研究"(XNYJY1602);四川革命老区发展研究中心资助项目"革命老区精准扶贫与生态文明建设互动研究"(SLQ2016C - 01);四川省社会科学院规划项目"习近平总书记生态文明建设思想的哲学研究"(SC16B109)。

大的问题是树林少。"①邓小平深刻意识到盲目开荒对生态环境的消极作用,对人民群众日后的生产生活来说得不偿失。他主张对植被实施保护,反对盲目拓荒,反对过量砍伐森林,认为这是导致生态失衡的主要原因。"凡是无把握的事要慎重一点,先研究一番,或者先写个东西,说这个好,但也存在哪些危险,使群众从另一个方面考虑。"②1981 年,针对四川、陕北等地的特大洪灾,邓小平指出:"最近发生的洪灾涉及到林业问题,涉及到森林的过量采伐,看来宁可进口一点木材,也要少砍一点树。报上对森林采伐的方式有争议。这些地方是否可以只搞间伐,不搞皆伐。"③邓小平这一观点的提出,促使我国的林业生产朝着维持生态平衡的方向发展,这对于原本森林资源稀缺的我国来说具有重要意义。林木能增加土壤蓄水能力,可以大大改善生态环境,减轻洪涝灾害的损失,而且随着经济林陆续进入成熟期,产生的直接经济效益和间接经济效益巨大,还能提供大量的劳动和就业机会,促进经济、社会的可持续发展。

邓小平在考察风景名胜区的绿水青山时,十分注意旅游业发展中的环境保护问题,曾做过许多指示。1973 年邓小平陪同外国领导人参观桂林时,发现桂林的环境污染严重,绿水青山变了样。于是,他告诫桂林领导人,发展生产不能破坏环境,没有了绿水青山就没有金山银山。1978 年 10 月,邓小平指出:"桂林漓江的水污染得很厉害,要下决心把它治理好,造成水污染的工厂要关掉。'桂林山水甲天下',水不干净怎么行?"④他在 1979 年明确提出:"要保护风景区。桂林那样好的山水,被一个工厂在那里严重污染,要把它关掉。"⑤同时,邓小平提出要搞好风景区绿化工作,提升旅游区环境保护水平。1983 年,他在游览杭州时说:"杭州的绿化不错,给美丽的西湖风景添了色。你们一定要保护好西湖名胜,发展旅游业。"⑥可见,邓小平坚持环境保护和经济发展的协调性,主张城市建设、风景区建设都要高度重视生态问题。

邓小平生态治理思想中非常重视农业与林业协调发展,要求开荒不能造成环境恶化,农业发展不能破坏绿水青山。邓小平认为农业发展不能过度损害植被,

---

① 邓小平:《邓小平文选》第 1 卷,人民出版社 1994 年版,第 148 页。

② 邓小平:《邓小平文选》第 1 卷,人民出版社 1994 年版,第 148 页。

③ 本刊编辑部:《邓小平论林业与生态建设》,《内蒙古林业》2004 年第 8 期,第 1 页。

④ 中共中央文献研究室:《邓小平年谱(1975－1997)》上,中央文献出版社 2004 年版,第 397 页。

⑤ 中共中央文献研究室:《邓小平年谱(1975－1997)》上,中央文献出版社 2004 年版,第 466 页。

⑥ 中共中央文献研究室:《邓小平年谱(1975－1997)》上,中央文献出版社 2004 年版,第 711 页。

破坏生态环境的整体安全,农业的发展要与林业相协调,林业的生态价值被高度重视。1978年邓小平与黑龙江省有关领导人谈话时指出:"韩丁对我国大面积开荒提出过一些宝贵意见,他列举世界上一些国家由于开荒带来风沙等自然环境恶化的例子,提出搞大面积开荒得不偿失,很危险。我看很有道理,开荒要非常慎重。黑龙江本来降雨量就少。你们要搞调查研究,科学地处理这个问题。"①

对于"绿水青山就是金山银山",习近平在2006年就有过一段精彩的论述:"在实践中对绿水青山和金山银山这'两座山'之间关系的认识经过了三个阶段:第一个阶段是用绿水青山去换金山银山,不考虑或者很少考虑环境的承载能力,一味索取资源。第二个阶段是既要金山银山,但是也要保住绿水青山,这时候经济发展和资源匮乏、环境恶化之间的矛盾开始凸显出来,人们意识到环境是我们生存发展的根本,要留得青山在,才能有柴烧。第三个阶段是认识到绿水青山可以源源不断地带来金山银山,绿水青山本身就是金山银山,我们种的常青树就是摇钱树,生态优势变成经济优势,形成了浑然一体、和谐统一的关系,这一阶段是一种更高的境界。"②党的十八届五中全会提出,绿色发展理念,把"绿水青山就是金山银山"的认识和解决途径上升到战略性高度,对邓小平生态治理思想进行了完善,是一个重大的理论突破。许多地区经济发展的同时带来了环境恶化的后果,就使得许多人产生了经济发展是以牺牲环境为代价的认识,认为经济发展和环境保护是矛盾的,是对立的,认为守住了绿水青山就得不到金山银山。而"绿水青山就是金山银山"则是要打破这种认识,在实践中把经济发展与环境保护统一起来,实现二者的有机结合。故而"绿水青山就是金山银山"包含了两层含义:一是发展逼绿色;二是绿色即发展。首先,发展逼绿色,就是我们要在经济、社会发展过程中,通过新型工业化、新型城镇化、农业现代化同步推进绿色化,要把生态环保的产品和服务融入到政治、经济、文化、社会建设过程中去,经济发展不能过度消耗资源,不能寅吃卯粮,不能够影响子孙后代,影响生态环境,要构建一个经济社会发展在资源的可再生基础和环境承载能力以内的有效利用体系,这是生态文明建设的关键。其次,就是绿色即发展,这就是近年来大家逐渐意识并且普遍接受的"绿水青山就是金山银山"、"环境就是发展"。过去我们讨论发展,较多说的是工农业产品、服务业提供的服务,没有涉及产品的生态内涵,提供优质的生态

---

① 中共中央文献研究室:《邓小平年谱(1975-1997)》上,中央文献出版社2004年版,第375页。

② 《习近平"两座山论"的三句话透露了什么信息》,http://news.xinhuanet.com/politics/2015-08/06/c-1116159476.htm。

产品和服务也是发展的内涵,所以绿色即发展,绿水青山就是生产力,是中国特色社会主义现代化建青树就是摇钱树,生态优势变成经济优势,形成了浑然一体、和谐统一的关系,这一阶段是一种更高的境界。"①党的十八届五中全会提出,绿色发展理念,把"绿水青山就是金山银山"的认识和解决途径上升到战略性高度,对邓小平生态治理思想进行了完善,是一个重大的理论突破。许多地区经济发展的同时带来了环境恶化的后果,就使得许多人产生了经济发展是以牺牲环境为代价的认识,认为经济发展和环境保护是矛盾的,是对立的,认为守住了绿水青山就得不到金山银山。而"绿水青山就是金山银山"则是要打破这种认识,在实践中把经济发展与环境保护统一起来,实现二者的有机结合。故而"绿水青山就是金山银山"包含了两层含义:一是发展逼绿色;二是绿色即发展。首先,发展逼绿色,就是我们要在经济、社会发展过程中,通过新型工业化、新型城镇化、农业现代化同步推进绿色化,要把生态环保的产品和服务融入到政治、经济、文化、社会建设过程中去,经济发展不能过度消耗资源,不能寅吃卯粮,不能够影响子孙后代,影响生态环境,要构建一个经济社会发展在资源的可再生基础和环境承载能力以内的有效利用体系,这是生态文明建设的关键。其次,就是绿色即发展,这就是近年来大家逐渐意识并且普遍接受的"绿水青山就是金山银山"、"环境就是发展"。过去我们讨论发展,较多说的是工农业产品、服务业提供的服务,没有涉及产品的生态内涵,提供优质的生态产品和服务也是发展的内涵,所以绿色即发展,绿水青山就是生产力,是中国特色社会主义现代化建设的发展内容,是生态文明建设衡量的标准,是经济社会发展转型的标志。

二、开展植树造林是生态文明建设重要的一环

2013 年 4 月 2 日,习近平在参加首都义务植树活动时指出,要加强宣传教育、创新活动形式,不断提高义务植树尽责率,依法严格保护森林,增强义务植树效果,把义务植树深入持久开展下去,为全面建成小康社会、实现中华民族伟大复兴的中国梦不断创造更好的生态条件;全民义务植树开展三十多年来,促进了我国森林资源恢复发展,增强了全民爱绿植绿护绿意识;同时,我国总体上仍然是一个缺林少绿、生态脆弱的国家,植树造林,改善生态,任重而道远。习近平全面继承了邓小平关于全民义务植树等绿化运动的方略,明确指出我国现阶段植树造林任重道远,并且做出了进一步提升全国植树造林水平的一系列重大决断。

---

① 《习近平"两座山论"的三句话透露了什么信息》,http://news. xinhuanet. com/politics/2015 -08/06/c - 1116159476. htm。

在邓小平的倡导下,1981 年 12 月 13 日,全国人大五届四次会议通过了《关于开展全民义务植树运动的决议》。1982 年,国务院颁布了《关于开展全民义务植树运动的实施办法》,将群众性的植树活动首次以国家法定形式固定下来。三十多年来,历任党和国家领导人率先垂范、身体力行,年年带头参加义务植树,对全民义务植树运动的深入开展起到了巨大的示范和带动作用。据 2014 年 2 月第八次全国森林资源清查结果显示,全国森林面积 2.08 亿公顷,森林覆盖率 21.63%,森林蓄积 151.37 亿立方米。我国现有的人工林面积世界第一,达 0.69 亿公顷,蓄积 24.83 亿立方米。①

针对"文化大革命"期间片面强调"以粮为纲",邓小平提出了人与自然协调发展、重视林业的主张。邓小平指出:"这个事情耽误了,要充分发挥林业的多种效益。特别是在我国西北,有好几十万平方公里的黄土高原,连草都不长,水土流失严重。黄河所以叫'黄'河,就是水土流失造成的。我们计划在那个地方先种草后种树,把黄土高原变成草原和牧区,就会给人们带来好处,人们就会富裕起来,生态环境也会发生很好的变化。"②邓小平提倡全民义务植树,认为植树造林是建设良好生态环境的主要手段,并且于 1982 年为全军植树造林总结经验表彰先进大会题写了"植树造林、绿化祖国、造福后代"③。可见,邓小平十分重视生产发展与林业保护之间的紧密关系,强调发展农业需要发挥林业的完整性,要及时制止因大面积开荒而破坏植被的传统耕作模式,要科学计量农业开垦与林业环境成本之间的收支关系,吸收因盲目砍伐林木导致生态破坏的深刻教训,做到环境保护和经济协调发展。1983 年 3 月 12 日邓小平在北京十三陵水库参加义务植树时指出:"植树造林,绿化祖国,是建设社会主义、造福子孙后代的伟大事业,要坚持 20 年,坚持 100 年,坚持 1000 年,要一代一代永远干下去。"④这些论断把林业发展提到了关系国家全面发展和长远利益的战略高度,这是把马克思主义基本原理和中国实际相结合得出的科学结论。通过广泛的植树造林不仅可以修复已经或正在损坏的生态系统,起到绿化祖国的目的,还可以造福子孙,为后辈营造良好的生态环境,提供"金山银山"。

邓小平是全民义务植树这场绿色发展活动的首创者,在他的深切关怀下,推

---

① 本刊编辑部:《邓小平论林业与生态建设》,《内蒙古林业》2004 年第 8 期,第 1 页。

② 中共中央文献研究室:《邓小平年谱(1975 - 1997)》下,中央文献出版社 2004 年版,第 867 - 868 页。

③ 邓小平:《邓小平文选》第 3 卷,人民出版社 1994 年版,第 21 页。

④ 《党和国家领导人有关植树造林、绿化国土的指示和题词》,http://www.forestry.gov.cn/portal/sbj/s/2652/content - 418256. html。

动了我国植树造林绿化建设走上了一个新的台阶,其中"三北"(东北、华北、西北)防护林体系建设被称为世界上最大的生态工程。我国西北、华北北部及东北西部是风沙肆虐和水土流失十分严重的地区,木料、燃料、肥料、饲料稀缺,农业生产效率低。大力造林种草,特别是有计划地营造带、片、网相结合的防护林体系,是改变这一地区农牧业生产条件的一项重大战略工程。1978 年 11 月,在以邓小平为核心的党中央领导下,开始兴建"三北"防护林体系建设工程。"三北"防护林是我国在"三北"地区兴建的绿色森林带,用以减缓日益加速的荒漠化和水土流失进程,同时缓解京津冀地区的沙尘暴,由国家林业局和西北、华北、东北防护林建设局("三北"防护林工程管理办公室)负责实施。它涉及 11 个省(区)的范围,分 3 个阶段、8 期工程进行,预计于 2050 年完成。1988 年,邓小平为三北防护林体系建设工程题词——"绿色长城"。

在 2014 年 12 月 25 日中央政治局常委会会议上,习近平语重心长地说,森林是陆地生态的主体,是国家、民族最大的生存资本,关系到国家的生存安全、淡水安全、国土安全、物种安全、气候安全和国家外交大局;必须从中华民族历史发展的高度来看待这个问题,为子孙后代留下美丽家园,让历史的春秋之笔为当代中国人留下正能量的记录。习近平多次指出,我国仍然是一个缺林少绿、生态脆弱的国家,不可想象,没有森林,地球和人类会是什么样子。以习近平为总书记的党中央在全面继承邓小平植树造林战略的基础上,作出了事关长远发展的战略决断:从 2015 年起,我国分步骤扩大停止天然林商业性采伐范围,最终全面停止天然林商业性采伐。同时,把天保工程范围扩大到全国,争取把所有天然林都保护起来;扩大退耕还林退牧还草;扩大京津平原的森林湿地面积,提高燕山太行山绿化水平。①

植树造林是实现林业发展方式转变的有效途径,改变了林区由过去以单纯伐木为主的生产方式,也改变了农牧民传统的耕种习惯。开展植树造林运动调整了农村产业结构,是促进地方经济发展和群众脱贫致富的有效途径,实现多方共享林业发展带来的经济收益和生态收益。开展植树造林运动,改变过去单纯伐木的情况,改变农民传统的广种薄收的耕种习惯,使土地得到真正利用,适宜林地的则种植林木,适宜农地的则进行农作物耕种,扩大森林面积。不仅从根本上保持水土、改善生态环境,提高现有土地的生产力,而且集中财力、物力加强基本农田建设,实行集约化经营,提高粮食单产,实现增产增收。开展植树造林运动,不但没

---

① 中共中央文献研究室:《邓小平年谱(1975-1997)》上,中央文献出版社 2004 年版,第 449 页。

有使林区经济效益下降,反而使其经济效益显著提升,实现了生态效益提升的同时也改善了林区附近居民的经济收益。群众在植树造林运动中实实在在获得经济、生态利益才能确保植树造林运动成果持续下去。

开展植树造林运动是针对我们面对越来越严重的生态问题和环境危机而提出的一种保护、恢复和建设生态林业系统的规划和措施。从某种意义上讲,我们现在面临的环境与发展的困境,实际上是我们长期错误对待大自然的结果,生态问题和环境危机的严峻形势迫使我们去思考如何与自然相处,去思考人类的命运和地球的前途。林业是所有生态建设的主体,同时又是规模巨大的生态经济循环系统。林业生产的物质产品绝大部分都是可降解再生的绿色能源,在节能减排目标中具有不可估量、不能替代的重大意义和作用。开展植树造林运动是生态文明建设的重要一环,必须在建设美丽中国的进程中树立正确的绿色发展理念,体现人与环境、资源与生态、经济与自然的协调和统一发展。

三、生态文明建设需要科学系统的综合治理视野

邓小平主张利用科技创新提升环境治理效果和资源利用效率,提倡使用新能源等,反映了他统筹全局、协调各方的环境治理方略。习近平指出,脱离环境保护搞经济发展是"竭泽而渔",离开经济发展抓环境保护是"缘木求鱼",因而主张保护和发展必须统一,经济发展和生态文明建设要互相协调。习近平还强调,生态文明建设需要科学、系统的综合治理视野,要统筹国内、国际的发展需要,统筹社会、经济、环境三者的关系,正确处理科学技术对于经济发展、环境保护的辩证关系,科学看待国外先进科学技术,把国内、国际的技术水平综合起来纳入到环境治理的系统工程中。这显然是对邓小平生态治理思想中提倡运用科技推动环境治理,主张人与自然协调发展,借鉴国外先进技术进行环境治理思想的继承和发展。

从邓小平关于通过科技创新提升环境治理效果、运用科技创新发现清洁能源、使用新能源减少环境污染等讲话中,可以看出科学、系统地综合治理思路。1978年3月,在全国科学大会开幕式的讲话里,邓小平提出了"科学技术是生产力""四个现代化,关键是科学技术的现代化"①的著名论点。邓小平充分认识到了科学技术的巨大力量,它不但可以极大地提升社会生产力,提高人民生活水平,还可以对环境治理起着至关重要的作用。科学技术在给人们带来便利的同时也带来了一些环境问题,但另一方面我们治理环境也可以借助科学技术,新能源和清洁能源对于减少环境污染实现可持续发展具有重大意义。

---

① 邓小平:《邓小平文选》第2卷,人民出版社1994年版,第86页。

邓小平多次强调必须转变自然资源和工业原材料的使用方式,提倡使用新能源和清洁能源,强调大力发展和利用水能、太阳能、风能等可再生能源,倡导在不影响环境和资源等生态问题的基础上谨慎使用水力发电站取代煤炭和火力发电站。在他看来,"解决农村能源,保护生态环境等等,都要靠科学"①。1982 年 9 月,在陪同朝鲜领导人金日成参观四川农村时,他就指出沼气"这东西很简单,可解决了农村的大问题。光四川省,每年就可以节省煤炭六百多万吨。沼气能煮饭,能发电,还能改善环境卫生,提高肥效"②。1990 年,邓小平在谈到发展新能源时指出:"核电站我们还是要发展,油气田开发、铁路公路建设、自然环境保护等,都很重要。"③他积极主张利用科学技术推进环境治理,坚持走科技促进发展的道路,并认为"科学技术的发展和作用是无穷无尽的"④,利用科学技术可以促进人、生态环境、自然资源和经济社会的协调发展。1982 年,在谈到与生态科技息息相关的农业产业建设时,邓小平指出,要抓好农业科学研究,农业增产增收,多种经营大发展,耕作栽培方法改革,农村能源问题以及生态环境保护等等,都得靠科学。"最终可能是科学解决问题"⑤。在邓小平直接支持和推动下所实施的我国国家级高新技术计划取得了重要成果,极大地提高了我国高新技术发展的水平,取得了多项研究成果。例如在生产技术领域,两系法杂交水稻、植物基因图谱研究、动植物转基因技术、基因工程药物和疫苗等技术。我国还先后出台了"星火计划"、"丰收计划"和"燎原计划"等农业科技发展计划,这些计划推动了农业科技创新,为发展现代农业,实现农业增产提供了技术支撑。他积极主张利用科学技术推进环境治理,坚持走科技促进发展的道路,并认为"科学技术的发展和作用是无穷无尽的"⑥,利用科学技术可以促进人、生态环境、自然资源和经济社会的协调发展。1982 年,在谈到与生态科技息息相关的农业产业建设时,邓小平指出,要抓好农业科学研究,农业增产增收,多种经营大发展,耕作栽培方法改革,农村能源问题以及生态环境保护等等,都得靠科学。"最终可能是科学解决问题"⑦。在

---

① 中共中央文献研究室:《邓小平年谱(1975－1997)》上,中央文献出版社 2004 年版,第 449 页。
② 中共中央文献研究室:《邓小平年谱(1975－1997)》上,中央文献出版社 2004 年版,第 516 页。
③ 中共中央文献研究室:《邓小平年谱(1975－1997)》上,中央文献出版社 2004 年版,第 696 页。
④ 邓小平:《邓小平文选》第 3 卷,人民出版社 1994 年版,第 17 页。
⑤ 邓小平:《邓小平文选》第 3 卷,人民出版社 1994 年版,第 313 页。
⑥ 邓小平:《邓小平文选》第 3 卷,人民出版社 1994 年版,第 17 页。
⑦ 邓小平:《邓小平文选》第 3 卷,人民出版社 1994 年版,第 313 页。

邓小平直接支持和推动下所实施的我国国家级高新技术计划取得了重要成果,极大地提高了我国高新技术发展的水平,取得了多项研究成果。例如在生产技术领域,两系法杂交水稻、植物基因图谱研究、动植物转基因技术、基因工程药物和疫苗等技术。我国还先后出台了"星火计划"、"丰收计划"和"燎原计划"等农业科技发展计划,这些计划推动了农业科技创新,为发展现代农业,实现农业增产提供了技术支撑。

在生态问题已成为全球问题的态势下,通过国际合作来寻求生态环境的保护和改善是我们的必然选择和趋势,应当积极加强同国际社会环保组织和机构的交流与合作,整合国际社会各种生态环保力量。我国黄土高原的生态治理就引进了国际合作机制,取得了一定成效。在 2005 年 10 月,中国与荷兰达成一项保护黄河三角洲生态系统的"黄河三角洲环境流量研究"合作项目。荷兰和中国都有着数千年的治水实践经验,中国最古老的都江堰水利工程直到现在仍然发挥着治理成都平原水患的支撑作用。由于荷兰本身大片国土面积低于海平面,故而荷兰在治水方面有着自身内在动力,使得其水利技术一直在世界上处于先进地位。2015 年10 月 17 日,荷兰国王考察黄土高原的治理情况和植树造林项目成果时,提到:"这是一个环境再生的非常好的例子,因为其规模是前所未有的,对于世界其他地方也有借鉴,中国可以向世界展现在应对环境灾难上的领导力。"①经过中荷两国的治水专家十多年的共同努力,黄河流域的沉积物如今达到了历史最低。

生态文明建设科学、系统的综合治理视野,要求我们在学习国外先进的理论和实践时要进行横向比较,即我国的开放成果要与国外进行比较、检验,看我国是否青出于蓝而胜于蓝。1980 年邓小平要求我国科学技术和经济发展必须以国际水平为比较标准,"现在科学技术发展了,国际交流发展了,我们的经济在国际上有竞争力,要拿国际水平的尺度来衡量一下"②。我国的生态治理经历了三十多年的开放历程,生态治理工作者在学习外国经验的同时,立足我国环境实际情况,取得了生态治理的一系列重大成就,在有些生态治理领域达到或超过了国际同期水平。例如在 2012 年,历时 7 年、总投资 75 亿元的青海三江源生态保护工程使得三江源地区局部生态面貌得到改善,取得了一批高原生态恢复与重建的重要科技成果,其中有两项达到了国际领先水平。③

① 董剑华:《荷兰国王参访延安彰显了什么》,《陕西日报》2015 年 11 月 2 日。
② 邓小平:《邓小平文选》第 3 卷,人民出版社 1994 年版,第 21 页。
③ 马勇:《总投资 75 亿元三江源生态系统宏观结构局部改善》,http://news.xinhuanet.com/politics/2012 - 10/13/c - 113359386. htm。

保护好生态环境，要有科学、系统的视野。在习近平看来，一个良好的自然生态系统是大自然亿万年间形成的，是一个复杂的系统。2013 年 11 月，习近平在党的十八届三中全会上作关于《中共中央关于全面深化改革若干重大问题的决定》的说明时指出：山水林田湖是一个生命共同体，田产粮食，故而人的命脉在田，田的命脉在水，水的命脉在山，山的命脉在土，土的命脉在树。如果种树的只管种树、治水的只管治水、护田的单纯护田，很容易顾此失彼，最终造成生态的系统性破坏。习近平对于生态系统内部的密切关联进一步做出了描述：破坏了山、砍光了林，那就是破坏了水；没有了水，山就变成了秃山，秃山存不住水，水就变成了洪水，泥沙俱下；地就变成了没有养分的不毛之地，水土流失、沟壑纵横。习近平要求采取综合治理的方法，把生态文明建设融入经济建设、政治建设、文化建设、社会建设的各方面与全过程，作为一个复杂的系统工程来操作，并强调生态兴则文明兴，生态衰则文明衰。这种对生态环境科学、系统地综合治理的理念代表了当今世界发展潮流，体现了党认识和把握发展规律的深化，同时是对邓小平生态治理思想的丰富和发展。

以习近平为总书记的党中央在全面继承和发展邓小平生态治理思想的基础上，对生态文明制度建设的探索更加深入、更加细致、更加完备，也表明了中国向生态文明迈出了坚定的步伐。以习近平为总书记的党中央正在领导全国人民为贯彻党的十八大以来中国特色社会主义建设的总布局、为美丽中国的实现而殚精竭虑，一个既是金山银山，更是天蓝、地绿、水净、绿水青山的中国，必将屹立在世界的东方。

（原载于《邓小平研究》2016 年第 6 期）

绿色发展理念:对马克思生态思想的
丰富与发展*

　　绿色是党的十八届五中全会提出的五大发展理念之中的一大发展理念。绿色发展理念拓展了中国特色社会主义理论体系关于发展理论的新意蕴,是当代马克思主义的重大理论创新成果,闪烁着政治、经济和生态学的理论光芒,集中体现出以习近平为总书记的党中央认识和把握发展规律达到了一个崭新高度。我们党是以马克思主义为指导思想的党,马克思关于生态和绿色发展有很丰富的思想,习近平关于绿色发展的论述折射出来的绿色发展理念也十分丰富和深刻。研究习近平运用马克思生态思想解答生态文明建设过程中的现实问题达到的新境界,无疑具有深远的理论意义和重大的现实意义。

一、在目标内涵上,绿色发展理念坚持遵循自然规律,把握时代脉搏,丰富和发展了马克思生态思想内涵

　　"生态"或"生态学"一词产生于 19 世纪。"生态思想"是指对人与自然界关系的观察、探究与思索,并贯穿于人类的整个思想史。马克思用其一生来寻求"人和自然界之间、人和人之间矛盾的真正解决"之道,①有关思想用现代词语可称其为生态思想。马克思生态思想既表现为在唯物论基础上辩证地看待人与自然的关系,也表现为在生态经济基础上辩证看待生产力与生产关系的理论,基本观点如下:一是指出了人与自然关系的辩证统一性。马克思把自然进行了划分,把人类迄今为止尚未完全认识到的那部分自然叫作"第一自然"或是"自在自然",把

　　* 本文作者:周晓敏(1978－),女,四川什邡人,西南交通大学马克思主义学院博士研究生,主要研究方向为马克思主义中国化;杨先农(1957－),男,重庆人,四川省社会科学院毛泽东思想邓小平理论研究所所长,研究员,西南交通大学博士生导师。
　　基金项目:本文系国家社科基金项目"中国特色社会主义理论体系基本原理研究"(11AZD043)的阶段性成果。
　　① 《马克思恩格斯全集》第 42 卷,人民出版社 1985 年版,第 120 页。

进入人类视野而且已经、正在或即将被人类的实践活动改造的那部分自然叫作"第二自然"或是"人化自然"。马克思认为,人与自然的关系是辩证统一的,人是自然进化的产物,自然是人生存和发展的物质前提和保障。二是指出了劳动实践是统一人与自然关系的纽带。马克思指出:"作为有用的劳动,……是人和自然之间的物质变换即人类生活得以实现的永恒的自然必然性。"①马克思认为人与自然密不可分,人必须全面认识和积极改造自然,劳动是人类认识和改造自然的中介和纽带。三是指出了工业废物循环利用等生态经济观念。马克思生活的年代,工业废物泛滥成灾。马克思在《资本论》里列举了很多工厂生产实例,用以论述工业废物可以循环利用并使之再资源化等生态经济观点。马克思认为,减少工业废物,循环利用工业废物要靠科学技术。必须承认,由于受到特殊历史实践的局限,马克思的著述没有使用"绿色发展"这样的语汇,但是,马克思的工业废物循环利用再资源化等思想深刻地体现了当代绿色发展思想的精神实质。

习近平的绿色发展理念既把马克思生态思想和当今时代发展特征结合了起来,又将生态文明建设融入经济、政治、文化、社会建设各方面和全过程,在目标内涵上,绿色发展理念坚持遵循自然规律,把握时代脉搏,丰富与发展了马克思生态思想。一是绿色经济理念。绿色经济理念是一种新型经济发展理念,一方面以不牺牲环境为代价达到经济增量发展,拒绝环境污染严重的 GDP,也排斥带血的GDP;另一方面通过环境保护投入取得经济发展实效,向"绿水青山"要"金山银山"。习近平绿色经济理念延展了马克思工业废物循环利用再资源化的生态思想,使得绿色和经济的辩证联系更加紧密。二是绿色环境发展理念。习近平认为,建设美丽中国,推进生态文明进程,一定要科学合理利用自然资源,这不仅关系广大人民群众的自身幸福,更关系中华民族子孙的未来。习近平在坚持马克思的人与自然关系的辩证统一性时,站在马克思所说的"第二自然"更广阔的时空背景,主张积极自觉地协调人类与自然环境的关系,以期达到人类社会与自然环境协同发展。三是绿色政治生态理念。习近平指出:"自然生态要山清水秀,政治生态也要山清水秀。"在全面从严治党背景下,在奋力推进中华民族伟大复兴中国梦征程中,习近平把马克思的生态和绿色意蕴延伸到政治领域,拓展了生态和绿色的内涵。四是绿色文化发展理念。绿色文化在绿色发展过程中起着灵魂的作用。习近平认为,我国要顺利完成全面建成小康社会阶段任务,实现"两个百年"奋斗目标,必须大力弘扬绿色文化,让绿色意识、观念和价值深入人心,在人民群众的生活实践中,要树立绿色生活方式和绿色消费文化;在公共治理中,要树立绿色

---

① 《马克思恩格斯选集》第44卷,人民出版社2001年版,第56页。

GDP 文化;在法治建设中,要树立绿色法律文化。马克思论证了劳动实践是统一人与自然关系的纽带,习近平实际上指明了劳动实践在充当统一人与自然关系的纽带的具体途径。

二、在价值取向上,绿色发展理念坚持实现人民主体地位,契合民生福祉,丰富和发展了马克思生态人本思想

人民群众在人类社会历史进程中居于主体地位是马克思主义唯物史观的基本观点。马克思穷其一生都在关注和思考人类的前途和命运,这一关注和思考也贯穿于他的丰富而深刻的生态人本思想之中。马克思对人的本性的辨识,对生态与人的关系的论述,对科技异化带来生态危机的洞见,以及对生态危机的社会批判,都表达了深切的生态人本思想。一是尊重自然法则。马克思认为,人是自然界的产物,自然界是人类生存与发展的前提和基础。马克思说:"在必然王国的彼岸,作为目的本身的人类能力的发展,真正的自由王国就开始了。但是这个自由王国只有建立在必然王国的基础上,才能繁荣起来。"①马克思鲜明地回答了发生学意义上的人和自然的关系,这个观念不单亮明了"大自然拥有权利,这些权利是人类必须予以尊重和捍卫的"的一般认识,②从中我们还可以看出,马克思非常尊重自然的法则,而尊重自然法则的根本目的还是为了人的真正自由。二是自然环境要合乎人性。人的自由和全面发展是马克思全部理论的出发点和归宿。马克思认为,人的自由和全面发展是一种历史的实践活动,而不仅仅是思想活动。社会的人作为大自然的一部分,人获得自由和全面发展的过程实际上就是大自然获得解放的过程。马克思认为,人的性格是由环境造成的,人类居住的自然环境必须是健康的而又合乎人性的。马克思主张依靠积极的、能动的实践活动来实现"环境的改变和人的活动的一致"。由此可以看出,把人作为最高目的性,最能见出马克思生态环境思想的人本特征。三是生态环境建设要服务人类。生态环境保护与改善是为少数人谋利还是为大多数人服务,是生态史观要回答的问题。生态发展"为了谁",生态成果"什么人"受益,马克思旗帜鲜明地做出了回答。马克思曾寄语科技工作者:"科学绝不是一种自私自利的享乐。有幸能够致力于科学研究的人,首先应该拿自己的学识为人类服务。"③我们可以推论,马克思生态史观关于生态环境保护和发展的最终价值如科技史观一样应该锁定在人本身,为人

---

① 《马克思恩格斯全集》第 25 卷,人民出版社 1985 年版,第 926 – 927 页。
② 杨通进:《生态二十讲》,天津人民出版社 2008 年版,第 238 页。
③ [法]保尔·拉法格:《回忆马克思恩格斯》,人民出版社 1973 年版,第 2 页。

类服务是衡量生态环境保护和发展优劣的根本标准。

全心全意为人民服务是我们党的根本宗旨。习近平一向对绿色发展非常重视,十八大以来,习近平多次就建设生态文明、维护生态安全等发表讲话,展开论述和做出批示。习近平绿色发展理念是坚持人民主体地位的体现,契合了民生福祉,在价值取向上极大丰富与发展了马克思生态人本思想。一是绿色发展彰显人民主体地位的价值追求。党的十八届五中全会对实现全面建成小康社会奋斗目标进行了再动员和部署,坚持人民主体地位是推动经济社会持续健康发展必须遵循的原则。习近平指出:"良好生态环境是最公平的公共产品,是最普惠的民生福祉。"①在传统的经济发展和社会治理中,民生和生态一直是个难以解开的困局,改善民生往往以伤害环境为代价取得的,我们做大了经济总量,环境问题却越来越严重。习近平认为:"要以对人民群众、对子孙后代高度负责的态度和责任,为人民创造良好生产生活环境。"习近平把良好生态环境看成最普惠民生丰富了马克思生态环境合人性论,更发展和体现了马克思所说的生态环境建设要服务人类的思想。二是民生福祉凸显绿色的价值底色。正如一个国家的综合国力由经济、科技和军事等多方面构成一样,民生福祉也是需要多维度来衡量的。习近平的民生福祉观一直有一个绿色的价值底色。距今二十多年前,习近平在福建工作时就认识到:"什么时候闽东的山都绿了,什么时候闽东就富裕了";十来年前,习近平盛赞生态工程建设时说:"绿水青山就是金山银山";习近平现在又希望"让居民望得见山、看得见水、记得住乡愁"。② 可见,绿色在习近平视野里的民生福祉构成中既是一以贯之的,又是不断丰富的。三是提出绿色发展增加民生福祉新举措。习近平十分关注生产方式和生活方式两个层面的绿色发展举措,在绿色生产方式上主张构建科学技术含量高、资源消耗低、环境污染少的产业结构和生产方式;在绿色生活方式上主张实现人民群众生活方式和消费模式向勤俭节约、绿色低碳、文明健康的方向转变。十八届五中全会为实现绿色发展提出一系列新举措,以期走出一条建设资源节约型、环境友好型社会的康庄大道,最终形成人与自然和谐发展现代化建设新格局。马克思在思想认识上提出了生态人本的伦理和生态史观上合自然性和人性,但是在当时的时空背景下,马克思并没有明确指出一条靠生态文明之路造福人类福祉的具体路径。习近平提出的绿色发展增加民生福祉新举措,理论上承袭了马克思生态民本思想,又在实践中丰富和发展了这一思想。

---

① 《良好生态环境是最普惠的民生福祉》,《光明日报》2014 年 11 月 7 日。
② 《习近平与"十三五"五大发展理念:坚持绿色发展》,新闻网 http://news. china. com/domestic/945/20151103/20680292_all. html。

三、在动力源泉上,绿色发展理念坚持激活发展点火系,突出科技创新,丰富和发展了马克思生态科技思想

马克思基于对生态危机的认识和深层次洞察,以批判的精神从哲学、经济学和社会学等领域阐发了科技的资本主义运用与生态危机的关联,揭示了生态与科技之间内在的、深刻的、复杂的制度逻辑关系。马克思生态科技思想有三层意涵值得关注:其一,马克思认为,人的本质是一切社会关系的总和,科技是人的本质的直接体现,科技的进步增加了社会物质财富,提升了人类福祉。"随着资本主义生产的扩展,科学因素第一次被有意识地和广泛地加以发展、应用,并体现在生活中,其规模是以往的时代根本想象不到的。"①马克思毫不吝惜地赞美科技的生产力价值,认为资本主义科技文明"在它的不到一百年的阶级统治中所创造的生产力,比过去一切世代创造的全部生产力还要多,还要大。"②其二,马克思敏锐地发现了科技发展的负面作用,同时指出,科技活动是人与自然关系发生变化的基础,人类不断借助科技的力量逐步改写了人与自然的关系,最终人在与自然的关系中占据上风而居于主导地位,但不幸的是这个新关系的确立同时也开始使人面临着比农业文明时期远为严重的人与自然的冲突。其三,马克思把对生态的科技思考与批判转向了对资本主义制度的思考和批判。马克思对资本主义时代的深刻矛盾曾作过揭示。他认为这种不可调和的根本性矛盾是科技的资本主义运用造成的,资本主义制度下技术与资本的联姻导致了科技价值理性的背离。马克思提出,在资本主义自身的制度和价值框架内,要改变科学技术的发展导向是十分困难的,必须要"对我们现有的生产方式,以及和这种生产方式在一起的我们今天的整个社会制度实行完全的变革",取而代之以"机器的作用范围将和在资产阶级社会完全不同"的社会制度,③才能最终克服科技带来的生态危机。马克思相信,只有共产主义制度才能为科学技术的充分发展和科学技术本质的真正实现开辟最广阔的道路。

党的十一届三中全会以来,中国特色社会主义制度的发展和完善从根本上解决了马克思生态科技批判思想的社会制度羁绊。党的十八大以后,以习近平为总书记的党中央给科技发展打上了绿色的价值底色,坚持激活发展点火系,突出科技创新,丰富与发展了马克思生态科技思想。一是把走科技强国之路作为我国科技发展的基本目标。马克思认为,科技在人类历史发展上是一种起着推动作用

---

① 马克思:《机器、自然力和科学的应用》,人民出版社1978年版,第208页。
② 《马克思恩格斯选集》第1卷,人民出版社1995年版,第277页。
③ 《马克思恩格斯全集》第20卷,人民出版社1985年版,第521页。

的、革命的力量。站在科技历史角度,习近平认为,人类文明的编年历史,就是工程科技书写的历史。习近平说:"工程造福人类,科技创造未来"①;"科学技术作为第一生产力的作用愈益凸显,工程科技进步和创新对经济社会发展的主导作用更加突出。"②习近平和马克思一样,都十分看中科技在改变世界中所能发挥的重要作用,习近平更是把这种作用安放在强国之路的驱动力量上。比较而言,习近平把走科技强国之路作为我国科技发展的基本目标,凸显了科技作为第一生产力的时代性。二是把创新作为科技发展的动力源泉。习近平指出:"我们比历史上任何时期都更接近中华民族伟大复兴的目标,比历史上任何时期都更有信心、有能力实现这个目标。而要实现这个目标,我们就必须坚定不移贯彻科教兴国战略和创新驱动发展战略。"③当今世界经济一体化趋势在深入发展,一个国家和民族要想在经济一体化中保持优势,必须要靠科技创新来支撑。三是把改革当作科技创新引擎的点火系。习近平认为,我国科技发展取得了举世瞩目的历史性成就,但是我国科技发展的短板也比较突出,科技发展的短板导致科技成果的运用和转化在有些领域显得不给力、不顺利和不流畅,重要原因在于现行的一些科技体制机制给科技创新人为地设置了一些障碍,造成了创新和转化的诸多环节不能有效而紧密的衔接。习近平说:"如果把科技创新比作我国发展的新引擎,那么改革就是点燃这个新引擎必不可少的点火系。我们要采取更加有效的措施完善点火系,把创新驱动的新引擎全速发动起来。"④习近平指出了改革创新的方向和举措,就是要深入推进科技事业发展要正视并重视思想和制度问题,勇于并敢于破除制约科技创新的深层次思想障碍和制度桎梏,遵循社会主义市场经济规律,妥善处理好政府与科技市场的相互关系,创立科技发展体制保障,建立健全科技创新体系,以改革释放创新活力。马克思生态科技思想告诉我们,一定的社会制度和社会价值观会在一定程度上影响和制约科学技术的发展方向和进程。中国特色社会主义制度和价值观打开了科学技术更大更广更深的发展空间,但它并没有一劳永逸地解决和消弭制约科学技术发展的科技体制和机制。在中国特色社会主义制度和价值观下,科学技术创新的引擎要靠改革来点燃。习近平把改革当作科技创新

---

① 《习近平出席2014年国际工程科技大会并发表主旨演讲》,《人民日报》2014年6月4日。

② 《习近平在2014年国际工程科技大会发表主旨演讲》,新华网,http://www.chinanews.com/gn/2014/06-03/6238614.shtml,2014年6月3日。

③ 《习近平的科技观》,新浪网 http://news.sina.com.cn/o/2015-09-10/doc-ifxhupkn4793688.shtml。

④ 《习近平在中国科学院第十七次院士大会、中国工程院第十二次院士大会上的讲话》,新华网,http://news.xinhuanet.com/politics/2014-06/09/c_126597413.htm,2014年6月9日。

引擎的点火系的思想,着眼于中国现行的科技体制和机制,把创新科技体制机制作为动力源泉,坚持和发展了马克思生态科技制度批判思想。

四、在发展要求上,绿色发展理念坚持正确处理经济发展同生态环境保护关系,突出问题导向,丰富和发展了马克思生态和谐思想

马克思所处的时代,生态环境问题远未如今天这样横亘在我们面前,成为一个世纪问题。但如何妥善处理经济发展与生态环境保护关系,也蕴含在马克思对人类与自然关系的问题的解答中。德国植物学家卡尔·尼古劳斯·弗腊斯曾经表达了对此问题的徘徊和悲观,他在 1847 年发表的探寻不同时代的气候和植物界历史的书中提出,人与自然之间的"对抗过程"是不可避免的,而且无法找到解决之道,人类的选择非常有限,只能在两种可能中取舍,要么在推进文明的进一步发展中损害自然环境,要么停止发展经济重新回到原始的蒙昧状态。① 马克思生态和谐思想破解了这一难题。马克思主张人和自然界之间的关系从本质上说是和谐而统一的,人与自然的根本关系实质上表现为永续进行的物质变换,人是自然的一部分,人"只能像自然本身那样发挥作用……只能改变物质的形态。"② 马克思认为,人在现实世界是多种多样的,人的本质活动也是丰富多彩的。马克思拿蜜蜂建造蜂房和人建筑房屋对比举例,毫不掩饰人的本质活动的目的性。马克思说,蜜蜂建造蜂房是动物本能的生命活动,而人的头脑在建造之前有建造物的蓝图,人"不仅使自然物发生了形式变化,而且他还在自然物中实现自己的目的。"③ 换言之,人既是自然存在物,又是对象性的社会存在物。这种对象性关系说明了人类开展经济生活对自然改变的合理性。马克思主张的人和自然界之间的和谐统一关系清楚地表达了马克思生态和谐思想,这个思想包括了三层意思:一是人不是自然界高高在上的主人,人不能盲目凭借外部的力量去奴役自然;二是自然界是支配人类生存发展的永恒依据,不能为人的意志或社会形式变化所改变,人与自然的物质交换要遵循这个铁定的法则;三是人类与自然的物质变换规定了人类的社会生活的质量,人类要自觉接受自然条件对于自身社会生活的制约。

党的十八大以来,习近平总书记正视我国正在面临并急需解决的重大生态问

---

① 韦建桦:《在科学发展观指引下创建生态文明》,《马克思主义与现实》2006 年第 4 期,第 59 页。

② 《马克思恩格斯全集》第 23 卷,人民出版社 1985 年版,第 56 页。

③ 《马克思恩格斯全集》第 23 卷,人民出版社 1985 年版,第 201 – 202 页。

题,对正确处理经济发展与生态环境保护关系做出了一系列重要论述。这些重要论述包含尊重自然、生态环境与生产力关系、生态文明建设保障等绿色发展理念,丰富和发展了马克思生态和谐思想。一是尊重自然的理念。习近平总书记针对我国总体上缺林少绿、生态脆弱的现状,在参加首都义务植树活动时指出:"森林是陆地生态系统的主体和重要资源,是人类生存发展的重要生态保障。不可想象,没有森林,地球和人类会是什么样子。"①这里虽然在谈植树造林,但话语间折射的是尊重自然的理念。习近平总书记在纳扎尔巴耶夫大学谈到环境保护问题指出:"我们既要绿水青山,也要金山银山。宁要绿水青山,不要金山银山,而且绿水青山就是金山银山。"②可见,良好的生态环境是构成中国梦的物质基础,中国梦的实现要靠对自然的尊重。二是保护生态环境就是保护和发展生产力的理念。习近平总书记在中央政治局第六次集体学习时指出:"要正确处理好经济发展同生态环境保护的关系,牢固树立保护生态环境就是保护生产力、改善生态环境就是发展生产力的理念,更加自觉推动绿色发展、循环发展、低碳发展、绝不以牺牲环境为代价去换取一时的经济增长。"③一般认为,人们生活水平的质量取决于社会经济发展的高低,人们生存条件的好坏取决于生态环境的优劣。习近平总书记的保护生态环境就是保护和发展生产力的理念是在向"竭泽而渔"式脱离环境保护搞经济发展的路子宣战,其核心是要正确处理在发展中保护生态环境的关系。三是生态文明建设保障理念。党的十七大提出了建设社会主义生态文明的方针,党的十八大将生态文明建设上升到战略高度,纳入五位一体的总布局。习近平总书记认为:"只有实行最严格的制度、最严密的法治,才能为生态文明建设提供可靠保障。"④生态文明建设涉及社会生产方式的变革,涉及社会生活方式的变迁,涉及人们价值观念的变化。习近平总书记生态文明建设保障理念告诉我们,我国生态环境保护存在一定的体制、机制、法治等突出问题,走绿色发展之路,实现经济社会发展的根本性变革,必须依靠制度创新和法治保障。

(原载于《理论与改革》2016 年第 5 期)

---

① 《习近平谈治国理政》,外文出版社 2014 年版,第 207 页。
② 《习近平诠释环保与发展:绿水青山就是生产力》,http://www.ce.cn/xwzx/gnsz/szyw/201408/15/t20140815_3360500.shtml。
③ 《习近平谈治国理政》,外文出版社 2014 年版,第 209 页。
④ 《习近平谈治国理政》,外文出版社 2014 年版,第 210 页。

浅析习近平生态治理理论[*]

生产力的发展创造了巨大的物质财富,但粗放的"索取式"发展加剧了资源紧张和环境恶化,协调生态环境与经济发展之间的关系已成为世界主题。习近平总书记立足社会主义现代化建设全局的战略高度,从多重维度、不同层面对生态环境保护和生态文明建设提出了一系列新论断和新观点,形成了较为系统的生态治理理论。

一、习近平生态治理理论的产生机理

习近平的生态治理理论具有深厚的理论背景和鲜明的实践指向,是对马克思主义生态自然观和中国传统生态文化思想的继承与发展。

(一)对马克思主义生态文明思想的坚持与发展。马克思和恩格斯创立了丰富而深刻的生态理论,以辩证唯物主义的立场构建了人、社会、自然生态系统理论。其中生态自然观是生态理论的内核,科学地阐明了人与自然的辩证统一关系。一方面,人类源于自然,自然对人具有优先地位。人是自然界长期演化的产物,是自然界的有机组成部分。"我们连同我们的血、肉和头脑都是属于自然界和存在于自然界之中的。"①自然规律是一种自在的存在,人类既不能创造也不能消灭自然规律。另一方面,自然又是打上人类烙印的人化自然。人类通过劳动实践认识和改造自然,从自然界中汲取人类生存发展必须的生产资料和生活资料,从而自然又是具有鲜明人类烙印的人化自然。但人类的改造活动必须以认识和遵循自然规律为前提,否则将会带来灾难。恩格斯曾指出:"我们不要过分陶醉于我

---

* 本文作者:于江丽(1980—),女,广东环境保护工程职业学院讲师,硕士,研究方向为马克思主义哲学。

  基金项目:广东省哲学社会科学"十三五"规划 2016 年度项目"马克思主义研究专项"(编号:MYZX201634)。

① 《马克思恩格斯全集》第 4 卷,人民出版社 1995 年版,第 384 页。

们人类对自然的胜利。对于每一次这样的胜利,自然界都对我们进行了报复。"①习近平的生态治理理论在继承这一哲学思想的基础上,再次科学地阐释了人与自然的关系。

(二)对中国传统生态文化的继承与弘扬。中国传统文化中深含着对"人与自然"关系的辩证思考,始终强调人与自然的和谐统一。"天人合一"思想认为,实现人与自然的和谐相处,才能实现人类社会的协调发展。而实现人与自然的和谐,必须遵守自然法则。老子曾说:"人法地,地法天,天法道,道法自然。"②孟子也强调:"不违农时,谷不可胜食也。数罟不入洿池,鱼鳖不可胜食也。斧斤以时入山林,材木不可胜用也。"③这都以一种直观朴素的形式告诉我们,利用和改造自然不能违背和破坏自然的运行规律。儒家的"取物不尽物"思想,已经认识到了对资源的索取速度不能超过自然界的再生能力。这些优秀的传统文化思想彰显了先辈们对生态环境的重视。对中国传统生态文化"取其精华、弃其糟粕",为习近平的生态治理理论注入了精神资源和智力支持。

(三)对西方和我国经济社会发展实践的深刻反思。20世纪50年代始,生态危机在部分西方发达国家爆发,并严重威胁着人类整体的生存和发展。全球化的纵深发展使世界趋于一体,环境问题已成为世界性问题。世界气象组织发布的《温室气体公报》显示:2014年全球温室气体浓度再次突破历史记录。其中,二氧化碳浓度达到397.7ppm,甲烷浓度达1833ppb,分别是工业革命前的143%和254%。温室气体的大量排放导致全球气温逐渐变暖,冰雪不断融化,海平面不断上升,厄尔尼诺现象加剧,给全球发展带来巨大威胁。此外,资源短缺、能源匮乏、人口爆炸、粮食危机等问题集中凸显。破解发展与资源环境的矛盾,迫使人类必须正视人与自然的关系。聚焦我国发展实践,30多年的快速发展使我国经济建设取得历史性成就。但"粗放型的经济增长方式"和"GDP论英雄"的思想影响,造成生态环境的过度开发和破坏,积累了一系列问题。各类环境污染呈高发态势,严重威胁人们的生产生活,也严重制约了我国经济社会的协调可持续发展。

习近平深刻反思西方和我国经济社会发展实践,认真思考,破解我国经济社会发展与生态环境保护相悖的难题,从而形成了具有鲜明时代特色的生态治理理论。

---

① 恩格斯:《自然辩证法》,人民出版社1984年版,第304页。

② 《老子》,内蒙古人民出版社2008年版,第112页。

③ 《论语·孟子》,内蒙古人民出版社2008年版,第189页。

二、习近平生态治理理论的几个重要维度

主政福建和浙江,特别是主持中央工作以来,习近平总书记积极回应民众呼吁,提出了一套系统的、符合我国发展大势的生态治理理论。概而言之,其生态治理理论具有几个重要而鲜明的维度。

(一)促进人与自然、人与人和谐的鲜明主题。习近平强调:"人与自然是相互依存、相互联系的整体,对自然界不能只讲索取不讲投入、只讲利用不讲建设。"①在科学阐释人与自然关系的基础上,他立足整个国家的发展大局提出了生态文明建设的目标:努力建设美丽中国,实现中华民族永续发展。良好的生态是实现人与自然和谐,建设美丽中国的客观前提。而人与自然的关系一定程度上反映了人与人之间的关系。正如马克思所说:人是通过一定方式的共同活动或交换活动进行生产的,为了生产,人们之间发生了一定的关系和联系。而人与人的关系如何,影响着人与自然的关系。随着科技进步,人与人的关系对人与自然关系的影响愈来愈明显。因此,在社会生产实践中实现"人与自然"和"人与人"的和谐才能有力推动人类文明进步。"生态兴则文明兴,生态衰则文明衰。"②习近平主张:"按照尊重自然、顺应自然、保护自然的理念,贯彻节约资源和保护环境的基本国策,更加自觉地推动绿色发展、循环发展、低碳发展,把生态文明建设融入经济建设、政治建设、文化建设、社会建设的各方面和全过程,建设美丽中国,努力走向社会主义生态文明新时代。"③促进人与自然、人与人的和谐发展,贯穿于习近平生态治理理论的始终,是实现生态治理目标的鲜明主题。

(二)"以人为本"的生态民生观。作为马克思主义政党,中国共产党始终以"全心全意为人民服务"为根本宗旨和价值追求。面对生态环境严重破坏的当下,党和国家从生态的维度解决人民的生计。"老百姓过去'盼温饱'现在'盼环保',过去'求生存'现在'求生态'。"④民众对良好生态环境的热切期盼已经成为重要的民生问题。2013 年,习近平在海南考察时强调:"良好生态环境是最公平的公共

---

① 中共中央宣传部:《习近平总书记系列重要讲话读本》,学习出版社、人民出版社 2014 年版,第 121 页。
② 中共中央宣传部:《习近平总书记系列重要讲话读本》,学习出版社、人民出版社 2014 年版,第 121 页。
③ 习近平:《习近平谈治国理政》,外文出版社 2014 年版,第 211 – 212 页。
④ 中共中央宣传部:《习近平总书记系列重要讲话读本》,学习出版社、人民出版社 2014 年版,第 123 页。

产品,是最普惠的民生福祉。"①这一科学论断体现了党始终以人民利益为重的宗旨。习近平强调,把人民的向往作为党和国家的奋斗目标。着力在大气治理、保护水源、发展绿色、保证空气质量上下功夫,为百姓创造良好的生产和生活环境,努力为广大百姓创造新鲜的空气、洁净的水源、安全的食品和良好的生活环境。着眼于中华民族的永续发展,生态文明既要当代人合理利用和开发自然环境,更要为子孙后代留下可持续发展的"绿色银行",做到代际公平。这一生态民生观充分体现了"以人为本"的执政理念,彰显了党的历史责任意识和现实担当精神。

(三)综合治理的多重路径。生态环境是一个紧密联系的系统,生态环境矛盾有一个历史累积过程。因此,生态治理不可能一蹴而就,必须多管齐下、系统治理。

第一,树立科学生态理念。科学的生态理念是做好顶层设计和整体部署的关键。习近平的生态治理理论为我们明确了生态治理实践必须坚持的理念。一是要树立生态红线理念。他在中央政治局第六次集体学习时指出:"只有实行最严格的制度、最严密的法治,才能为生态文明建设提供最可靠的保障。"②而且,他特别强调生态红线就是国家生态安全的底线和生命线,全党全国都要一体遵行,绝不能逾越。二是要树立优化国土空间开发格局理念。"国土是生态文明建设的空间载体……严格实施环境功能区划,构建科学合理的城镇化推进格局、农业发展格局、生态安全格局"③,是解决我国国土空间开发中存在的问题的根本途径。优化国土空间开发格局,实际上是根据自然生态属性、资源环境承载能力、现有开发密度和发展潜力,统筹考虑未来人口分布、经济布局、国土利用和城镇化格局,综合考量区域分工和协调发展,划定具有某种特定主体功能定位的空间单元,按照空间单元的主体功能定位调整完善区域政策和绩效评价,将空间开发合理化规范化。三是要树立深化资源节约理念。习近平总书记强调,节约资源是保护生态环境的根本之策。这就要求必须构建科学合理的消费模式,尊重自然规律,坚持节约优先、保护优先、自然恢复为主的方针,以生态环境为生产力的动力,实现人与自然和谐共生。

第二,转变经济发展方式。主要是实现资源利用方式的实质性转变和调整,

①　中共中央宣传部:《习近平总书记系列重要讲话读本》,学习出版社、人民出版社2014年版,第123页。

②　中共中央宣传部:《习近平总书记系列重要讲话读本》,学习出版社、人民出版社2016年版,第240页。

③　中共中央宣传部:《习近平总书记系列重要讲话读本》,学习出版社、人民出版社2016年版,第237-238页。

即调整和转变传统的简单粗放型资源配置方式,摒弃片面强调 GDP 增长的传统发展模式。"两山论"和"绿色 GDP"概念,以及"保护环境就是保护生产力"等,都是习近平总书记对生态和经济关系的形象概括。在河北考察时,他提出去掉"GDP 紧箍咒",只要生态进步,可以适当调整经济发展速度。在中央政治局第六次集体学习时,他着重强调大力发展循环经济,促进生产、流通、消费过程的减量化、再利用和资源化。这实际上是对技术创新、生产方式转型的具体要求。中共中央和国务院联合下发的《关于加快推进生态文明建设的意见》重申了这一科学论断。转变经济发展方式,提升产业结构,是有效破解我国发展困境的必然趋势和重要任务。

第三,严格法律和制度约束。加强生态治理、建设生态文明,实际上是生产方式、生活方式、思维方式和价值观念的变革,必须以法律制度为根本保障。习近平提出了较为全面、科学的生态文明制度体系。一是完善经济社会发展考核评价体系。将生态指标纳入经济社会发展评价体系。二是建立责任追究制度。对于不顾生态环境、盲目决策而导致严重后果的领导干部要终身追究责任。强化对官员的监督约束,有利于扭转和纠正官员片面追求政绩的从政观。三是建立健全资源生态环境管理制度。生态文明建设涵盖范围和涉及面很广,生态文明保护制度的建立和健全,尤其是资源生态环境管理制度的健全非常关键。同时,相继颁布了《环境保护法》《大气污染防治法》等一系列法律。制度的建立、法律的完善,为环境治理提供了重要而深远的制度保障,实现了生态环境治理方式的重大转变。

此外,习近平还强调在全社会培育生态文化,提高群众的环保意识,在全社会确立起人与自然和谐相处的生态价值观,让生态文化在全社会扎根,为生态环境的治理提供更为持久和内在的支撑。

(四)超越国界的全球治理。生态环境无国界,生态治理是世界各国的共同主题。中国作为世界第二大经济体和第一人口大国,具有生态环境保护的国际义务,也需要通过国际合作来治理国内环境问题。中国严格履行了国际承诺,在全球环境治理中积极作为,而且将环境治理的自我制约纳入国民经济和社会发展计划。国务院根据《联合国气候变化框架公约》和《京都议定书》,提出 2020 年我国单位国内生产总值二氧化碳排放比 2005 年下降 40%—50%,作为约束性指标纳入国民经济和社会发展中长期规划。2015 年 9 月,在第七十届联合国大会一般性辩论上,习近平呼吁国际社会携手同行,共谋生态文明建设之路。中国对全球环境治理所做的努力,体现了中国作为一个负责任大国的担当;对全球生态治理的呼吁和展望,体现了高度的世界主义情怀。

习近平的生态治理理论是顺应世界发展新潮流、自觉回应我国发展中的人口资源环境问题应运而生的。其生态治理理论既具有历史继承性,又具有未来指向性;既具有理论创新性,又具有实践导向性。这对于指导社会主义生态文明建设,实现经济社会协调持续发展,开创中国特色社会主义事业新局面具有重要指导意义。同时,其理论自身也具有很强的发展性,将随着实践的发展而发展。在全面深化改革、实现中华民族伟大复兴的历史进程中,习近平的生态治理思想必将引领中国特色社会主义事业取得新的更大胜利。

（原载于《党史文苑》2017 年第 4 期）

十八大以来生态文明理念的发展[*]

党的十八大以来,习近平在治国理政上发展了一系列新思想、新观点和新论断,主要包括十八个方面的内容。① 其中,生态文明思想是习近平治国理政思想重要的组成部分。习近平的生态文明思想既继承了马克思主义生态文明思想,又对马克思主义生态文明思想有着极大地创新和发展,是马克思主义中国化过程中的最新理论成果②。同时,也是对中国传统优秀文化中生态智慧和生态思想的继承和弘扬。目前,学术界围绕十八大以来习近平的生态文明思想已经展开了一定的研究,主要集中在习近平生态文明思想的理论渊源、基本内容、理论创新、方法论基础、主要特点等方面。有学者就习近平生态文明思想的产生背景、理论渊源、基本内容、理论特色、重要意义以及中国实践等方面对学术界相关研究成果进行了综述,认为2014年以前的研究多是以介绍性的研究为主,2015年开始出现了有深度的研究成果。③ 本文在相关研究成果的基础上,结合习近平对生态文明思想的相关论述,尝试就十八大以来习近平对生态文明思想的发展及其时代特色展开一些研究。

一、新中国成立以来党对生态文明思想认识的深化

马克思主义生态文明思想是人类文明思想中的优秀成果。新中国成立后,以毛泽东为核心的第一代中央领导集体,直面长期战争所造成的自然生态环境恶化局面,将马克思主义生态文明思想与中国实际紧密结合,形成了生态文明思想的

---

* 本文作者:张金俊,安徽师范大学历史与社会学院副教授。

本文系安徽师范大学博士科研启动资金资助课题"环境社会学的中国本土化研究"(项目编号:161-070075)的研究成果。

① 《习近平谈治国理政》,外文出版社2014年版,第208页。

② 段蕾、康沛竹:《走向社会主义生态文明新时代——论习近平生态文明思想的背景、内涵与意义》,《科学社会主义》2016年第2期。

③ 刘於清:《党的十八大以来习近平同志生态文明思想研究综述》,《毛泽东思想研究》2016年第3期。

萌芽。从新中国成立以后到改革开放以前,我们党形成了诸如资源节约、消费节俭、植树造林、兴修水利以及有计划地生育等生态文明思想①,这可以看作是我们党早期探索和初步总结马克思主义生态文明思想在中国的实践。然而,这一早期探索和初步总结存在着诸多的局限性,有些思想如向自然界开战等与马克思主义生态文明思想的要义不太相符,对生态文明思想的理解和认识仅仅停留在经济建设层面,没有认识到自然生态环境问题是关乎我国经济、政治社会与文化发展的重大现实问题等。② 这一时期的"大跃进"发展战略和"文化大革命"的爆发给我国的自然生态环境带来了巨大的破坏和压力。

改革开放以后,邓小平在探索我国社会主义现代化建设的过程中,形成了协调人口、自然生态环境与经济发展的关系,依靠科技进步、制度建设、法制建设以及发挥军队和人民群众的积极性来保护自然生态环境等生态文明思想。③ 然而,邓小平关于生态文明思想的著述还没有提升生态文明在社会主义现代化建设中的重要地位。④ 江泽民在推进社会主义现代化建设的过程中,提出了经济与生态相协调、人与自然相协调、依法治理自然生态环境、推动生态科技进步、加强自然生态环境意识宣传教育、依法治理自然生态环境,以及推进自然生态环境国际合作等生态文明思想。⑤⑥ 十六大以来,我们党更加重视探索生态文明思想及其在中国的实践,在十七大报告中首次提出建设社会主义生态文明这一重大理论和现实问题。胡锦涛的生态文明思想涵盖了观念层面的生态文明宣传教育、经济层面的转变粗放型经济增长方式以及制度层面的生态文明制度建设,是科学发展观的重要组成部分。⑦ 十八大以来,我们党开始统筹推进政治、经济、文化、社会、生态文明五位一体建设。

习近平的生态文明思想与毛泽东、邓小平、江泽民、胡锦涛关于生态文明建设的思想一脉相承。十八大以来,习近平在继承马克思主义生态文明思想和中国优秀传统文化中的生态智慧和生态思想的基础上,坚持自然界对人具有本源性和先在性的唯物主义立场,贯彻普遍联系和永恒发展的辩证法,落实人民群众是社会历史主体的马克思主义群众观等方法论⑧,结合生态文明建设的中国实践,积极

---

① 黄娟:《毛泽东对生态文明建设的探索与启示》,《当代经济研究》2014 年第 4 期。
② 黄娟:《毛泽东对生态文明建设的探索与启示》,《当代经济研究》2014 年第 4 期。
③ 汪希等:《邓小平生态文明建设思想的当代价值研究》,《毛泽东思想研究》2015 年第 1 期。
④ 汪希等:《邓小平生态文明建设思想的当代价值研究》,《毛泽东思想研究》2015 年第 1 期。
⑤ 黄娟、黄丹:《新中国成立以来中国共产党生态文明思想》,《鄱阳湖学刊》2011 年第 4 期。
⑥ 郑汉华:《江泽民同志生态文明思想述要》,《毛泽东思想研究》2008 年第 4 期。
⑦ 秦书生:《论胡锦涛生态文明建设思想》,《求实》2013 年第 9 期。
⑧ 李玉峰:《习近平关于生态文明建设的思想略论》,《思想理论教育导刊》2015 年第 6 期。

探索人类生态文明的发展走势,大力发展马克思主义的生态文明思想,积极深化对环境与发展辩证统一关系的认识,为新时期党的执政理念注入生态文明元素,进一步创新和发展了马克思主义生态文明思想,同时也弘扬了中国优秀传统文化中的生态智慧和生态思想。

二、习近平对生态文明思想的发展

新时期我国日益严峻的自然生态环境问题、国家和人民群众对我们党治理能力现代化的要求、我国作为一个大国的自然生态环境国际责任以及对马克思主义生态文明思想的总结和创新等,是习近平生态文明思想形成的历史和时代背景。① 具体来说,习近平对马克思主义生态文明思想的发展主要表现在以下几个方面。

(一)探索生态文明发展走势

人类从诞生那天起,就一直在试图利用自然界的生态规律去适应我们周围的自然生态环境。所以,人类历史上先后出现的原始文明、农业文明还有工业文明,都有其存在的合理性,也都有其自然生态环境方面的维度。但是,工业文明给人类社会带来了空前严峻的生态危机,许多的政治家、思想家,还有许多普普通通的大众,在工业文明面前展开了对人与自然关系的深刻反思,积累了许多关于生态文明的宝贵思想,并试图通过一系列的社会变革来适应自然生态环境带给人类的巨大影响和变化。

习近平认为,从人类社会历史发展规律来看,当今的生态文明是符合人类文明的发展走势的,如果一个国家和地区自然生态环境良好,文明就会兴盛;反之,如果一个国家和地区自然生态环境恶化甚至严重衰退,文明就会衰退②,深刻揭示了自然生态环境的兴衰决定人类社会文明兴衰的客观历史规律。比之当今世界上的发达资本主义国家,中国作为一个正在崛起的社会主义强国,我们一定要在政治、经济、社会、文化和自然生态环境保护等方面体现出社会主义制度应有的先进性和优越性。习近平认为,在中国,人与社会可持续发展的根基在于良好的自然生态环境。我们要努力建设一个美丽的中国,中国一定会走向社会主义生态文明新时代,实现中华民族的永续发展。③ 这是习近平在把握人类社会历史和文

---

① 段蕾、康沛竹:《走向社会主义生态文明新时代——论习近平生态文明思想的背景、内涵与意义》,《科学社会主义》2016 年第 2 期。

② 中共中央宣传部:《习近平总书记系列重要讲话读本》,学习出版社、人民出版社 2014 年版,第 121 页。

③ 《习近平谈治国理政》,外文出版社 2014 年版,第 207 页。

明发展规律的基础上,在更高层次上发展出来的生态文明思想。

（二）发展马克思主义生态文明思想

马克思主义生态文明思想的核心是对人与自然关系的看法,具体来说,主要表现为三个方面:一是强调自然界在人类社会发展中的地位和作用,二是认为自然生产力是构成社会生产力的基础,三是强调人与自然界的和谐一致。习近平在马克思主义生态文明思想以及系统反思与认真总结新中国成立以来发展经验教训的基础上,进一步创新和发展了马克思主义生态文明思想。

首先,习近平认为,在中国,生态文明建设是一项关系到国计民生的系统工程,我们不能把生态文明建设仅仅作为一个经济问题来对待,应该把生态文明建设融入政治、经济、社会以及文化建设的所有方面和全部过程。① 其次,在马克思主义生态文明关于自然生产力构成社会生产力之基础的论断上,习近平发展出了保护自然生态环境就是保护生产力、改善自然生态环境就是发展生产力②的生态文明思想,得出了"环境生产力"这一科学论断。再次,习近平非常善于汲取中国优秀传统文化中的生态智慧和生态思想,并在马克思主义生态文明关于人与自然和谐一致之思想的基础上,提出在中国要实现人与自然的和谐共处,共同建设和实现属于我们中华民族的生态文明。

（三）深化对环境与发展辩证统一关系的认识

环境与发展的关系既是相互对立的关系,更是相互统一的关系。环境与发展问题是中国当前和今后相当一段时期内面临的一个突出问题。在环境与发展的关系问题上,习近平的生态文明思想深化了对环境与发展辩证统一关系的认识。

首先,习近平认为,从整体上说,中国仍然是一个缺少森林和绿化、生态比较脆弱的国家。③ 比较脆弱的自然生态环境容易被经济发展的大潮所影响或破坏,所以,一定要处理好环境与发展的关系。植树造林,改善我们的自然生态环境,可以说任重而道远。其次,习近平认为,中国在自然生态环境方面的欠账太多了,如果我们现在不抓好自然生态环境保护工作,将来会付出更大的代价。④ 他提出要把自然生态环境保护放在更加突出的战略位置上。⑤ 再次,习近平提出绿水青山

---

① 《习近平关于全面深化改革论述摘编》,中央文献出版社2014年版,第103页。

② 中共中央宣传部:《习近平总书记系列重要讲话读本》,学习出版社、人民出版社2014年版,第121页。

③ 《习近平谈治国理政》,外文出版社2014年版,第210页。

④ 《为了中华民族永续发展——习近平总书记关心生态文明建设纪实》,《人民日报》2015年3月10日。

⑤ 《坚决打好扶贫攻坚战加快民族地区经济社会发展》,《人民日报》2015年1月22日。

即金山银山等绿色发展理念①,强调中国绝不能以牺牲自然生态环境作为巨大代价来换取经济的一时发展。最后,习近平提出要建立严格的制度体系来保障生态文明建设的成效,处理好环境与发展的关系。他认为,在中国,最严格的制度和最严密的法治必须要实行,它们是生态文明建设非常可靠的保障。

(四)为新时期党的执政理念注入生态文明元素

习近平的生态文明思想是把其生态文明理念纳入党的执政领域和国家环境治理体系中所形成的思想成果,同时也是我们党积极回应广大人民群众环境保护与生态诉求的应有之义,反映了我们党在对待自然生态环境危机上的责任担当和在新的时期执政理念的生态文明转向。

首先,我国改革以来的自然生态环境危机已经威胁到广大人民群众的生存、安全与发展问题。近年来,全国各地频发的个体性环境抗争事件和群体性环境抗争事件,也影响着社会的稳定以及党和政府在广大人民群众中的公信力。自然生态环境问题的解决可以丰富我们党的执政合法性,应对自然生态环境问题已经成为我们党在新时期的执政重点。② 其次,我们党已经把生态优先作为新时期的执政导向,将自然生态环境治理成效作为新时期的执政标准。③ 习近平强调,我们再也不能简单地唯 GDP 论英雄,要把各级党委和政府的生态建设成效作为重要的考核内容。④ 再次,我们党已经把生态利益作为新时期的执政价值。⑤ 习近平强调,我们要尊重自然、顺应自然和保护自然,更加自觉地推动中国的绿色发展、循环发展和低碳发展,给我们的子孙后代留下天蓝、地绿、水清的美好自然生态环境。⑥

三、习近平生态文明思想的时代特色

十八大以来,习近平生态文明思想的时代特色主要体现在三个方面:一是浓

---

① 《习近平在纳扎尔巴耶夫大学演讲 全面阐述中国对中亚国家睦邻友好合作政策 共建丝绸之路经济带》,《人民日报海外版》2013 年 9 月 9 日。

② 刘希刚、王永贵:《习近平生态文明建设思想初探》,《河海大学学报》哲社版 2014 年第 4 期。

③ 刘希刚、王永贵:《习近平生态文明建设思想初探》,《河海大学学报》哲社版 2014 年第 4 期。

④ 《习近平在全国组织工作会议发表讲话 干部考核再也不能简单以 GDP 论英雄》,《京华时报》2013 年 6 月 30 日。

⑤ 刘希刚、王永贵:《习近平生态文明建设思想初探》,《河海大学学报》哲社版 2014 年第 4 期。

⑥ 《习近平谈治国理政》,外文出版社 2014 年版,第 211 - 212。

厚的生态关怀情结,二是厚重的生态惠民情怀,三是鲜明的中华民族风格。

(一)浓厚的生态关怀情结

习近平在 1969—1975 年的知青阶段,通过带领当地农民建设沼气池,改善了当地农村的自然生态环境,奠定了其生态文明思想的初步基础;1982—1993 年,通过在正定县发展旅游业和在福州市开展环境保护工作,其生态文明思想开始起步;1993—2007 年任职福建省、浙江省和上海市期间,他提出了搞好城市生态建设、加强城市生态文化建设等生态文明思想。① 这一系列生态文明思想无不渗透着习近平对自然生态环境问题的浓厚关怀情结。

担任党和国家领导人之后,习近平的生态文明思想更是彰显出他对自然生态环境问题的浓厚关怀情结。自党的十八大把生态文明建设纳入"五位一体"总布局以来,习近平在国内外很多重要会议、考察调研、访问交流等场合,强调中国要建设生态文明。② 同时,他还把生态文明思想推向全世界,强调同世界各国在生态文明领域深入开展交流合作,共同保护地球自然生态环境,共同建设地球美好家园③,彰显出他浓厚的生态关怀情结,以及中国作为一个崛起大国在全球自然生态环境保护上应负的国际责任和应尽的国际义务。有学者指出,与以利润为本的资本主义不同,社会主义强调以人为本,与生态文明思想之间具有内在的一致性和价值的契合性,中国作为一个正在建设生态文明的社会主义国家,将会引领全球生态文明的发展进程,而资本主义已经失去了在全球生态文明发展进程中的引领地位。④

(二)厚重的生态惠民情怀

习近平一直关心民生幸福问题⑤。我国在社会现代化建设的新时期,积累了大量的自然生态环境问题,民生问题以自然生态环境问题这种新的形式表现出来并受到广大人民群众的高度关注。⑥ 习近平的生态文明思想是我们党在新时期对人民群众环境保护与生态诉求的积极回应,体现出习近平一直以来厚重的生态惠民情怀。

---

① 阮朝辉:《习近平生态文明建设思想发展的历程》,《前沿》2015 年第 2 期。

② 段蕾、康沛竹:《走向社会主义生态文明新时代——论习近平生态文明思想的背景、内涵与意义》,《科学社会主义》2016 年第 2 期。

③ 《习近平谈治国理政》,外文出版社 2014 年版,第 212 页。

④ 徐民华、刘希刚:《马克思主义生态文明思想与中国实践》,《科学社会主义》2015 年第 1 期。

⑤ 窦孟朔、张瑞:《论习近平的民生幸福观》,《科学社会主义》2015 年第 5 期。

⑥ 李玉峰:《习近平关于生态文明建设的思想略论》,《思想理论教育导刊》2015 年第 6 期。

首先,习近平认为,环境即民生,青山即美丽,蓝天即幸福①,我国的生态文明建设成果应惠及广大的人民群众。其次,他认为广大人民群众高度关注自然生态环境问题,提出实施重大生态修复工程,为人民群众提供更多优质和更好品质的生态产品;以解决危害人民群众健康的突出环境问题作为自然生态环境保护和治理的重点。② 十八大以后,我们党和政府推出了《关于加快推进生态文明建设的意见》、修订了《环境保护法》和《大气污染防治法》等环境政策,更加强调自然生态环境问题的综合治理和社会治理,让人民群众在自然生态环境质量上有更多的获得感。再次,他认为我们的自然生态环境保护是功在当代、利在千秋的事业。③

(三)鲜明的中华民族风格

习近平生态文明思想的重要特色就在他非常富有创造性地从中国优秀传统文化中汲取思想文化资源。④ 习近平认为,中国传统文化中有着非常丰厚的哲学、教化、人文以及道德等思想,其中有很多关于人与人、人与社会以及人与自然和谐共处的朴素性和真理性认识。在坚持和发展马克思主义生态文明思想的基础上,中国传统文化中的重要生态智慧和生态思想,被习近平吸纳到生态文明思想中,用来解决我国当前人与自然关系的日趋紧张难题以及人与自然的和谐共处问题。⑤

在结合中国国情和实际创新和发展马克思主义生态文明思想时,习近平非常注重引经据典。习近平善于用典,中国优秀传统文化被他不断激活并被赋予鲜活的当代价值和意义。⑥ 十八大以来,习近平在生态文明思想论述中常常会引用传统经典名句,这说明他在发展生态文明思想时非常注重继承和弘扬中国的优秀传统文化,这是民族化语言在生态文明思想中的具体运用,如"一松一竹真朋友""天育物有时""地生财有限"等经典名句。此外,习近平还比较注重把大众化的语言运用到生态文明思想中,如"绿水青山即金山银山、绿色银行、护蓝、增绿等大众化语言的运用"。⑦

此外,有学者认为,习近平的生态文明思想内在地蕴含着真善美有机统一的

---

① 《习近平张德江俞正声王岐山分别参加全国两会一些团组审议讨论》,《人民日报》2015年3月7日。
② 《习近平在中共中央政治局第六次集体学习时强调　坚持节约资源和保护环境基本国策努力走向社会主义生态文明新时代》,《人民日报》2013年5月25日。
③ 《习近平谈治国理政》,外文出版社2014年版,第212页。
④ 李玉峰:《习近平关于生态文明建设的思想略论》,《思想理论教育导刊》2015年第6期。
⑤ 李玉峰:《习近平关于生态文明建设的思想略论》,《思想理论教育导刊》2015年第6期。
⑥ 人民日报评论部:《习近平用典》,人民日报出版社2015年版,序言。
⑦ 李玉峰:《习近平关于生态文明建设的思想略论》,《思想理论教育导刊》2015年第6期。

意境。"真"的意境体现在对客观发展规律的正确认识上,"善"的意境体现在主张绿色发展成果惠及广大人民群众,"美"的意境则体现为在促进人与自然界和谐共处的基础上,努力实现人与自然的全面和谐发展。①

　　党的十八大以来,习近平从理论上、实践上和中国传统文化中汲取养料,进一步创新和发展了马克思主义生态文明思想,并体现出鲜明的时代特色。诚如有的学者所言,习近平的生态文明思想体现了我们党在新的时期对人类社会文明的发展规律、社会主义的建设规律以及党的执政规律的认识达到了一个新的历史高度。② 习近平生态文明思想对我们党深入推进中国特色的社会主义建设尤其是生态文明建设具有巨大的理论创新价值和重要的现实指导意义。

(原载于《科学社会主义》2017 年第 3 期)

----

① 苏亮乾:《习近平绿色发展理念的真善美意境》,《广西师范学院学报(哲社版)》2016 年第5 期。
② 段蕾、康沛竹:《走向社会主义生态文明新时代——论习近平生态文明思想的背景、内涵与意义》,《科学社会主义》2016 年第 2 期。